高等学校新工科计算机类专业系列教材

# Python 程序设计案例教程

**Python CHENGXU SHEJI ANLI JIAOCHENG**

主　编　任　勇　蒋志强　张　量

副主编　杨艳红　周庆荣　顾克皓　朱亮亮

参　编　刘越扬　俞新星

西安电子科技大学出版社

# 内 容 简 介

本书详细介绍了 Python 语言的基础知识及应用实践，分为基础篇和案例篇，共 14 章。基础篇主要讲解 Python 基础语法、数据结构、控制结构、函数、面向对象、字符串、异常处理、文件与文件夹、模块与包等核心知识，为读者奠定 Python 语言编程的良好基础；案例篇通过游戏设计与开发、网络爬虫、数据分析、机器学习等实践项目，提升读者 Python 语言编程的能力。本书内容翔实，各章都配有丰富的代码案例和习题，并在基础篇的各章中提供了拓展案例与思考，引导读者深入学习，培养读者严谨的工作作风和良好的职业素养。

本书适合作为高等学校计算机及相关专业的教材，也适合作为 Python 编程培训教材或相关领域开发人员的参考用书。

**图书在版编目（CIP）数据**

Python 程序设计案例教程 / 任勇，蒋志强，张量主编. -- 西安：
西安电子科技大学出版社, 2025. 8. -- ISBN 978-7-5606-7696-8

Ⅰ. TP312.8

中国国家版本馆 CIP 数据核字第 202565P4Z9 号

策　划　陈　婷
责任编辑　陈　婷
出版发行　西安电子科技大学出版社（西安市太白南路 2 号）
电　话　（029）88202421　88201467　　邮　编　710071
网　址　www.xduph.com　　电子邮箱　xdupfxb001@163.com
经　销　新华书店
印刷单位　陕西日报印务有限公司
版　次　2025 年 8 月第 1 版　　2025 年 8 月第 1 次印刷
开　本　787 毫米×1092 毫米　1/16　　印　张　22
字　数　520 千字
定　价　56.00 元

ISBN 978-7-5606-7696-8

XDUP 7997001-1

*** 如有印装问题可调换 ***

# 前　言

在当今这个信息爆炸的时代，编程语言作为 IT 技术进步的基石，其重要性不言而喻。Python 语言作为一种简洁、强大且易于学习的编程语言，已经成为全球范围内最受欢迎的编程语言之一。它不仅在学术界和工业界广受欢迎，而且因其丰富的软件资源、活跃的社区和广泛的应用场景，更是在大数据、云计算、人工智能等前沿技术领域发挥着举足轻重的作用。

本书旨在为广大读者提供一个全面、系统的学习路径，帮助读者快速掌握 Python 编程的基础知识和实际应用，进而在大数据、云计算以及人工智能等领域发挥其潜力。本书不仅涵盖了 Python 语言的基本语法和数据结构，而且通过多个实际案例探讨了 Python 在数据提取、数据分析、机器学习等方面的应用。

随着全球数字化转型步伐的加快，我们正处在人类历史上的一个关键时期——技术正在以前所未有的速度改变着我们的生活、工作乃至思维方式。党的二十大报告指出，推动战略性新兴产业融合集群发展，构建新一代信息技术、人工智能、生物技术、新能源、新材料、高端装备、绿色环保等一批新的增长引擎，加快发展数字经济，促进数字经济和实体经济深度融合，打造具有国际竞争力的数字产业集群。Python 语言作为目前热门的编程语言之一，其不仅是科学研究的重要工具，也是推动产业智能化升级的重要力量。

本书在内容编排上，力求做到由浅入深、循序渐进，并配套了丰富的教学资源，包括教学大纲、PPT 课件、源代码、习题答案以及线上教学视频等，读者可登录西安电子科技大学出版社官网(www.xduph.com)免费下载。本书是作者及其教学团队在多年讲授相关课程和专业研究的基础上凝结而成的，同时也参考了国内外诸多教材的相关内容和成果。本书由任勇负责编写第 1、3、9、11 章以及各章习题，蒋志强负责编写第 5、6、12 章，张量负责编写第 7 章及拓展案例，杨艳红负责编写第 2、10 章，周庆荣和朱亮亮负责编写第 4、8 章，刘越扬负责编写第 13 章，俞新星负责编写第 14 章，顾克皓负责整理 PPT 教案及视频素材，全书由任勇统稿。此外，还要感谢占璐璐、张东阳在图文排版方面的协助。

我们希望本书能够激发读者的创新思维，培养其实践能力，帮助读者在编程的道路上不断前进，使读者在实现个人理想与价值的同时，共同为实现中华民族伟大复兴的中国梦贡献力量。让我们一起迎接人工智能和大数据时代的到来，用 Python 书写属于我们的辉煌篇章！

限于作者水平，书中难免存在疏漏，殷切期待专家和广大读者的批评指正！

作 者
2025 年 4 月

# 目 录

## 基 础 篇

2

# 案 例 篇

# 基 础 篇

　　基础篇共 10 章，内容涵盖了 Python 的绝大部分基础知识，包括基础语法、数据结构、控制结构、函数、面向对象、字符串、异常处理、文件与文件夹、模块与包等，并提供了大量案例与习题，为读者打下坚实的编程基础。此外，基础篇还提供了丰富的拓展案例与思考，引导读者对所学内容进行深入分析，从而培养读者严谨的工作作风和良好的职业素养。

# 第 1 章　Python 语言概述和开发环境配置

## 学习目标

(1) 了解 Python 语言的发展历史以及趋势，熟悉 Python 语言的特点和应用；

(2) 理解 Python 软件和 Anaconda 软件的区别；

(3) 掌握 Anaconda 的安装方法和常用命令的使用方法；

(4) 熟悉常用的 Python 集成开发环境及基本操作。

## 1.1　Python 语言简介

　　Python 是一种结合了解释性、编译性、互动性和面向对象的脚本语言，其最初被设计用于编写自动化脚本(shell)，随着版本的不断更新和语言新功能的添加，逐渐被用于独立的、大型项目的开发，目前已成为主流编程语言之一。

### 1.1.1　Python 的产生与兴起

　　Python 是由荷兰人 Guido van Rossum(吉多·范罗苏姆，见图 1-1)在 1990 年年初开发的(详见 1.4 节)。

　　Python 的诞生是极具戏剧性的，据 Guido 自述记载，Python 是他在圣诞节期间为了打发无聊的时间而开发的，之所以会选择 Python 作为该编程语言的名字，是因为 Guido 是 Monty Python 戏剧团(英国著名喜剧团体)的忠实粉丝。图 1-2 所示为 Python 的 Logo。

图 1-1　Python 之父 Guido van Rossum　　　　　图 1-2　Python 的 Logo

　　Python 语言是在 ABC 语言的基础上发展而来的，其设计的初衷是成为 ABC 语言的替代品。ABC 语言虽然是一款功能强大的高级编程语言，但由于它没有开放源代码(即公众无法自由查看、修改和分享其代码)，因此它最终未能被广泛使用。为了让 Python 得到普及应用，Guido 在开发 Python 之初就决定将其开源。

　　Python 中不仅添加了许多 ABC 语言没有的功能，同时还附带了各种丰富而强大的库。利用这些 Python 库，程序员可以很轻松地把使用其他语言(尤其是 C 语言和 C++)制作的各类模块"粘连"在一起，因此 Python 又常被称为"胶水"语言。注意：这里所说的库和模块，简单地理解就是一个个的源文件，每个文件中都包含可实现各种功能的方法(也可称为函数)。

　　从整体上看，Python 语言最大的特点是简单，该特点主要体现在两个方面：一是 Python 语言的语法非常简洁明了，即便是非软件专业的初学者，也很容易上手；二是与其他编程语言相比，在实现同一个功能时，Python 语言的实现代码往往是最短的。

　　Python 看似是"不经意间"开发出来的，但它丝毫不比其他编程语言差。事实也是如此，自 1991 年 Python 第一个公开发行版问世后，Python 从一名默默无闻的"小卒"开始成长，终于厚积薄发、一鸣惊人：

　　2004 年，Python 的使用率呈线性增长，不断受到编程者的欢迎和喜爱；

　　2010 年，Python 荣膺 TIOBE "2010 年度最佳编程语言"桂冠；

　　2017 年，IEEE Spectrum 发布的"2017 年度编程语言"排行榜中，Python 位居第 1 位；

　　2020 年和 2021 年，Python 连续两年摘得 TIOBE "年度最佳编程语言"桂冠；

　　2024 年 9 月，TIOBE 排行榜(见表 1-1)显示，Python 不仅占据第 1 名的位置，而且其欢迎度(表 1-1 中的评级)首次突破了 20%，创下了新的纪录。

　　总的来说，Python 已经成为人工智能领域的首选语言，并在很多其他应用领域也占有一席之地，这使得 Python 近些年来排名增长迅猛(如图 1-3 所示，可扫码查看彩图)，甚至把 C、C++ 和 Java 这些强大的编程语言都甩在了身后。

表 1-1    TIOBE 2024 年 9 月编程语言排行榜(前 20 名)

| 2024 年 9 月 | 2023 年 9 月 | 变化<br>(上升/下降) | 编程语言 | 评级 | 变化百分比 |
|---|---|---|---|---|---|
| 1 | 1 | | Python | 20.17% | 6.01% |
| 2 | 3 | ↑ | C++ | 10.75% | 0.09% |
| 3 | 4 | ↑ | Java | 9.45% | −0.04% |
| 4 | 2 | ↓ | C | 8.89% | −2.38% |
| 5 | 5 | | C# | 6.08% | −1.22% |
| 6 | 6 | | JavaScript | 3.92% | 0.62% |
| 7 | 7 | | Visual Basic | 2.70% | 0.48% |
| 8 | 12 | ↑ | Go | 2.35% | 1.16% |
| 9 | 10 | ↑ | SQL | 1.94% | 0.50% |
| 10 | 11 | ↑ | Fortran | 1.78% | 0.49% |
| 11 | 15 | ↑ | Delphi/Object Pascal | 1.77% | 0.75% |
| 12 | 13 | ↑ | MATLAB | 1.47% | 0.28% |
| 13 | 8 | ↓ | PHP | 1.46% | −0.09% |
| 14 | 17 | ↑ | Rust | 1.32% | 0.35% |
| 15 | 18 | ↑ | R | 1.20% | 0.23% |
| 16 | 19 | ↑ | Ruby | 1.13% | 0.18% |
| 17 | 14 | ↓ | Scratch | 1.11% | 0.03% |
| 18 | 20 | ↑ | Kotlin | 1.10% | 0.20% |
| 19 | 21 | ↑ | COBOL | 1.09% | 0.22% |
| 20 | 16 | ↓ | Swift | 1.08% | 0.09% |

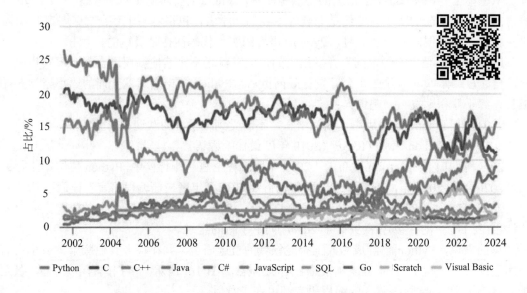

图 1-3    TOP 10 编程语言 TIOBE 指数走势(2002—2024 年)

## 1.1.2　Python 语言的特点

Python 是一门跨平台高级动态编程语言，具备很多特点。例如，Python 变量不需要显式声明类型，Python 解释器根据变量引用的对象，自动确定数据类型。Python 还是一门开源、语法简洁优美的语言，其功能强大，应用领域广泛，具有强大完备的第三方库，同时，它也是一门弱类型的可移植、可扩展、可嵌入的编程语言。

Python 语言的主要优点如下：

(1) 语言特点：简洁优雅、易学、语法简单，省略了各种大括号和分号，还有一些关键字、类型说明，使编程人员能够专注于解决问题而不是去搞明白语言本身。

(2) 语言类型：解释型语言，运行时一行一行地解释并运行，所以调试代码很方便，开发效率高。

(3) 可移植性：可在多种系统(Windows、Mac、Linux 等)上运行。

(4) 第三库：Python 是开源的，因此 Python 具有非常完备的第三方库支持，方便了Python 的扩展。

(5) 应用领域：Python 的众多优点使得 Python 飞速发展，目前在前端开发、后端开发、科学计算、人工智能、大数据分析、桌面开发、软件开发、网络爬虫等方面均有强大的应用。

Python 语言也存在一些缺点：

(1) Python 是一门解释型语言，它的运行速度比 C/C++ 都要慢一些。

(2) Python 应用发布只能发布源代码，代码不能加密。

## 1.1.3　学习 Python 语言的原因

如果你是一名编程学习者，可能会碰到一个难题：目前有各种各样的编程语言可以选择，为什么要选择 Python 呢？大多数人选择 Python 语言的原因可以通过下面这个例子来说明。

在 C 语言中写 Hello 程序：

```
# include <stdio.h>
int main(void)
{
    printf("Hello World\n");
    return 0;
}
```

在 Python 程序中写 Hello 程序：

```
print("Hello World")
```

通过对比不难发现，后者的代码量比前者要少很多。一般来说，在实现同样功能的程序时，Python 语言实现的代码行数仅相当于 C 语言的 1/10～1/5，其简洁程度取决于程序的复杂度和规模。

Python 除了代码相对于其他编程语言更为简洁的特点之外，还有如下特点：

(1) 学习门槛低。Python 入门简单(但精通很难),适合快速开发功能原型,是初学者的理想选择。

(2) 扩展库丰富。Python 拥有庞大的第三方库支持(如 PyPI),涵盖各种开发需求,极大地提升了开发效率。

(3) 市场份额高。近年来 Python 的使用率持续增长,已成为最受欢迎的编程语言之一。

(4) 应用领域广。Python 适用于 Web 开发、运维、数据分析、科学计算、机器学习、自动化、信息安全、网络爬虫等多个领域。

图 1-4 为漫画《口渴的 Python 开发者》,它来自 Pycot 网站,形容了 Python 开发者的工作是多么轻松。

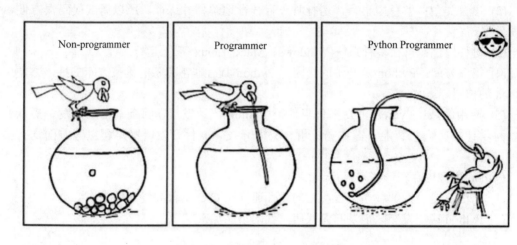

图 1-4    编程语言对比

如前所述,Python 还是一种"胶水"语言,可以把多种不同语言编写的程序模块融合到一起,实现无缝拼接,从而更好地发挥不同语言和工具的优势,满足不同应用领域的需求。

## 1.1.4    Python 的主要应用领域

Python 是一种功能强大且灵活的编程语言,被广泛应用于各种领域。下面介绍 Python 的主要应用领域。

(1) Web 开发。Python 在 Web 开发领域非常流行,主要得益于框架,如 Django 和 Flask 的存在。这些框架使开发者能够快速构建功能强大的 Web 应用程序。

(2) 数据科学和机器学习。Python 是数据科学和机器学习领域的首选语言之一。例如,NumPy、Pandas 和 SciPy 等库提供了强大的数据分析处理和科学计算功能,而 TensorFlow、PyTorch 和 Scikit-learn 等库提供了机器学习和深度学习的工具。

(3) 人工智能和自然语言处理。Python 在人工智能领域的应用也非常广泛,特别是广泛应用于自然语言处理(NLP)领域。例如,NLTK、spaCy 和 Gensim 等库提供了处理文本数据和实现自然语言处理任务所需的工具。

(4) 科学计算和工程。Python 在科学计算和工程领域也有着广泛的应用。它可以用于解决各种数学问题、模拟物理系统，并且可以通过 Matplotlib 和 Plotly 等库实现数据和结果的可视化。

(5) 游戏开发。Python 也被用于游戏开发，尤其是用在构建游戏引擎、游戏逻辑和工具方面。例如，Pygame 就是一个常用的游戏开发库。

(6) 网络爬虫和数据抓取。Python 的简洁性和易用性使其成为编写网络爬虫和数据抓取脚本的理想选择。例如，BeautifulSoup 和 Scrapy 库可以帮助开发者抓取网页内容并进行处理。

(7) 自动化和脚本编写。Python 可以用于编写自动化脚本，从简单的系统管理任务到复杂的工作流程自动化都可以用 Python 实现。

(8) 金融和量化交易。Python 在金融领域有着广泛的应用，尤其是用在量化交易和金融数据分析方面。例如，Pandas 和 QuantLib 库提供了处理金融数据和实现量化交易策略的功能。

(9) 教育。Python 以其简单易学的特性成为编程教育的热门语言，许多学校都将其作为编程教学的首选语言。

总的来说，Python 语言的灵活性和丰富的库生态系统使其在各种领域都有着广泛的应用。

## 1.1.5　Python 程序的执行过程

程序设计语言是计算机能够理解和识别用户操作意图的一种交互体系，它按照特定规则组织计算机指令，使计算机能够自动进行各种运算处理。按照程序设计语言规则组织起来的一组计算机指令称为计算机程序。

计算机的大脑是 CPU，中文名叫中央处理器，但 CPU 并不能直接处理 Python 语言。CPU 只能直接处理机器指令语言，那是一种由数字 0 和 1 组成的语言，如图 1-5 所示。

```
0101001010100101110010101010010001001010010101
1101010100010000101010101010101010111011100101
1010100101010100100001111110011010101011011011
1100101011110111011101010101011100010000100101
0010101001010101011101010100110011111001
0101010110101010011111101010101001010101010101
0001110110101010101110110010101000100111011010
```

图 1-5　计算机中的二进制数据

因此，就需要一个"翻译者"，负责把 Python 语言翻译成计算机 CPU 能直接处理的机器指令语言，这样计算机才能按照 Python 程序的要求工作。这个"翻译者"就是 Python 解释器。Python 解释器本身也是个程序，因为其负责解释执行 Python 代码，所以被称为解释器。

将用高级语言编写的计算机程序翻译成机器代码，一般有 3 种方式：编译、解释、先编译后解释。

编译是将源代码转换为目标代码。通常，源代码是高级语言代码，目标代码是机器语言代码，执行编译的计算机程序称为编译器。程序的编译和执行过程如图 1-6 所示。

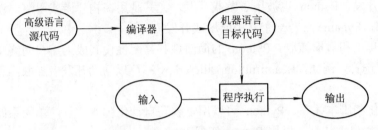

图 1-6    程序的编译和执行过程

解释是将源代码逐条转换成目标代码，同时逐条运行目标代码。执行解释的计算机程序称为解释器。程序的解释和执行过程如图 1-7 所示。

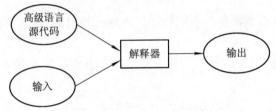

图 1-7    程序的解释和执行过程

编译是一次性的翻译，一旦程序被编译，就不再需要编译程序或者源代码即可直接运行，在同类型操作系统上使用更为灵活，在同源代码的前提下，编译后的目标代码运行速度更快。解释则在每次程序运行时都需要解释器和源代码，其运行速度相对目标代码较慢，但是只要存在解释器，解释型语言的源代码就可以在任何操作系统上运行，可移植性好。

Python 的翻译基于虚拟机，先编译后解释。Python 程序的执行过程如图 1-8 所示。

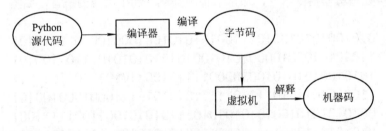

图 1-8    Python 程序的执行过程

Python 代码在运行前，会先编译(翻译)成中间代码，每个源文件(.py)被转换成字节码文件(.pyc)，字节码文件是与平台无关的中间代码，不管在 Windows 还是 Linux 平台上都可以执行。Python 代码运行时由虚拟机逐行把字节码解释成机器指令给 CPU 执行。

## 1.1.6    Python 的版本

Python 的发展历经三十多年，演化发展了诸多版本，读者可以在官网(https://www.python.org/downloads/)中查看 Python 的所有版本。截至目前，Python 被广泛使用的版本有两个，分别是 Python 2.x 和 Python 3.x。Python 的历史版本如表 1-2 所示。

表 1-2　Python 的历史版本

| 版本号 | 发布时间 | 拥有者 | GPL 兼容 |
|---|---|---|---|
| 0.9.0～1.2 | 1991—1995 | CWI | 是 |
| 1.3～1.5.2 | 1995—1999 | CNRI | 是 |
| 1.6 | 2000 | CNRI | 否 |
| 2.0 | 2000 | BeOpen.com | 否 |
| 1.6.1 | 2001 | CNRI | 否 |
| 2.1 | 2001 | PSF | 否 |
| 2.0.1 | 2001-06-22 | PSF | 是 |
| 2.2～2.7.11 | 2001—2015 | PSF | 是 |
| 2.7.12 | 2016-06 | PSF | 是 |
| 2.7.13 | 2016-12 | PSF | 是 |
| 3.x | 2008—至今 | PSF | 是 |

Python 2.x 是早期的版本，解释器的名称是 Python。2010 年推出的 Python 2.7 被确定为 Python 2.x 的最后一个版本，并于 2020 年后不再维护和更新 Python 2。Python 3.x 是现在和未来主流的版本，解释器的名称是 Python 3。

相比于 Python 的早期版本，Python 3.x 有一个较大的升级。为了不带入过多的累赘，Python 3.0 在设计时并没有考虑向下兼容的问题，导致许多用早期 Python 版本设计的程序都无法在 Python 3.0 上正常运行。

为了兼顾现有的程序，官方曾提供过一个过渡版本 Python 2.6。这个版本基本使用了 Python 2.x 的语法和库，同时它也考虑了向 Python 3.0 的迁移，允许使用部分 Python 3.0 的语法与函数。

Python 的版本号一般分为 3 段，形如 A.B.C 的样式，其中：

(1) A 表示大版本号，一般当整体重写或出现不向后兼容的改变时，增加 A；

(2) B 表示功能更新，出现新功能时增加 B；

(3) C 表示小的改动(如修复了某个 Bug)，只要有修改就增加 C。

## 1.2　Python 的开发环境

古人云"工欲善其事必先利其器"，适合的编程开发环境和便捷的开发工具对于开发者和团队来说至关重要，它能够影响到开发效率、代码质量、团队协作以及最终产品的成功与否。本节主要介绍常见的 Python 开发环境及其工具的安装与使用。

### 1.2.1　常见开发环境及工具概述

集成 Python 开发环境的软件主要有 Python 软件、Anaconda 软件和 Miniconda 软件。

三者都提供了运行 Python 程序的解释器，也都提供了 Python 的标准库函数，Python 软件安装包体量最小，Miniconda 软件在 Python 软件的基础上提供了 Conda 的包管理工具，Anaconda 软件则在 Miniconda 软件的基础上，提供了更为丰富的第三方库，并融合了 Jupyter Notebook 和 Spyder 等程序开发工具，但是其安装空间则超过了 500 MB。

有了开发环境，还需要选择合适的开发工具来开发 Python 程序。可用于 Python 程序开发的工具主要有 IDLE(Python 自带)、Jupyter Notebook 和 Spyder(Anaconda 自带)以及 PyCharm 和 VSCode(第三方安装)等，如图 1-9 所示。

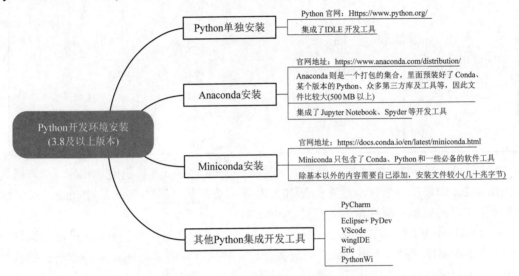

图 1-9    Python 常用开发环境和工具介绍

下面简要比较 Python 开发工具 IDLE、Jupyter Notebook、PyCharm 和 VSCode。

### 1. IDLE

IDLE 是 Python 自带的集成开发环境，具有基本的编辑器、交互式解释器和调试器功能。

优点：轻量级，简单易用，无须额外安装，适合初学者。

缺点：功能相对简单，缺乏高级特性和扩展性。

### 2. Jupyter Notebook

Jupyter Notebook 是一个基于 Web 的交互式计算环境，支持编写和共享文档、代码、图像、公式等内容。

优点：交互式，支持实时展示代码执行结果，支持 Markdown 格式文档，广泛用于数据科学领域。

缺点：不适合大规模项目开发，代码结构不够清晰，不支持传统的调试功能。

### 3. PyCharm

PyCharm 是 JetBrains 公司开发的专业 Python 开发工具，提供了丰富的功能和工具，包括代码编辑器、调试器、版本控制、自动化测试、代码分析等。

优点：功能强大，支持大型项目开发，具有优秀的代码提示和自动补全功能，支持多种版本控制系统。

缺点：启动和运行速度较慢(尤其在低配置设备上)，占用内存资源较多，部分高级功能需要付费许可证。

### 4. VSCode(Visual Studio Code)

VSCode 是由 Microsoft 开发的开源代码编辑器，支持多种编程语言，包括 Python。它具有丰富的扩展生态系统，可以根据需要灵活定制。

优点：轻量级，快速，支持丰富的插件扩展，具有调试、版本控制等功能。

缺点：对于大型项目可能不够强大，可能需要安装一些插件以支持特定功能。

综上所述，如何选择 Python 开发工具取决于个人或团队的偏好、项目规模、开发需求以及对功能和性能的要求。初学者可以从 IDLE 或 VSCode 入手，而对于大型项目和数据科学领域的工作，PyCharm 和 Jupyter Notebook 可能更加适合。

## 1.2.2　Anaconda3

### 1. Anaconda 简介

Anaconda 是一个开源的 Python 发行版本，包含了 Python、Jupyter Notebook、Spyder、Conda 等工具以及 180 多个科学包及其依赖项。Anaconda 的安装不仅提供了 Python 解释器环境，还预装了数据分析、数据可视化、科学计算、爬虫等领域常用的第三方库，更提供了诸多代码编辑器和 Conda 工具。Anaconda 和 Python 两个软件的关系如图 1-10 所示。

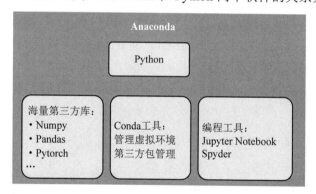

图 1-10　Anaconda 和 Python 两个软件的关系

采用 Anaconda 软件进行 Python 开发更多是为了方便学习和使用。

一方面，由于 Python 学习过程中需要使用到诸多第三方库，而某些第三方库的安装往往比较烦琐，且可能出现和已安装的第三方库发生冲突的情况。而 Anaconda 直接替用户解决了这方面的后顾之忧，一键安装完成后，常见的第三方库都可以正常使用。

另一方面，Python 软件自带的包管理工具 pip 在安装额外的第三方库时，在一些特殊情况下，pip 会不安装第三方库的依赖项，或者不能正确识别这些依赖项的版本兼容性，从而造成第三方库的安装失败或安装成功却无法正常使用的后果。而 Conda 较好地解决了这个问题，Conda 在安装第三方库时会检查依赖项并自动解决依赖关系，以确保安装所有必需的依赖项。

此外，Anaconda 软件中提供的 Conda 工具还可以进行 Python 的虚拟环境管理，其允许在同一台计算机上安装不同版本的 Python 环境及其依赖库，以适用于不同 Python 项目的开发。这些 Python 环境之间互相隔离、互不影响。Conda 工具允许用户在不同的虚拟环境中自由切换。Anaconda 软件虚拟环境概念如图 1-11 所示。

图 1-11    Anaconda 软件虚拟环境概念图示

最后，Anaconda 软件还提供了可供用户交互式编程的工具 Jupyter Notebook 和自带的编程工具 Spyder。因此，学习 Python 编程一般推荐安装 Anaconda 软件，而不安装纯 Python软件。

### 2. Anaconda 安装

Anaconda 可用于多个平台(Windows、Mac OS X 和 Linux)，需要根据所使用的计算机是32 位还是 64 位来选择安装版本。下面介绍在 64 位的 Windows 上安装 Anaconda 软件的过程。

1) Anaconda 下载

登录官网地址 https://www.anaconda.com/distribution/，打开界面后如图 1-12 所示(提示：官网界面会不时更新)。

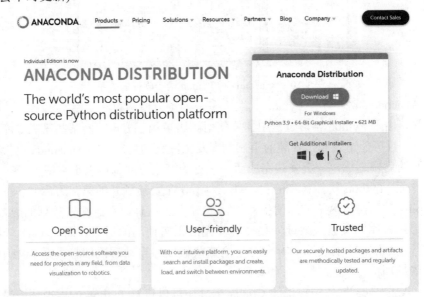

图 1-12    Anaconda 官网界面

单击绿色背景的"Download"标签，页面会自动跳转至下载的界面，如图 1-13 所示。

读者可根据自己的计算机系统选择合适的安装包进行下载。

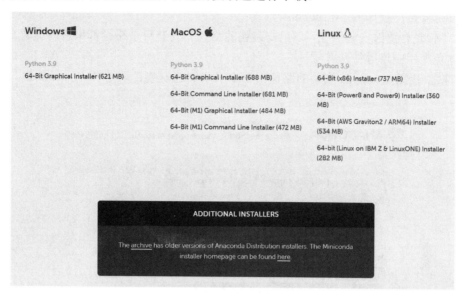

图 1-13　Anaconda 下载界面

由于官网服务器在国外，下载速度慢，因此推荐使用国内镜像网站(如清华镜像、阿里镜像等)下载安装包。

2) 以管理员身份运行源文件

如图 1-14 所示，找到下载的 Anaconda 源文件(以.exe 结尾的文件)，右击源安装文件，选择"以管理员身份运行"。

图 1-14　以管理员身份运行源安装文件

3) 安装过程

(1) 如图 1-15 所示，在弹出的安装启动界面直接单击"Next"进入"License Agreement"界面，选择"I Agree"进入"Select Installation Type"界面，在默认设置下单击"Next"进入"Choose Install Location"界面，设定 Anaconda 的安装路径。安装路径的设置需要注意以下几点：

① Anaconda 所需空间约 3 GB，因此尽量不要安装在 C 盘，尤其是 C 盘空间紧张的情况下，参考安装路径如 D:\Anaconda3。

② 不管是否更改安装路径，切记安装包的路径和安装目录路径都尽量用英文，路径名称中也避免使用空格等特殊符号。

③ 务必记录 Anaconda 安装的路径，如本书示例的安装目录是 D:\Anaconda3。

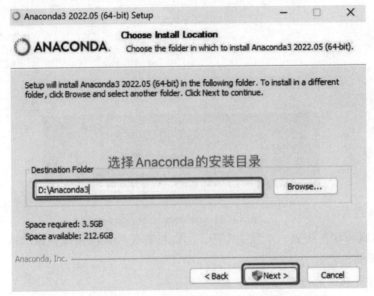

图 1-15    Anaconda 安装设定安装目录

(2) 如图 1-16 所示，在 Advanced Installation Options(高级安装选项)中勾选 "Add Anaconda3 to the system PATH environment variable" 选项，单击 "Install"，开始安装 Anaconda 软件。

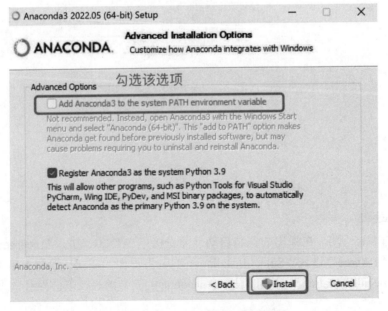

图 1-16    Anaconda 安装添加环境变量

(3) 安装需要一段时间,需耐心等待。Anaconda 的下载文件比较大(约 500 MB),因为其附带了 Python 中最常用的数据科学包。图 1-17 是 Anaconda 安装进行中的界面。

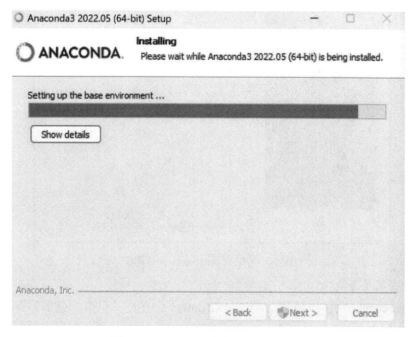

图 1-17　Anaconda 安装进行中的界面

(4) 安装完成后的界面如图 1-18 所示,单击"Next"进入下一步操作。

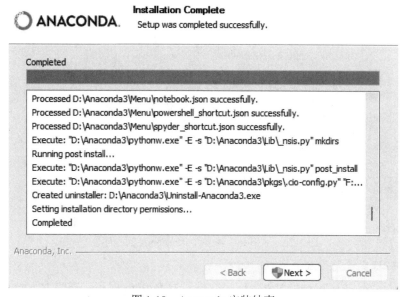

图 1-18　Anaconda 安装结束

(5) 安装结束后,在"Thanks for installing Anaconda3!"界面中,不要勾选"Learn more about Anaconda Cloud"和"Learn how to get started with Anaconda",单击"Finish"即可完成 Anaconda 软件的安装,如图 1-19 所示。

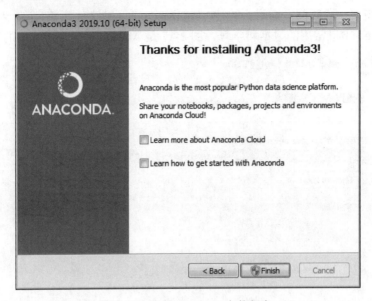

图 1-19　结束 Anaconda 安装程序

4) 查验安装是否成功

完成 Anaconda 软件安装后，单击 Windows 系统的"开始"菜单，在程序栏找到"Anaconda3(64-bit)"文件夹并单击，若出现如图 1-20 所示的相关程序，则说明 Anaconda 安装已完成。

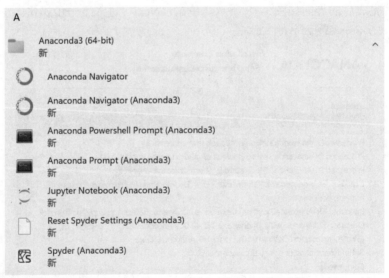

图 1-20　"开始"菜单中 Anaconda 的程序栏

5) 查验环境变量是否配置成功

为方便用终端、PyCharm、VSCode 等软件开发 Python 程序，需要为 Anaconda 配置环境变量，这样可以方便在各种软件中直接调试和运行 Python 程序。由于在"安装过程"的第(2)步已经勾选了"Add Anaconda3 to the system PATH environment variable"选项，因此理论上已经配置好了环境变量。这里需要查验环境变量是否配置成功，具体步骤如下：

(1) 同时按住键盘上的"Win"+"R"键，在弹出的窗口中输入"cmd"命令后按回车键启动终端控制台。

(2) 在命令行中输入命令"python"，查看输出内容的首行中是否有"Anaconda, Inc."的字样(如图 1-21 所示)。如果有，则说明环境变量已经配置成功，否则需要按照第 6)步的方式重新配置环境变量。

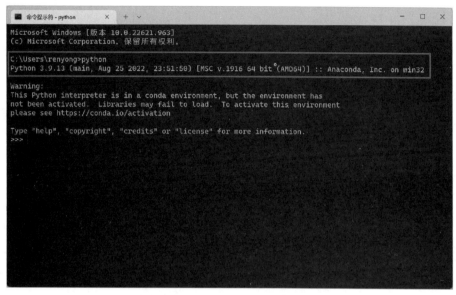

图 1-21　在终端中启用 python 环境

(3) 在命令行中输入命令"conda --version"，查看是否有如图 1-22 所示的内容(conda 版本号不一致是正常的)。如果有，也说明环境变量配置成功，否则需按照第 6)步的方式重新配置环境变量。

图 1-22　在终端中查看 conda 工具的版本号

6) 手动配置环境变量(若第 5)步查验环境变量配置成功，则可略过这个环节)

(1) 右键单击"此电脑"，单击"属性"，弹出"系统信息"窗口，如图 1-23 所示。

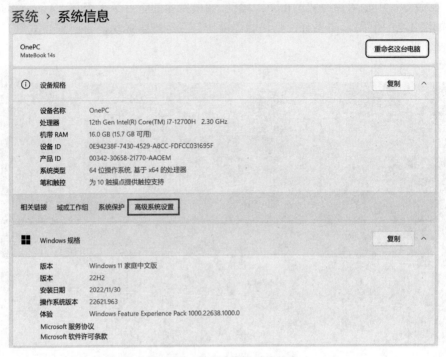

图 1-23　查看计算机系统信息

(2) 单击图 1-23 中的"高级系统设置"，弹出"系统属性"窗口，如图 1-24 所示。

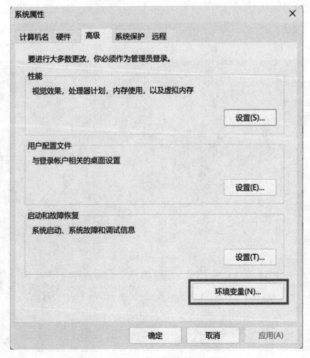

图 1-24　查看计算机系统属性

(3) 单击图 1-24 中的"环境变量"，弹出"环境变量"窗口，如图 1-25 所示。

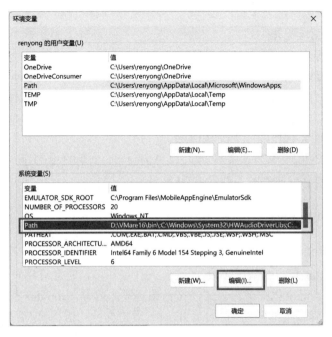

图 1-25　查看计算机环境变量

(4) 在图 1-25 中选中"系统变量"中的"Path"，单击"编辑"按钮，弹出"编辑环境变量"窗口，如图 1-26 所示。

图 1-26　编辑环境变量

(5) 单击图 1-26 中的"新建"按钮，依次将图 1-26 的方框中的 4 个路径添加进来(如果读者在第(3)步设置的路径不是 D:\Anaconda3，则需要用自行设置的路径替换图 1-26 中的

D:\Anaconda3 路径)。

(6) 依次单击"编辑环境变量"窗口、"环境变量"窗口、"系统属性"窗口中的"确定"按钮，使环境变量配置生效。

(7) 返回到第(5)步，重新查验环境变量是否配置成功。

提示：Anaconda3 软件已经集成了 Python 软件的环境，即安装 Anaconda3 软件后就无须再安装 Python 软件。如果计算机中已经安装了 Python 软件，那么再安装 Anaconda 软件可能会引发冲突。以下方式可避免两个软件之间的冲突：

(1) 将原有 Python 软件的环境变量删除。

(2) 将安装的 Python 文件夹整个拷贝到 Anaconda 安装目录的 envs 目录下，并通过"conda activate"命令激活该版本的 Python 软件。

### 1.2.3  Jupyter Notebook

#### 1. Jupyter Notebook 简介

Jupyter Notebook 是一个基于 Web 的交互式计算环境，它允许用户创建和共享文档，其中包含实时代码、可视化图像、公式、文本和多媒体内容。Jupyter 的名字来源于 Julia、Python 和 R 三种编程语言的缩写，它们是 Jupyter 最初支持的语言，但后来 Jupyter Notebook 扩展到支持多种编程语言。

#### 2. 启动和运行 Jupyter Notebook

启动和运行 Jupyter Notebook 的步骤如下：

(1) 在"开始"菜单中找到 Anaconda3(64-bit)文件夹并单击，在展开的菜单中单击"Jupyter Notebook(Anaconda3)"，如图 1-27 所示。

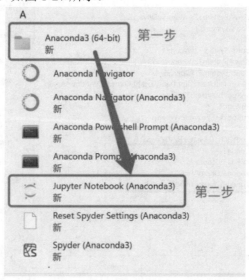

图 1-27　从"开始"菜单启动 Jupyter Notebook

(2) 程序会自动弹出如图 1-28 所示的终端控制台(切勿手动关闭终端)，请耐心等待，之后会自动启动默认的浏览器，然后在浏览器中打开 Jupyter Notebook 工作窗口，如图 1-29 所示。

图 1-28　启动 Jupyter Notebook 工具的终端控制台

图 1-29　打开 Jupyter Notebook 工作窗口

（3）单击浏览器右上角的"New"下拉菜单，选择"Python 3"，即可新建一个 Notebook 文件，如图 1-30 所示。

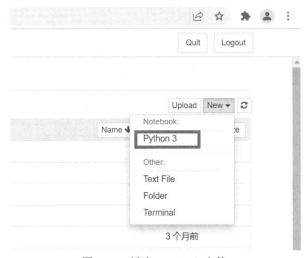

图 1-30　新建 Notebook 文件

(4) 在新建的 Notebook 文件中，在单元格内输入代码"print('1')"，单击"运行"按钮
(如图 1-31 所示)，即可运行 Python 程序。

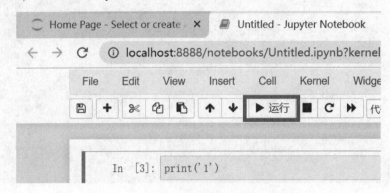

图 1-31　Jupyter Notebook 运行 Python 程序

### 1.2.4　PyCharm 的 Python 代码执行方法

#### 1. PyCharm 简介

PyCharm 是一个用于计算机编程的集成开发环境(IDE)，可用于 Python 语言开发，提
供了代码分析、图形化调试器、集成测试器、集成版本控制等功能。它是一个跨平台开发
环境，支持 Windows、macOS 和 Linux 等多个系统。此外，在不同的许可证下 PyCharm 发
布了社区版和专业版两个不同的版本。

#### 2. PyCharm 的安装

PyCharm 的安装步骤如下：

(1) 登录 PyCharm 官网(https://www.jetbrains.com/pycharm/download/)下载 PyCharm 安
装包：打开如图 1-32 所示的页面，下载社区版的 PyCharm 软件(社区版是免费的，虽然它
比专业版少部分高级功能，但能够满足日常开发需要)。

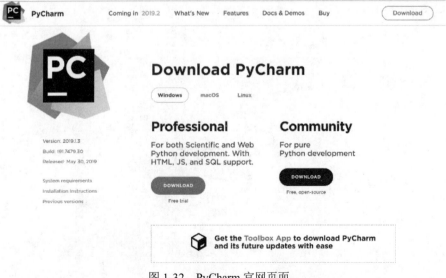

图 1-32　PyCharm 官网页面

(2) 找到已下载的 PyCharm 安装包，如图 1-33 所示，右键单击安装包，以管理员身份运行安装包。

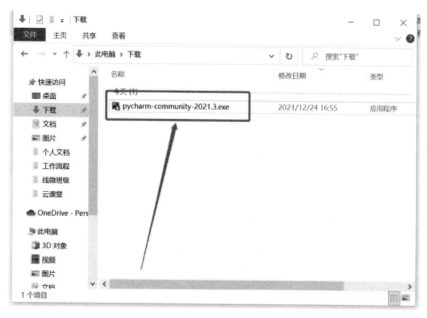

图 1-33　启动 PyCharm 安装包

(3) 单击"Next"按钮进入"Choose Install Location"窗口，设置 PyCharm 软件安装的目标目录(可以使用默认的安装目录，如图 1-34 所示)，之后单击"Next"按钮进入下一步。

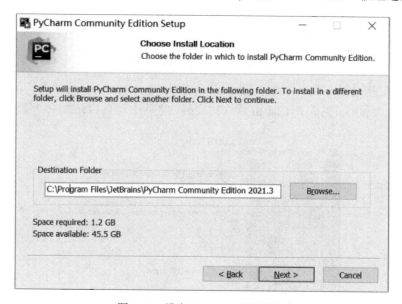

图 1-34　设定 PyCharm 安装路径

(4) 在"Installation Options"窗口，按如图 1-35 所示勾选 4 个选框，单击"Next"按钮进入下一步；在"Choose Start Menu Folder"窗口以默认设置单击"Install"按钮，开始安装，安装过程如图 1-36 所示。

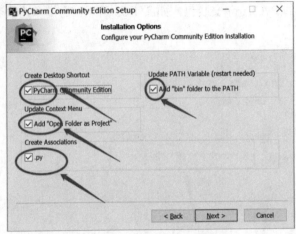

图 1-35　PyCharm 安装相关过程

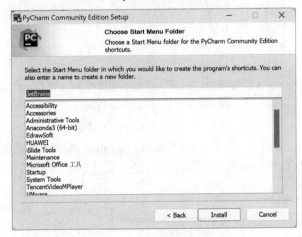

图 1-36　选择开始菜单文件夹

(5) 等待安装过程完成后，选择"I want to manually reboot later"之后，单击"Finish"按钮(如图 1-37 所示)，完成 PyCharm 软件的安装。之后手动重启计算机，使 PyCharm 软件正常运行。

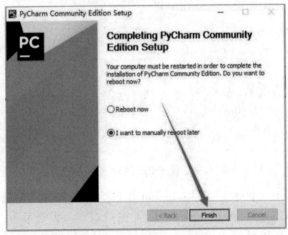

图 1-37　PyCharm 安装完成

### 3. PyCharm 的启动和运行

启动和运行 PyCharm 的步骤如下：

(1) 双击桌面上 PyCharm 快捷键的图标启动 PyCharm 软件，PyCharm 的启动界面如图 1-38 所示。

图 1-38　PyCharm 的启动界面

(2) 单击图 1-38 中的"Create New Project"创建一个新项目，如图 1-39 所示。Location 是存储工程项目的路径，单击"Project Interpreter"三角符号，从"Base interpreter"中可以看到 PyCharm 已经通过前面配置的环境变量自动获取到 Anaconda 中 Python 解释器 python.exe 的路径。

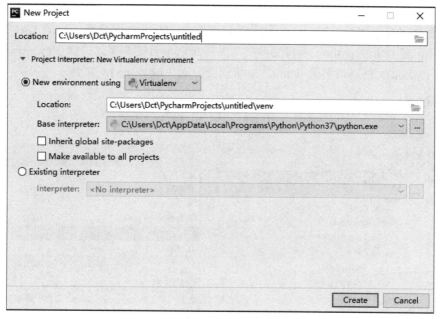

图 1-39　创建新项目

(3) 单击图 1-39 中 Location 右侧的文件夹图标修改存储工程项目的路径，如图 1-40 所示。注意：所选择的目标路径文件夹需为空文件夹，否则无法创建项目。目标路径修改完成后，单击"Create"完成项目创建。

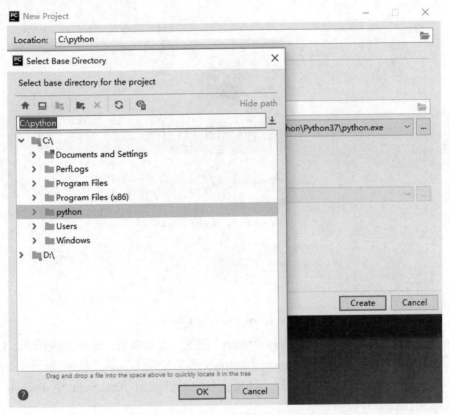

图 1-40　选择工程存放路径

(4) 完成项目创建后，PyCharm 软件会打开完整的软件开发界面，如图 1-41 所示。找到 PyCharm 左上角的 python 项目文件夹，右键单击项目文件夹，选择 New→Python File 创建一个 Python 文件，命名为 demo，系统就会自动生成 demo.py 文件。

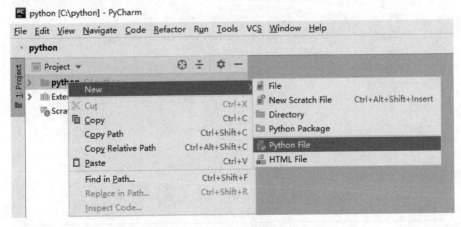

图 1-41　创建 Python 文件

至此，PyCharm 的安装、启动和创建项目的操作已经完成。下面演示用 PyCharm 编写 Python 代码的示例。

在 demo.py 文件的编程窗口中输入以下代码：

```
print("Hello World")
```

单击菜单栏的 Run→Run 编译与运行 Python 程序(或使用快捷键 Alt + Shift + F10 完成 Python 程序的编译与运行)，具体操作流程如图 1-42 所示。

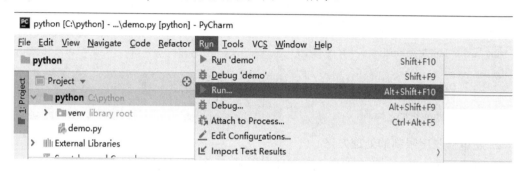

图 1-42　编译与运行 Python 程序

运行代码后，观察到 PyCharm 底部出现了 Python 程序运行结果，如图 1-43 所示。

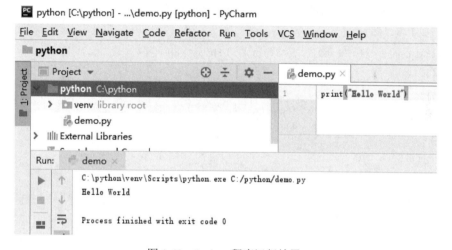

图 1-43　Python 程序运行结果

使用 PyCharm 编辑的第一段代码已经成功运行，读者已经了解 PyCharm 的基本用法，PyCharm 还有许多便捷的功能等待读者探索，例如快捷键的使用等。

## 1.3　Python 的编码规范

Python 的编码规范是指为了确保代码质量，在编写代码时需遵循的一系列规则，包括正确的换行、缩进、空行、空格以及注释等。Python 的编码规范用于增强代码的可读性和可维护性。

## 1.3.1  换行

### 1. 行长度

一般情况下，Python 的一行代码不超过 80 个字符。此外，对于导入模块语句或注释中的 URL，每行也不宜过长，如果过长，则应该进行适当的换行处理，以提高程序的可读性。在 Python 中，可以将续行符 "\" 插到代码中进行换行，示例代码如下：

```
fruit_count = apple_count    +  \
banana_count    +  \
        cherry_count    +  \
        strawberry_ count
```

### 2. 超过行长度限制的处理方法

Python 会将圆括号、中括号和花括号中的行隐式地连接起来，利用这一特性可实现换行，以下是常见场景的处理方式。

1) 条件表达式

在逻辑运算符(如 and 或 or)前换行，并用括号明确分组。

```
#【原代码】
if (1 < a < 10 and 2 < b < 10 and 3 < c < 10) or a > 10 or a <= 30:
    pass


#【修改后】
if((1 < a < 10
        and 2 < b < 10
        and 3 < c < 10)
    or a > 10
    or a <= 30):
    pass
```

2) 字符串

用括号包裹字符串直接换行，避免使用反斜杠 \。

```
#【原代码】
string = 'If you wish to succeed, you should use persistence as your good friend, experience as your reference, prudence as your brother and hope as your sentry.'
print(string)
#【修改后】
string = ('If you wish to succeed, you should use persistence as your good friend,'
        ' experience as your reference, prudence as your brother and hope as your sentry.')
print(string)
```

3) 函数参数

在函数参数的逗号后面换行。

```
#【原函数】
def test(name, age, gender, hobby, specialization, city, province, country="China"):
    pass
#【修改】
def test(name, age, gender, hobby, specialization,
        city, province, country="China"):
    pass
```

4) 三目运算符

三目运算符又称三元运算符，它可以将简单的 if 条件语句改写成 1 行代码，但是，如果三目运算符代码超过 80 个字符，则仍需使用 if 语句，示例代码如下：

```
#【if 语句】
if a > 10:
    b = 1
else:
    b = 0


#【三目运算符】
b = 1 if a > 10 else 0
```

## 1.3.2　缩进

### 1. 缩进的优点

Python 的语法要求可以使用缩进使代码具有层次感。对于流程控制语句，语句体必须缩进，否则将不看作流程控制语句的一部分；函数中，函数名顶格，函数体必须缩进；类中，类名顶格，主体代码块必须缩进。如果不遵循该原则，则代码运行时会抛出异常。

### 2. 缩进要求

官方建议，缩进采用 4 个空格，建议不要使用 Tab 键，因为不同 IDE 对 Tab 键空格个数的设置是不同的，但对空格的显示逻辑是相同的。在下面的代码中，每个代码语句的缩进都是 4 个空格字符。

```
dayup=1.0

factor=eval(input("请输入变化比例："))
print(factor)


for i in range(365):
```

```
if i%7 in [6,0]:
        dayup=dayup*(1-factor)
    else:
        dayup=dayup*(1+factor)


print("工作日的力量{:.2f}".format(dayup))
```

### 1.3.3  空行

建议读者在编写程序时，在合适的地方适当增加空行。

#### 1. 空行的作用

在适当的地方增加空行可以使代码具有更好的段落感，便于阅读。

#### 2. 空行的使用建议

对于空行的使用，有以下几条建议：

(1) import 语句上下各加 1 个空行。若连续导入模块，则在第一条 import 语句前面空 1 行，在最后一条 import 语句后面空 1 行。

(2) 在函数下面加 2 个空行。

(3) 在类的每个方法下面加 1 个空行。

(4) 在流程控制语句上下各加 1 个空行。

(5) 在变量定义之间建议加 1 个空行。若变量之间有关系，则其间可不加空行。

### 1.3.4  空格

#### 1. 空格的作用

空格使代码更清晰，便于阅读。

#### 2. 空格的使用建议

对于空格的使用，有以下几条建议：

(1) 二元运算符：二元运算符两边各加 1 个空格，包括赋值(=)、比较(==、<、>、!=、<>、<=、>=、in、not in、is、is not)和布尔或逻辑运算符(and、or、not)，如 a + 34 >= (b + 34) * 3。

(2) 逗号：逗号后面必须加 1 个空格。

(3) 括号：前括号"("和后括号")"前面不加空格。

(4) 函数：函数参数赋值的等号两边不加空格。

### 1.3.5  注释

#### 1. 注释的作用

注释的内容在 Python 执行代码时是不予执行的。注释是便于代码维护，写给代码使用者看的说明性文字。

### 2. 注释语法

#### 1) 行注释

行注释用"#"起头，"#"后的文字均为注释内容，Python 不会执行该处文字或代码。

通常情况下行注释写在被注释代码所在行的上一行。只有当注释内容为 1 个单词或少数内容时才在被注释行后边进行注释。注意，在代码后边的行注释与该行代码之间至少有 2 个空格的间距，且各行注释不要对齐，因为会造成维护负担。

(1) 单行注释。"#"号只能在一行内写注释，如果需要写多行注释，则在每一行开头都写"#"即可。单行注释和示例代码如下：

```
# **这是一个单行注释的例子**
#打印"你好，世界"
#这是第二行的注释说明
#这是第三行的注释说明
print("你好，世界!")
```

运行结果如下：

```
你好，世界!
```

(2) 多行注释。Python 中采用一对 3 个单引号(''')或者一对 3 个双引号(""")来实现多行注释。单行注释可以与多行注释混合使用，示例代码如下：

```
'''
这是多行注释的例子
下面的代码输入两个整数，计算两个整数的和并打印结果
'''

#使用 input 函数输入两个数，分别赋值给 a 和 b
a = int(input("输入第一个数"))
b = int(input("输入第二个数"))
c = a+b
#输出 c 的值
print('a+b=', c)
```

#### 2) 类和函数的说明文字

类和函数的说明文字位于类名或函数名下一行，有 4 个空格的缩进，用一对 3 个英文半角双引号或一对 3 个英文半角单引号引起。若内容简短，则可位于文字两边；若内容较长，则可位于文字上下行。类和函数的说明文字的示例代码如下：

```
#【类】
class Test(object):
    """
    这是 Test 类的说明文字
    注释符号是一对 3 个英文半角双引号
```

```
    注释符号位于说明文字上下行
    """
    pass


#【函数】
def test():
    '''这是 test 函数的说明文字'''
    pass
```

## 1.4　拓展案例与思考

**案例**：Python 的创始人——Guido van Rossum (吉多·范罗苏姆)的故事。

每一门计算机语言的发展历史，都有一个有趣的故事。技术先驱者的作品总是让人出乎意料。

大家听到的是，1989 年圣诞节期间，在阿姆斯特丹，Python 创始人 Guido van Rossum 为了打发圣诞节的时间而开发了 Python 语言。

实际情况是，Guido van Rossum 一直在思考能否设计一款语言，使它同时具备 C 与 shell 的优点，既能够全面调用计算机的功能接口，又可以轻松编写程序。后来他进入 CWI(Centrum Wiskunde & Informatica，荷兰数学和计算机研究所)工作，并参加了 ABC 语言的开发。

ABC 语言主要用于教学，它的特点是容易阅读、容易使用、容易记忆、容易学习，并能够以此来激发人们学习编程的兴趣。但是 ABC 语言没有流行起来，主要原因如下：

(1) 可扩展性差，ABC 语言不是模块化语言，如果想在 ABC 语言中增加一些功能，则会很困难。

(2) 不能直接进行 I/O 操作，不能直接对文件系统进行操作。

(3) 传播非常困难，这是因为 ABC 语言的编译器非常大，必须存放在磁带上。

基于以上这几种原因，Guido van Rossum 希望可以开发一种简单、优美、易学的语言，他一直在思考，并结合自身工作做了大量前期积累，最终这种语言恰巧在 1989 年的圣诞节假期被开发出来了。

之所以选择 Python("大蟒蛇"的意思)，是因为创始人 Guido van Rossum 是"Monty Python"喜剧团体的爱好者，他选择以 Python 来命名自己开发出来的脚本程序，就这样一门强大的语言诞生了。Python 的产生看上去是天才的妙手偶得，其实是天才创意与勤奋工作的必然结果。

Python 不仅简明、易懂、容易上手，还因为高效丰富的库资源让程序员们节省了大量的编程时间。

"人生苦短，我用 Python"这句话在编程界广为流行，代表了 Python 语言在软件开发中的优势，特别是其在机器学习、大数据和人工智能等领域得到了广泛应用。

思考：

(1) 如何判断一个语言的优缺点？

(2) 为什么 Python 语言能在人工智能时代异军突起？

# 习　　题

## 一、选择题

1. 以下关于 Python 程序语法元素的描述中错误的选项是(　　)。

A. 段落格式有助于提高代码可读性和可维护性

B. 虽然 Python 支持中文变量名，但从兼容性角度考虑还是不要用中文变量名

C. true 并不是 Python 的保留字

D. 并不是所有的 if、while、def、class 语句后面都要用 ":" 结尾

2. Python 中可以将一条长语句分成多行显示的续行符号是(　　)。

A. \　　　　　　　　　　　　　　B. #

C. ;　　　　　　　　　　　　　　D. '

3. 以下对 Python 程序缩进格式的描述中错误的选项是(　　)。

A. 不需要缩进的代码顶行写，前面不能留空白

B. 缩进可以用 Tab 键实现，也可以用多个空格实现

C. 严格的缩进可以约束程序结构，可以多层缩进

D. 缩进用来美化 Python 程序的格式

4. 以下对 Python 程序设计风格的描述中错误的选项是(　　)。

A. Python 中不允许把多条语句写在同一行

B. Python 语句中，增加缩进表示语句块的开始，减少缩进表示语句块的退出

C. Python 可以使用续行符 "\" 将一条长语句分成多行显示

D. Python 中允许把多条语句写在同一行

5. Python 源代码程序编译后的文件扩展名是(　　)。

A. .py　　　　　　　　　　　　　B. .pyc

C. .exe　　　　　　　　　　　　　D. .obj

## 二、简答题

1. 对比分析 Python、Java、C 语言之间的主要优缺点。

2. 简要分析计算机语言的发展历史，畅想未来计算机语言的发展趋势。

## 三、编程题

1. Anaconda 操作题，使用 Conda 创建、维护虚拟环境的指令，要求如下：

(1) 新建一个 Conda 虚拟环境(如 env_stuid)，解释器版本选择 Python 3.9；

(2) 激活环境 env_stuid；

(3) 在 env_stuid 环境中安装 NumPy 包和 requests 包；

(4) 在 env_stuid 环境中卸载 NumPy 包；

(5) 列出 env_stuid 环境中所有的包的名称；

(6) 退出 env_stuid 环境；

(7) 删除 env_stuid 环境。

2. 定义一个函数，用于打印欢迎信息，要求如下：

(1) 输入：姓名 name，年龄 age，并检查年龄是否合法(是否为正数)。

(2) 输出：欢迎来到 Python 的世界，{name}!你的年龄是{age}。

# 第 2 章　Python 基础语法

## 学习目标

(1) 了解 Python 的常用内置对象(基本数据类型)和常用函数;

(2) 熟悉程序基本的输入和输出操作;

(3) 理解 Python 的变量、常量及数据类型的概念;

(4) 掌握 Python 的运算符与表达式;

(5) 学习 Python 编码规范,了解程序开发规范的重要性,培养严谨的工作作风和良好的职业素质。

## 2.1　Python 标识符

Python 标识符是用于标识变量、函数、类等的名称,是开发人员在程序中自己定义的。

### 2.1.1　标识符的命名规则

标识符必须遵循以下命名规则:

(1) 标识符由字母、下画线和数字组成,第一个字符必须是字母或下划线。

(2) 标识符不能使用保留字。

(3) 不建议使用 Python 中已定义的函数名作为标识符,因为这样会导致函数被覆盖。

例如,name、NAME、sex、test1、student、_aa 等都是合法的标识符,但 a#、12test、2nd 等都是不合法的标识符。

如果使用已定义的函数名作为标识符,则容易导致歧义,应尽量避免,示例代码如下:

```
#计算列表中两个元素之和
```

```
print(sum([1,2]))        # sum 是已定义的函数名


#定义一个变量，命名为 sum，并赋值为 2
sum = 2
sum                      #此时 sum 不再是函数名，而是变量名
```

## 2.1.2　标识符的命名原则

标识符的命名除了需要遵守前面的 3 条命名规则外，还需要尽量满足"见名知意"的原则。

在实际开发中，尽量不要随便用 a、b 这种单个字母来命名变量，而是根据变量的意思，用英文单词或英文单词组合来命名变量，下面介绍两种常见的标识符命名法。

### 1. 下画线命名法

下画线命名法是所有单词字母小写，单词之间使用下画线"_"连接，示例如下：

max_length、min_length、my_class、user_name

### 2. 驼峰命名法

驼峰命名法是除第一个单词外的所有单词首字母大写，其余字母小写，示例如下：

maxLength、minLength、myClass、userName

## 2.1.3　Python 保留字

保留字在 Python 中具有专门的意义和用途，已经被 Python 使用，不允许开发者自定义使用与保留字名字相同的标识符。保留字也称为关键字。下面列出了 Python 中所有的保留字：

False、None、True、and、as、assert、break、class、continue、def、del、elif、else、except、finally、for、from、global、if、import、in、is、lambda、nonlocal、not、or、pass、raise、return、try、while、with、yield

常用的保留字需要熟练掌握，当然也可以通过 Python 命令查看当前系统中的保留字，查看保留字的命令如下：

```
import keyword
print(keyword.kwlist)
```

## 2.1.4　标识符命名注意事项

在定义标识符时，还需要注意以下事项：

(1) 变量名必须以字母或下画线开头，但以下画线开头的变量在 Python 中有特殊含义。

(2) 变量名中不能有空格以及标点符号(括号、引号、逗号、斜线、反斜线、冒号、句号、问号等)。

(3) 变量名对英文字母的大小写敏感，如 student 和 Student 是两个不同的变量。

(4) 不建议使用系统内置的模块名、类型名或函数名以及已导入的模块名及其成员名

作变量名，这将会改变其类型和含义。

(5) 不建议使用中文作为变量。一方面不利于代码国际化；另一方面可能存在字符编码问题。如果运行平台不支持"UTF-8"，则会出错。

(6) 变量的命名要考虑变量的用途，尽量以存放的内容来命名变量。例如，存放年龄的变量使用"age"，存放姓名的变量使用"name"。

(7) 通常以英文小写命名变量，以英文大写命名常量，如，用 name 表示变量，用 PI 表示常量。

(8) 函数名通常为英文小写单词，如 get_area()。

(9) 类名通常为首字母大写的英文单词，如 Student 类。

为了更好地规范 Python 代码，Python 增强提案(Python Enhancement Proposal，PEP)被提了出来，PEP 用以提高代码可读性并且保持项目内代码风格一致。PEP8 就是 Python 官方指定的编码规范，它主要基于 Guido 和 Barry 的 Python 代码风格规范改编而成。编码规范的重要性还可以参见本章 2.7 拓展案例与思考。

## 2.2　程序的输入和输出

程序都需要与用户进行交互，通过输入和输出功能对用户输入的信息进行处理，然后再将结果输出给用户，Python 提供了内置输入函数 input()和内置输出函数 print()。Python 2.x 版本与 Python 3.x 版本的输入/输出函数不同，本书内容主要针对 Python 3.x 版本。

### 2.2.1　Python 程序的输入

Python 提供了内置函数 input()，该函数让程序暂停运行，等待用户从键盘输入信息，获取用户输入后，Python 将其存储到相应变量中，示例代码如下：

```
name=input("input your name:")
print(name)
```

运行结果如下：

```
input your name:li ming
li ming
```

用户所输入的"li ming"存储到 name 中，打印 name，则会打印出用户输入的内容。需要注意 input()所存储的是字符串，即使输入的是数字，也按字符串处理，若要进行数学运算，则需要进行格式转换。

### 2.2.2　Python 程序的输出

在运行程序时，可以通过 print()函数输出结果。普通输出数据和变量与 C 语言的输出类似。print(x)中的 x 可以为数值、字符串，也可以是变量或者表达式，示例代码如下：

```
print(12)            #结果为12
```

```
print(12.5678)          # 12.5678
print("good")           # good
a=12
b=12.5678
c="good"
print(a)                # 12
print(a+b)              # 24.5678
print(c)                # good
```

Python 格式化输出语法如下：

```
print(format(val, format_modifier))
```

参数说明：val 为要输出的值，format_modifier 为值的输出格式。

```
print(format(12.5678,'6.3f'))            # 输出结果为 12.568
```

上述代码输出的值为 val:12.5678，值的格式为 6.3f(其中 f 表示以浮点数形式输出数据)，6 表示输出占 6 位，3 表示浮点数的小数位数保留 3 位，输出结果四舍五入，所以输出结果为 12.568。若输出精度为 5 位，则末尾用 0 补齐。

其他格式化输出示例如下：

```
a=12
b=12.5678
c="good"
print("a=",a,",b=",b)               # a= 12 ,b= 12.5678
print("a=%d ,b=%6.2f"%(a,b))        # a=12 ,b= 12.57
print("very %s"%(c))                # very good
print("a={},b={}".format(a,b))      # a=12,b=12.5678
print("{0} {1} {0}".format("very",c))   # very good very
print("12\                          # \在行末尾，可连接下一行
234")
```

表 2-1 列出了 Python 常用的格式占位符。

表 2-1　Python 常用的格式占位符

| 格式 | 描　　述 | 格式 | 描　　述 |
| --- | --- | --- | --- |
| %% | 百分号标记，文字% | %X | 无符号整数(十六进制大写字符) |
| %c | 字符及其 ASCII 码 | %e | 浮点数字(科学记数法) |
| %s | 字符串 | %E | 浮点数字(科学记数法，用 E 代替 e) |
| %d | 有符号整数(十进制) | %f | 浮点数字(用小数点符号) |
| %u | 无符号整数(十进制) | %g | 浮点数字(根据值的大小采用%e 或%f) |
| %o | 无符号整数(八进制) | %G | 浮点数字(类似于%g) |
| %x | 无符号整数(十六进制) | | |

表 2-2 列出了 Python 常用的转义字符。

表 2-2　Python 常用的转义字符

| 转义字符 | 描　　述 | 转义字符 | 描　　述 |
|---|---|---|---|
| \ (在行尾时) | 续行符 | \n | 换行 |
| \\ | 反斜杠符号 | \v | 纵向制表符 |
| \' | 单引号 | \t | 横向制表符 |
| \" | 双引号 | \r | 回车 |
| \a | 响铃 | \f | 换页 |
| \b | 退格(Backspace) | \oyy | 八进制数 yy 代表的字符,例如\o12 代表换行 |
| \e | 转义 | \xyy | 十进制数 yy 代表的字符,例如\x0a 代表换行 |

## 2.3　Python 变量和常量

在 Python 中,变量和常量的存储机制与其他大多数编程语言略有不同,具体表现在以下两方面:

(1) Python 中的变量是通过引用来操作的,这意味着变量名实际上是指向内存中某个对象的引用。

(2) 由于 Python 没有强制常量的概念,因此保持变量不变更多是依靠程序员的约定,而不是依靠语言层面的强制。

### 2.3.1　变量

在 Python 中,变量实际上是标签,而数据实际存储在内存中的一个地址处。当创建一个变量并赋予一个值时,Python 会在内存中创建这个值,然后将变量指向它,格式如下:

```
变量名=表达式
```

变量的命名需要符合 Python 标识符命名规则,例如,a = 3,a 为变量名,3 为 a 的值。

Python 中每个变量在使用前必须赋值进行初始化,变量被赋值之后,就可以在后面的程序中使用了。与 C 语言有很大的区别,Python 是弱类型语言,变量的类型由具体的值决定,不需要为变量指定类型。

```
a = 10                    # 整型变量
b = 12.34                 # 浮点型变量
name = "li ming"          # 字符串变量
flag = True               # 布尔类型变量
```

```
# 同时为多个变量赋值
a,b,flag=1,2.5,"li ming"
# 删除变量
del a
```

### 2.3.2　常量

常量是一直保持不变的量。在程序中，常量的值不能发生改变，如 100、3.14159、"China" 等。Python 语言严格来说没有专门定义常量的方法，一般约定变量名全部用大写字母表示为一个常量，但是其对应的值仍然可以被改变。

```
PI = 3.14          # 表示常量 PI，值为 3.14
```

### 2.3.3　标准数据类型

Python 中有 6 种标准数据类型：Number(数字)、String(字符串)、List(列表)、Tuple(元组)、Set(集合)和 Dictionary(字典)。本书将在 2.5 节、2.6 节及第 3 章、第 7 章对这 6 种标准数据类型进行详细介绍。

## 2.4　运算符

Python 运算符与 C 语言运算符类似，大致分为算术运算符、赋值运算符、比较运算符、逻辑运算符和位运算符。

### 2.4.1　算术运算符

算术运算符主要用于两个数值的计算，如加减乘除等运算，如表 2-3 所示。

表 2-3　Python 算术运算符

| 运算符 | 描　　述 | 实　　例 |
|---|---|---|
| + | 两个对象相加 | 10 + 20 结果为 30 |
| − | 两个对象相减 | 10 - 20 结果为 -10 |
| * | 两个数相乘或返回一个重复若干次的序列 | 10*20 结果为 200; 'abc'*2 结果为'abcabc' |
| / | 两个数相除 | 3 / 2 结果为 1.5 |
| // | 整除，返回商的整数部分 | 3 // 2 结果为 1，3 // 2.0 结果为 1.0 |
| % | 求余/取模，返回除法的余数 | 3 % 2 结果为 1，3 % 2.0 结果为 1.0 |
| ** | 求幂/次方 | 2 ** 3 结果为 8 |

例 2.1　求某个三位数的个位数字、十位数字、百位数字之和，代码如下：

```
x = 254
a = x//100              #百位数字
b = (x-a*100)//10       #十位数字
c = x-a*100-b*10        #个位数字
print("254 三位数字之和为:", a+b+c)
```

运行结果如下：

```
254 三位数字之和为: 11
```

## 2.4.2　赋值运算符

赋值运算符用于对象的赋值，可以将运算结果赋值给运算符左边的变量，具体如表 2-4 所示。

表 2-4　Python 赋值运算符

| 运算符 | 描　述 | 实　例 |
|:---:|:---:|:---:|
| = | 简单赋值运算符 | a = 5, b = 3, c = a − b |
| += | 加法赋值运算符 | a += b 相当于 a = a + b |
| −= | 减法赋值运算符 | a −= b 相当于 a = a − b |
| *= | 乘法赋值运算符 | a = b 相当于 a = a b |
| /= | 除法赋值运算符 | a /= b 相当于 a = a / b |
| //= | 取整除赋值运算符 | a //= b 相当于 a = a // b |
| %= | 取模赋值运算符 | a %= b 相当于 a = a % b |
| **= | 幂赋值运算符 | a **=b 相当于 a = a**b |

例 2.2　各类赋值运算符举例，代码如下：

```
a = 20
b = 5
c = a-b
print("1.c=", c)
c += a
print("2.c=",c)
c *= a
print("3.c=",c)
c /= a
print("4.c=",c)
```

运行结果如下：

```
1.c= 15
2.c= 35
3.c= 700
4.c= 35.0
```

### 2.4.3  比较运算符

比较运算符用于比较两个表达式的大小关系，其结果是布尔类型。关系成立时为真 (True)，不成立时为假(False)。比较运算符如表 2-5 所示。

表 2-5  Python 比较运算符

| 运算符 | 描　述 | 实　例 |
|---|---|---|
| == | 等于，检查两个操作数的值是否相等，如果相等，则结果为真 | a = 10,b = 20 则(a == b)为 False |
| != | 不等于，检查两个操作数的值是否相等，如果值不相等，则结果为真 | a = 10,b = 20 则(a != b)为 True |
| <> | 不等于，类似于 != 运算符，检查两个操作数的值是否相等，如果值不相等，则结果为真。特别注意此运算符 Python 3 不适用 | a = 10,b = 20 则(a <> b)为 True |
| > | 大于，检查左操作数的值是否大于右操作数的值，如果是，则结果为真 | a = 10,b = 20 则(a > b)为 False |
| < | 小于，检查左操作数的值是否小于右操作数的值，如果是，则结果为真 | a = 10,b = 20 则(a < b)为 True |
| >= | 大于等于，检查左操作数的值是否大于或等于右操作数的值，如果是，则结果为真 | a = 10,b = 20 则(a >= b)为 False |
| <= | 小于等于，检查左操作数的值是否小于或等于右操作数的值，如果是，则结果为真 | a = 10,b = 20 则(a <= b)为 True |

### 2.4.4  逻辑运算符

Python 支持逻辑运算符，其结果为 True 或 False，如表 2-6 所示。

表 2-6  Python 逻辑运算符

| 运算符 | 格式 | 描　述 | 实　例 |
|---|---|---|---|
| and | x and y | 逻辑与，如果 x 为 False，则 x and y 返回 False，否则返回 y 的计算值 | (a and b)返回 20 |
| or | x or y | 逻辑或，如果 x 是 True，则返回 True，否则返回 y 的计算值 | (a or b)返回 10 |
| not | not x | 逻辑非，如果 x 为 True，则返回 False；如果 x 为 False，则返回 True | not(a and b)返回 False |

例 2.3  逻辑运算符举例，代码如下：

```
a=20
b=10
c=5
c1=(a!=b)
```

```
c2=a>b and b>c
c3=a==b or b!=c
c4=not(a>b)
c5=c2 and c4
print("c1:",c1)
print("c2:",c2)
print("c3:",c3)
print("c4:",c4)
print("c5:",c5)
```

运行结果如下：

```
c1: True
c2: True
c3: True
c4: False
c5: False
```

## 2.4.5　位运算符

Python 按位运算是把操作数转换为二进制来计算的，需要注意的是，在计算机系统中数值统一用补码来表示和存储。位运算符有以下几种：

(1) &，按位与运算符，参与运算的两个值如果都为 1，则结果为 1，否则结果为 0。

(2) |，按位或运算符，参与运算的两个值只要有一个为 1，结果就为 1，否则结果为 0。

(3) ^，按位异或运算符，参与运算的两个值不相同为 1，否则为 0。

(4) ~，按位取反运算符，对运算数的每个二进制位取反，把 1 变为 0，把 0 变为 1。

(5) <<，左移位运算符，对运算数的每个二进制位全部左移若干，由<<右边的数字指定了移动的位数，高位丢弃，低位补 0。

(6) >>，右移位运算符，对运算数的每个二进制位全部右移若干，由>>右边的数字指定了移动的位数。对于无符号数，高位补 0；对于有符号数，高位补符号位。

例 2.4　位运算符举例，代码如下：

```
a = 5
b = 3
c1 = a | b
c2 = a & b
c3 = a ^ b
c4 = ~a
c5 = a << 2
c6 = a >> 2
print("c1={0},c2={1},c3={2},c4={3},c5={4},c6={5}" \
.format(c1, c2, c3, c4, c5, c6))
```

运行结果如下：

```
c1=7,c2=1,c3=6,c4=-6,c5=20,c6=1
```

## 2.5    数字

Python 数字类型用来存储数值，和其他大多数语言一样，Python 的数字类型的赋值和计算都很直观。Python 提供以下 4 种不同的数字类型。

(1) int 整型：通常被称为整型，包括整数或负整数，不带小数点，在 Python3 里只有 int 类型，没有长整型 long。整型的取值范围在理论上没有限制，实际上与运行 Python 程序的计算机内存大小有关。

整型有 4 种表现形式：

① 二进制：以"0b"开头，bin(x)表示将 x 转换为二进制，例如 bin(5)的结果为 0b101。

② 八进制：以"0o"开头，oct(x)表示将 x 转换为八进制，例如 oct(10)的结果为 0o12。

③ 十进制：正常显示。

④ 十六进制：以"0x"开头，hex(x)表示将 x 转换为十六进制，例如 hex(20)的结果为 0x14。

(2) float 浮点型：表示有小数点的数值，浮点数可以用小数表示，也可以用科学记数法表示。

(3) bool 布尔型：表示逻辑状态的类型，保留字 True 和 False 分别表示真和假，对应的数字分别是 1 和 0，布尔型可以看成整型和数值运算，布尔值 True 和 False 在数值运算中分别等价于数字 1 和 0。

(4) complex 复数：表示数学中的复数，由实部和虚部两部分构成，表示为 complex(a, b)，其中 a 为实部部分，b 为虚部部分，a，b 可以为整数或浮点数。

**例 2.5**    数字类型举例，代码如下：

```
intNum = 10
floatNum = 10.5
boolNum = True
complexNum = complex(intNum, floatNum)
print("intNum={}, type(intNum):{}".format(intNum, type(intNum)))
print("floatNum={}, type(floatNum):{}".format(floatNum, type(floatNum)))
print("boolNum={}, type(boolNum):{}".format(boolNum, type(boolNum)))
print("complexNum={},type(intNum):{}".format(complexNum,    \
type(complexNum)))
print("intNum+boolNum=", intNum + boolNum)
```

运行结果如下：

```
intNum=10, type(intNum):<class 'int'>
floatNum=10.5, type(floatNum):<class 'float'>
boolNum=True, type(boolNum):<class 'bool'>
```

```
complexNum=(10+10.5j), type(intNum):<class 'complex'>
intNum+boolNum= 11
```

Python 里数字都是对象，所以输出的类型都是 class。Python 中数字常用的函数有：

(1) int(x, [base])：将字符串 x 转换为 int 类型，base 表示 x 为几进制。

(2) float(x)：将 x 转换为一个浮点数。

(3) complex(real[, imag])：创建一个复数。

Python 有很多内置的数字运算函数，具体可以查看 Python 应用程序编程接口 (Application Programming Interface，API)文档。

## 2.6　字符串

Python 除了可以处理数字外，还可以处理字符串，与其他编程语言不同，Python 使用单引号对或双引号对来创建字符串，Python 不支持单字符类型，单个字符按字符串处理。Python 3 的字符串默认为 Unicode 格式，创建字符串时直接为变量分配一个值即可，如 str1 = "hello"。

与 C 语言相似，若需要输出特殊字符，如双引号、单引号等，则需要用转义字符"\"，示例代码如下：

```
print("\"good\"")
```

运行结果如下：

```
"good"
```

### 2.6.1　字符串运算符

Python 字符串运算符如表 2-7 所示。

表 2-7　Python 字符串运算符

| 运算符 | 描　　述 | 实　　例 |
|---|---|---|
| + | 字符串连接 | "Hello"+"World"，结果为 Hello World |
| * | 重复输出字符串 | 2*"Hello"，结果为 HelloHello |
| [] | 通过索引获取字符串中的字符 | a="Hello"，则 a[2]="l" |
| [ : ] | 截取字符串中的一部分 | a="Hello"，则 a[2:4]="ll" |
| in | 成员运算符，如果字符串中包含给定的字符，则返回 True | a="Hello"，则 "e" in a 结果为 True |
| not in | 成员运算符，如果字符串中不包含给定的字符，则返回 True | a="Hello"，则 "e" not in a 结果为 False |
| r/R | 原始字符串，所有的字符串都是直接输出 | a=R"\n"，print(a)结果为 \n<br>a=r"\n"与 a=R"\n" 相同 |

## 2.6.2    合并字符串

合并字符串(或者称为拼接字符串)在打印结果时经常用到，常用的合并字符串有以下 5 种方式：

(1) 逗号。利用逗号合并字符串，示例代码如下：

```
a="Hello"
b="World"
print(a,b)              # 注意：逗号合并字符串会额外有一个空格
```

运行结果如下：

```
Hello World
```

(2) 加号(+)。利用加号合并字符串，如：a="Hello" b="World"，则 a+b 为"HelloWorld"。

(3) 直接合并。如：print("Hello""World")，则输出 HelloWorld。

(4) 格式化合并。如：print("c1={0, c2={1}, c3={2}".format(c1, c2, c3))，可参考例 2.4 或例 2.5。

(5) 使用 join()函数合并。示例代码如下：

```
a = "Hello"
b = "World"
c = [a, b]
print(''.join((a, b)))
print(''.join(c))
```

运行结果如下：

```
HelloWorld
HelloWorld
```

## 2.6.3    修改字符串的大小写

修改字符串的大小写是字符串可执行的最简单的操作之一，Python 提供了若干个内建函数可以对字符串进行大小写转换，例如以下函数：

(1) capitalize()：把字符串的第一个字符转为大写。

(2) title()：把字符串每个单词的首字母转为大写。

(3) lower()：把字符串所有字母转为小写。

(4) upper()：把字符串所有字母转为大写。

(5) swapcase()：把字符串的大写字母转小写，小写字母转大写。

例 2.6    字符串大小写转换，代码如下：

```
a = "hello world"
b = "Good"
print(a.capitalize())
print(a.title())
print(b.lower())
```

```
print(b.upper())
print(b.swapcase())
```

运行结果如下：

```
Hello world
Hello World
good
GOOD
gOOD
```

### 2.6.4　使用函数 str()避免类型错误

前面对字符串和字符串合并做了介绍，在实际的程序开发中，经常使用变量的数值与字符串连接，例如要显示某位学生的年龄，示例代码如下：

```
name = "李明"
age = 18
message = name + ":" + age + "岁"
print(message)
```

运行以上代码会提示错误：TypeError: must be str, not int，这是因为 Python 中 age 的赋值是数字，将 age 变量当作 int 类型处理，所以会出错，可以利用 str()函数显式地将变量 age 转为字符串，再进行字符串合并。将上面的程序修改如下：

```
name = "李明"
age = 18
message = name + ":" + str(age) + "岁"
print(message)
```

运行结果如下：

```
李明：18 岁
```

## 2.7　拓展案例与思考

**案例**：编码规范缺失引发的问题。

贝尔实验室的科学研究材料表明：软件错误中，约 18%的错误发生于概要设计环节，约 15%的错误发生于详细设计阶段，编码环节造成的错误占比则接近 50%。若要合理减少编码环节的差错率，则需要制定详尽的程序编写规范并培训程序员学习程序编写规范。

此外，在实际工作中真正用来写代码的时间远比阅读或者调试的时间要少。有研究表明，软件工程开发中，开发人员 80%的时间都用于阅读代码。

例如，阅读如下这行代码：

```
result = [(x, y) for x in range(10) for y in range(5)    if x *y > 10]
```

上面这行代码还可以改写成如下这种形式：

```
result = []
    for xin range(10):
        for y in range(5) :
            if x * y > 10:
                result.append((x, y))
```

对比这两种写法，显然后者条理更清楚、更容易理解，编写起来也更轻松。

**思考：**

(1) 标识符除了下画线命名法、驼峰命名法外，还有哪些其他的命名规范？

(2) 如何才能养成良好的代码编写习惯？

# 习    题

**一、选择题**

1. 下列选项中合法的标识符是(      )。

A. _7a_b          B. break          C. _a$b          D. 7ab

2. 以下不是 Python 语言关键字的选项是(      )。

A. None          B. as          C. raise          D. function

3. Python 中布尔变量的值为(      )。

A. 真，假          B. T，F          C. True，False          D. 0，1

4. Python 不支持的数据类型有(      )。

A. int          B. char          C. float          D. list

5. 关于 Python 数据类型，以下选项中描述错误的是(      )。

A. Python 语言提供 int、float、complex 等数据类型

B. Python 整数类型提供了 4 种进制表示：十进制、二进制、八进制和十六进制

C. Python 语言要求所有浮点数必须带有小数部分

D. Python 语言中，复数类型中实数部分和虚数部分的数值都是浮点类型，复数的虚数部分通过后缀 "C" 或者 "c" 来表示

6. 下列表达式中，值不是 1 的是(      )。

A. 4//3          B. 15%2          C. 1^0          D. ~1

7. 关于 Python 语言数值操作符，以下选项中描述错误的是(      )。

A. x//y 表示 x 与 y 之整数商，即不大于 x 与 y 之商的最大整数

B. x%y 表示 x 与 y 之商的余数，也称为模运算

C. x**y 表示 x 的 y 次幂，其中，y 必须是整数

D. x/y 表示 x 与 y 之商

8. 下列语句在 Python 中是非法的是(　　)。

A. x = y = z = 1

B. x = (y = z + 1)

C. x, y = y, x

D. x += y

9. 语句 x=input()执行时，如果从键盘输入 12 并按回车键，则 x 的值是(　　)。

A. '12'　　　　　　B. 12.0　　　　　　C. 1e2　　　　　　D. 12

10. print(0x1101)的输出结果是(　　)。

A. 13　　　　　　　B. 4353　　　　　　C. 584　　　　　　D. 1101

## 二、简答题

1. Python 基本输入/输出函数是什么？

2. 自行设计 Python 的表达式(每种类型的表达式至少设计 1 个)：① 算术表达式，② 关系表达式，③ 逻辑表达式，④ 赋值表达式，⑤ 复合赋值表达式，⑥ 成员判断表达式。

3. 简要介绍 Markdown 语法的概念及其作用。

## 三、编程题

1. 编程实现：从键盘输入两个整数，打印两个整数的和、积；打印两个整数的商，保留 2 位小数。要求如下：

(1) 两个整数中须有一个整数是学号的最后两位数字；

(2) 代码中至少有一行"行注释"，"行注释"解释某行或某几行代码的功能。

2. 编程实现：从键盘输入 2 个字符串，① 判断第一个字符串是不是第二个字符串的子字符串；② 如果是，则输出第一个字符串在第二个字符串中出现的次数。要求如下：

(1) 第①小题需要使用到 if 语句；

(2) 第②小题要使用字符串的 count()方法。

# 第 3 章　Python 数据结构

## 学习目标

(1) 了解 Python 数据结构的类型和不同类型数据结构之间的差异；

(2) 熟练掌握 Python 列表、元组、字典、集合等常用数据结构的使用方法；

(3) 能运用推导式、切片等特性提升 Python 开发效率,逐步形成 Pythonic 的编程风格；

(4) 理解浅复制与深复制的概念和区别；

(5) 了解不同数据结构类型的选择对程序运行效率的影响,培养精益求精的工匠精神。

## 3.1　数据结构概述

　　Python 中的数据结构是通过某种方式组织在一起的数据元素的集合，这些元素可以是数字、字符，甚至可以是其他数据结构。在现实生活中，“容器”指盛物品的器具；而在 Python 语言中，“容器”是一类存放一系列元素的数据结构。Python 中常用的容器主要划分为两种：序列(如列表、元组、字符串等)和映射(如字典)。

　　序列中每个元素都有下标，它们是有序的，可以进行索引、切片、加、乘等操作，所有序列都支持迭代，字符串(string)、列表(list)、元组(tuple)都是序列类型；而映射是一种关联式的容器类型，其存储的是“键值对”的映射(由键映射到值)，字典(dict)就属于映射类型。

　　除了 Python 内置的列表、元组、字典、集合这些数据结构外，还有很多其他的数据结构，例如 NumPy 包中定义的 ndarray(向量)、matrix(矩阵)、tensorflow 框架和 torch 包中的 tensor(张量、高维向量)等数据结构，这些数据结构在相关领域也发挥着重要作用。此外，没有任何一种数据结构可以通用于所有情况，因此不仅要掌握常见的数据结构的操作，而且要掌握不同数据结构之间的转换方式。

## 3.2　列表

列表是 Python 中最常用的一种数据结构，属于可变序列。组成列表的元素可以是任何类型的，但使用时通常各个元素的类型是相同的。通常情况下，通过索引或者切片操作来访问列表的元素。

### 3.2.1　列表的创建

可以通过标准定义法和 list() 函数来创建列表。

#### 1. 标准定义法(方括号 + 逗号)创建列表

标准定义法创建列表的示例代码如下：

```
L = [1,2,3,4,5]
print(L)
```

运行结果如下：

```
[1, 2, 3, 4, 5]
```

空列表的示例代码如下：

```
L = []
L
```

运行结果如下：

```
[]
```

可以通过 len() 函数计算列表、元组、集合、字典的长度。通过 len() 函数计算列表长度的示例代码如下：

```
L = []      # 空列表
len(L)
```

运行结果如下：

```
0
```

需要注意的是，对于嵌套列表，len() 函数计算列表长度时只统计最外层列表元素的个数，示例代码如下：

```
L = ["red", 'green', 10, [[0,1],2,3]]      # 嵌套列表
len(L)
```

运行结果如下：

```
4
```

#### 2. list() 函数创建列表

list() 函数可以将其他数据类型转为列表，语法如下：

(1) 将 range 序列变为列表，示例代码如下：

```
list(range(10))
```

运行结果如下：

```
[0, 1, 2, 3, 4, 5, 6, 7, 8, 9]
```

(2) 将字符串变为列表，示例代码如下：

```
L = list("Hello")
L
```

运行结果如下：

```
['H', 'e', 'l', 'l', 'o']
```

(3) 将元组变为列表，示例代码如下：

```
L = list(('a','b',10))
L
```

运行结果如下：

```
['a', 'b', 10]
```

(4) 将字典的 key 变为列表，示例代码如下：

```
dic = {'name':'Tom','age':'20','gender':'male' }
L = list(dic)
L
```

运行结果如下：

```
['name', 'age', 'gender']
```

(5) 将字典的 value 变为列表，示例代码如下：

```
L = list(dic.values())
L
```

运行结果如下：

```
['Tom', '20', 'male']
```

## 3.2.2　列表元素的访问

### 1. 索引

1) 索引的概念

Python 中列表是一种序列类型的数据结构，每个元素都有一个唯一的序号，这个序号称为索引。如果一个列表的元素个数为 n，则索引的序号从 0 开始，到 n-1 结束。

列表 L1 = [1,2,3,4,5]一共有 5 个元素，那么其索引号从 0 开始，到 4 结束。索引号表示的是某个元素在列表中的位置，比如 L1 中元素 3 的索引号是 2，L1 中索引号为 0 的元素是 1。

上面所描述的索引的概念是正索引的概念，索引还有负索引。负索引即索引是倒着计数的。如果一个列表的元素是 n，则负索引的序号从 -1 开始，到 -n 结束。-1 表示列表的最后一个元素，-3 表示列表的倒数第 3 个元素，-n 表示列表的倒数第 n 个元素，即列表的第一个元素。

如图 3-1 所示，L1 列表的索引号为 –3 的元素是 4，索引号为 –6 的元素是 1，元素 3 的负索引号是 –4，正索引号是 2。

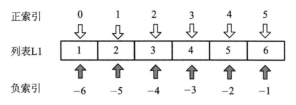

图 3-1　列表正、负索引示意图

2) 索引的使用

索引主要用来访问序列(列表、元组、字符串)的某一个元素，示例代码如下：

```
L1 = [1, 2, 3, 4, 5, 6]
L1[3]                    # 正索引
L1[-6]                   # 负索引，等价于 L[0]
```

运行结果如下：

```
4
1
```

## 2. 切片

在 Python 中，切片(slice)是对序列型对象(如 list、string、tuple)的一种高级索引方法。索引只取出序列中一个下标对应的元素，而切片可以取出序列中一个范围对应的元素，这里的范围不是狭义上的连续片段。列表切片的语法如下：

```
列表名[start: stop: step]
```

其中，start 和 stop 是列表中的索引号。如果 start 省略，则 start 默认取 0。如果 stop 省略，则 stop 默认取 n(n 是列表的长度)。step 是从 start 开始到 stop 结束这中间序列的步长。如果参数 step 省略，则 step 默认为 1。

例如，L2[0:7:2]表示取从索引号 0 开始到 7 结束(左闭右开的整数区间)步长为 2 的索引号所对应的元素，即 0、2、4、6 这 4 个索引号对应的元素，代码如下：

```
L2 = list(range(1,8))    # L2 列表为 [1, 2, 3, 4, 5, 6, 7]
L2[0:7:2]
```

运行结果如下：

```
[1, 3, 5, 7]
```

列表切片正索引的示例代码如下：

```
L2[1:4]                  # 等价于 L2[1:4:1]
L2[:5]                   # 等价于 L2[0:5]或 L2[0:5:1]
L2[2:]                   # 等价于 L2[2:7]或 L2[2:7:1]
L2[:]                    # 等价于 L2[2:7]或 L2[0:7:1]
```

运行结果如下：

```
[2, 3, 4]
[1, 2, 3, 4, 5]
```

```
[3, 4, 5, 6, 7]
```

```
[1, 2, 3, 4, 5, 6, 7]
```

列表切片也可以使用负索引，示例代码如下：

```
L2[-2: -5]
```

```
L2[-2: -5: -1]
```

```
L2[-3:-1]
```

```
L2[6:2:-1]
```

```
L2[-5:-2]
```

运行结果如下：

```
[]
```

```
[6, 5, 4]
```

```
[5, 6]
```

```
[7, 6, 5, 4]
```

```
[3, 4, 5]
```

其中，L2[-2: -5]等价于 L2[-2: -5: 1]，因为当步长为正时，无法从索引较高的位置向较低位置遍历，故结果为空列表。

### 3.2.3 列表元素的操作

#### 1. 增加列表元素

可以使用 insert()、append()、extend()等列表方法来增加列表元素。

(1) insert()方法可以在指定的索引位置插入一个元素，示例代码如下：

```
L3=list(range(10))          # L3 列表为 [0, 1, 2, 3, 4, 5, 6, 7, 8, 9]
L3.insert(0, -100)          # 在索引号为 0 的地方插入-100
L3
```

运行结果如下：

```
[-100, 0, 1, 2, 3, 4, 5, 6, 7, 8, 9]
```

(2) append()方法可以在列表末尾增加 1 个元素，示例代码如下：

```
L3.append(100)
L3
```

运行结果如下：

```
[-100, 0, 1, 2, 3, 4, 5, 6, 7, 8, 9, 100]
```

(3) extend()方法可以在列表末尾增加另外一个列表的元素，示例代码如下：

```
L3.extend([200,300,400])
L3
```

运行结果如下：

```
[-100, 0, 1, 2, 3, 4, 5, 6, 7, 8, 9, 100, 200, 300, 400]
```

#### 2. 删除列表元素

可以使用 pop()、remove()等列表方法来删除列表元素。

（1）pop()方法可以弹出(移除元素，并将被移除的元素作为返回值)任何一个索引位置的元素，示例代码如下：

```
L3.pop()              # 如果 pop 方法的参数缺省，则默认弹出列表的最后一个元素
L3
L3.pop(4)             # pop 方法可以指定参数，例如弹出索引号为 4 的元素 3
L3
```

运行结果如下：

```
[-100, 0, 1, 2, 3, 4, 5, 6, 7, 8, 9, 100, 200, 300]
[-100, 0, 1, 4, 5, 6, 7, 8, 9, 100, 200, 300]
```

（2）remove()方法可以删除列表中某个指定的元素，示例代码如下：

```
L3.remove(2)          # remove 的参数是列表中元素的值，不是索引
L3
```

运行结果如下：

```
[0, 1, 3, 5, 6, 7, 8, 9, 100, 200, 300, 400]
```

### 3. 修改列表元素

可以使用索引法和切片法来修改列表元素。

（1）索引法修改列表中某一个元素，示例代码如下：

```
L3[0] = -50
L3
```

运行结果如下：

```
[-50, 0, 1, 4, 5, 6, 7, 8, 9, 100, 200, 300]
```

（2）切片法修改列表的部分元素，示例代码如下：

```
L3[1: 7: 2] = [-20, -10, -5]      # 修改列表索引号为 1、3、5 的 3 个元素的值
L3
L3 = [-50, -20, 1, -10, 5, -5, 7, 8, 9, 100, 200, 300]
L3[::2] = [0,0,0,0,0,0]           # 等价于 L3[::2] = [0]*6
L3
```

运行结果如下：

```
[-50, -20, 1, -10, 5, -5, 7, 8, 9, 100, 200, 300]
[0, -20, 0, -10, 0, -5, 0, 8, 0, 100, 0, 300]
```

### 4. 删除变量对列表的引用

可以使用 del 命令删除变量对列表的引用，示例代码如下：

```
del L3
L3                                # 删除后再用 L3，会触发报错
```

运行结果如下：

```
NameError    Traceback (most recent call last)
Input In [26], in <cell line: 2>()
1 del L3                         # 删除变量 L3 对列表的引用
```

```
----> 2 L3
NameError: name 'L3' is not defined
```

### 5. 列表的加法和乘法

有如下示例代码：

```
L4 = [0,0,0]
L5 = [1,1,1]
print(L4, L5)
```

运行结果如下：

```
[0, 0, 0] [1, 1, 1]
```

列表的加法不是列表的元素逐个相加，而是拼接列表，示例代码如下：

```
L4 + L5                    # 等价于 L4.extend(L5)的效果
```

运行结果如下：

```
[0, 0, 0, 1, 1, 1]
```

在需要构造一个所有元素都一样的列表时，需要用到列表的乘法，示例代码如下：

```
L4 * 3                     # 比如构造多维的 0 向量
```

运行结果如下：

```
[0, 0, 0, 0, 0, 0, 0, 0, 0]
```

## 3.2.4　列表的函数和方法

### 1. 列表相关的内置函数

列表相关的内置函数有 len()、max()、min()、sum()、sorted()等。

(1) len()函数返回列表的长度，示例代码如下：

```
L6 = [-1, 2, 8, 9, 12, 10]
len(L6)
```

运行结果如下：

```
6
```

(2) max()函数返回列表的最大值(列表都是数值数据的情况下有效)，示例代码如下：

```
max(L6)
```

运行结果如下：

```
12
```

(3) min()函数返回列表的最小值(列表都是数值数据的情况下有效)，示例代码如下：

```
min(L6)
```

运行结果如下：

```
-1
```

(4) sum()函数返回列表的和(列表都是数值数据的情况下有效)，示例代码如下：

```
sum(L6)
```

运行结果如下：

```
40
```

(5) sorted()是一个排序函数(不会改变原有列表的顺序)，示例代码如下：

```
sorted(L6, reverse=True)          # 默认从小到大排序，reverse=True 从大到小排序
L6                                # sorted()排序没有改变 L6 的顺序
```

运行结果如下：

```
[12, 10, 9, 8, 2, -1]
[-1, 2, 8, 9, 12, 10]
```

### 2. 列表常用的方法(列表对象的方法)

列表常用的方法有 count()、reverse()等。

(1) count()方法用于计算列表中某个元素的个数，示例代码如下：

```
L7 = [-1, 8, 8, 9, 12, 10]
L7.count(8)                       # 计算列表中元素是 8 的个数
```

运行结果如下：

```
2
```

(2) reverse()方法实现反向排列，且反向排列结果覆盖原来列表中的值，示例代码如下：

```
L7 = [-1, 8, 8, 9, 12, 10]
L7
L7.reverse()
```

运行结果如下：

```
[-1, 8, 8, 9, 12, 10]
[10, 12, 9, 8, 8, -1]
```

## 3.3　元组

元组可以理解为"上了锁的列表"(元组中的元素不可修改)。Python 中元组是由圆括号和逗号将元素构成序列的数据结构，它和列表非常相似。元组和列表在形式上的区别是元组使用圆括号而列表使用方括号。

需要使用元组的主要原因如下：

(1) 有些数据不希望其在编程过程中被可能的程序更改。

(2) 当函数要返回多个值时，可以用元组实现。

(3) 元组的存储空间占用比列表少。

### 3.3.1　元组的创建

#### 1. 元组的标准定义

元组的标准定义示例代码如下：

```
t1 = (1, 2, 3, "hello")
t1
```

运行结果如下：

```
(1, 2, 3, 'hello')
```

### 2. tuple()函数定义元组

用 tuple()函数定义元组的示例代码如下：

```
tuple([1, 2, 3])            # 将列表转为元组
tuple("abcd")              # 将字符串转为元组
tuple({1,4,9})             # 将集合转为元组
```

运行结果如下：

```
(1, 2, 3)
('a', 'b', 'c', 'd')
(1, 4, 9)
```

## 3.3.2　元组元素的访问

元组、列表、字符串都属于序列结构，因此序列结构中的索引方法和切片方法也可以应用于元组。

### 1. 索引

用索引方法访问元组元素的示例代码如下：

```
t2 = (5, 9, "hello", "world", 9.2, [1,2,3])
t2
t2[3]                      # 正索引
t2[-3]                     # 负索引
t2[-1]
t2[-1][1]
```

运行结果如下：

```
(5, 9, 'hello', 'world', 9.2, [1, 2, 3])
'world'
'world'
[1, 2, 3]
2
```

### 2. 切片

用切片方法访问元组元素的示例代码如下：

```
t2[1:4]
t2[-2:-5:-2]
```

运行结果如下：

```
(9, 'hello', 'world')
(9.2, 'hello')
```

## 3.3.3　元组的相关操作

下面介绍几种元组的相关操作。

(1) 元组的元素不允许被修改，示例代码如下：

```
t2[3] = 0
```

运行结果如下：

```
TypeError    Traceback (most recent call last)
Input In [89], in <cell line: 2>()
        1 # 元组不允许更改数据
----> 2 t2[3] = 0
TypeError: 'tuple' object does not support item assignment
```

(2) 元组的加法和乘法的示例代码如下：

```
t3 = (0,0,0)
t4 = (1,1,1)
t3 + t4
t3 * 3
```

运行结果如下：

```
(0, 0, 0, 1, 1, 1)
(0, 0, 0, 0, 0, 0, 0, 0, 0)
```

(3) 元组中可变元素是允许更改的。元组的元素不可变，但如果元组的某个元素是可变元素，那么元组的这个可变元素中的元素可进行更改，示例代码如下：

```
t6 = (1, 2, 3, [1,2,3], 5)
t6[3] = 3          # 报错，不能修改元组的元素
t6[3][1] = 0       # 元组中的元素是可变对象时(本例为列表)，可以修改该可变对象中的某个元素
t6
```

运行结果如下：

```
TypeError    Traceback (most recent call last)
Input In [56], in <cell line: 1>()
----> 1 t6[3] = 3
TypeError: 'tuple' object does not support item assignment
(1, 2, 3, [1, 0, 3], 5)
```

## 3.3.4　元组的常用函数和方法

### 1. 元组的函数

元组的常用函数有 sum()、len()、max()、min()、sorted()等，示例代码如下：

```
t5 = (1,4,6,-2)
t5
sum(t5)
```

```
len(t5)
max(t5)
min(t5)
sorted(t5)                # 元组排序后返回一个列表，但 t5 本身还是元组
```

运行结果如下：

```
(1, 4, 6, -2)
9
4
6
-2
[-2, 1, 4, 6]
```

#### 2. 元组的方法(元组对象的方法)

元组的常用方法有 count()、index()等，示例代码如下：

```
t5.count(4)              # count()方法返回元组中某个元素的计数值
t5.index(6)              # index()方法返回元组某个元素的索引
```

运行结果如下：

```
1
2
```

## 3.4    字典

字典也是 Python 提供的一种常用的数据结构，它用于存放具有映射关系的数据。比如有份成绩表数据，语文成绩是 80，数学成绩是 90，英语成绩是 85，这组数据看上去像两个列表，但这两个列表的元素之间有一定的关联关系。如果单纯使用两个列表来保存这组数据，则无法记录两组数据之间的关联关系。

为了保存具有映射关系的数据，Python 提供了字典。字典同时保存了两组数据，其中一组数据是键数据，被称为 key；另一组数据是值数据，可通过 key 来访问，被称为 value。字典的 key 必须两两互不相同。

### 3.4.1    字典的创建

#### 1. 字典的标准定义

字典的标准定义的示例代码如下：

```
d1 = {"name":" junior", "age":12, 'height':150, 'weight':100}
d1
```

运行结果如下：

```
{'name': ' junior ', 'age': 12, 'height': 150, 'weight': 100}
```

### 2. dict()函数创建字典

dict()函数创建字典的示例代码如下：

```
d2 = dict([("name","senior"),("age",16),('height',175),('weight',130)])
d2
```

运行结果如下：

```
{'name': 'senior ', 'age': 16, 'height': 175, 'weight': 130}
```

字典的元素之间用逗号间隔，每个元素分为 key 和 value。比如上述示例的 d2 中 key 有 4 个，即 name、age、height、weight；value 有 4 个，即 senior、16、175、130。

## 3.4.2　字典元素的访问

### 1. 根据给定 key 访问 value

根据给定 key 访问 value 的示例代码如下：

```
print(d2['name'])
```

运行结果如下：

```
senior
```

对于这种访问方式，当访问的 key 不在字典中时，就会报错，示例代码如下：

```
print(d2['score'])              # score 不在 d2 中
```

运行结果如下：

```
KeyError      Traceback (most recent call last)
C:\Users\Public\Documents\iSkysoft\CreatorTemp\ipykernel_22072\3479492677.py in <module>
     ----> 1 print(d2['score'])
KeyError: 'score'
```

### 2. 使用 get 方法访问 value

使用 get 方法访问 value 的示例代码如下：

```
print(d2.get('age'))
print(d2.get('score'))          # 如果 key 不在 d2 中，则返回 None，不会报错
print(d2.get('score', -1))      # 如果 key 不在 d2 中，则可以指定返回的值为-1
```

运行结果如下：

```
18
None
-1
```

### 3. 访问字典的所有 key

访问字典的所有 key 的示例代码如下：

```
d2.keys()
type(d2.keys())
list(d2.keys())
```

运行结果如下：

```
dict_keys(['name', 'age', 'height', 'weight'])
dict_keys
['name', 'age', 'height', 'weight']
```

#### 4. 访问字典的所有 value

访问字典的所有 value 的示例代码如下：

```
d2.values()
list(d2.values())
```

运行结果如下：

```
dict_values(['senior', 16, 175, 130])
['senior', 16, 175, 130]
```

#### 5. 访问字典的所有 key-value 对

访问字典的所有 key-value 对的示例代码如下：

```
d2.items()
list(d2.items())
```

运行结果如下：

```
dict_items([('name', 'senior'), ('age', 16), ('height', 175), ('weight', 130)])
[('name', 'senior'), ('age', 16), ('height', 175), ('weight', 130)]
```

### 3.4.3 字典元素的修改

#### 1. 指定 key 修改或添加字典元素

指定 key 修改或添加字典元素的示例代码如下：

```
d2 = dict([("name","beginner"),("age",16))
print("修改前：",d2)
d2 ['name'] = "master "        # 指定字典的某个 key，修改该 key 对应的 value
print("第一次修改后："d2)
d2['score'] = 90              # 直接引用新的 key 名，并给这个 key 赋新值
print("第二次修改后："d2)
```

运行结果如下：

```
修改前：{'name': 'beginner', 'age':16,}
第一次修改后：{'name': 'master', 'age':16}
第二次修改后：{'name': 'master', 'age':16, 'score': 90}
```

需要注意的是：不可以直接修改 key，只能删除 key 后再增加 key。

#### 2. 使用 update()方法修改字典元素

使用 update()方法修改字典元素的示例代码如下：

```
d2.update({'name':' expert', 'age': 40})
print("第三次修改后："d2)
```

运行结果如下：

第三次修改后：{'name': 'expert', 'age':40, 'score': 90}

## 3.4.4　字典元素的删除

### 1. 使用 pop()方法删除字典的键值对

使用 pop()方法删除字典的键值对的示例代码如下：

```
info = {"name": "wukong", "age": 18}
print("删除前：", info)
info.pop('age')                 # pop 方法可以弹出一个 key-value 对
print("删除后：", info)
```

运行结果如下：

删除前：　{'name': 'wukong', 'age': 18}

删除后：　{'name': 'wukong'}

### 2. 使用 del 命令删除字典的键值对

使用 del 命令删除字典的键值对的示例代码如下：

```
info = {"name": "wukong", "age": 18}
print("删除前：", info)
del info["name"]                # 仅删除了 key=name 的这个元素
print("删除后：", info)
```

运行结果如下：

删除前：　{'name': 'wukong', 'age': 18}

删除后：　{'age': 18}

### 3. 使用 clear()方法清空字典

使用 clear()方法清空字典的示例代码如下：

```
info = {"name": " wukong", "age": 18}
print("删除前：", info)
info.clear()                    # 使用 clear()方法清空字典，info 变量仍可以使用
print("删除后：", info)
```

运行结果如下：

删除前：　{'name': 'wukong', 'age': 18}

删除后：　{}

### 4. 使用 del 命令删除整个字典

使用 del 命令删除整个字典的示例代码如下：

```
info = {"name": "wukong", "age": 18}
print("删除前：", info)
del info                        # 删除整个字典，info 这个变量不再可以使用
print("删除后：", info)
```

运行结果如下：

```
删除前：  {'name': 'wukong', 'age': 18}
NameError    Traceback (most recent call last)
Input In [66], in <cell line: 5>()
      2 print("删除前：", info)
      4 del info              # 这里删除了整个字典，info 这个变量不再可以使用
----> 5 print("删除后：", info)
NameError: name 'info' is not defined
```

# 3.5    集合

Python 中集合的概念和数学中集合的概念基本一致，集合中的元素不能重复，如{3, 5, 9, 10, "hello"}。此外，由于集合中的元素没有顺序，因此不能用索引和切片引用其元素。

## 1. 集合的创建

### 1) 集合标准定义创建

集合标准定义创建的示例代码如下：

```
s1 = {1, 2, 3, 4, 5}
print(s1)
```

运行结果如下：

```
{1, 2, 3, 4, 5}
```

### 2) set()函数创建集合

set()函数创建集合的示例代码如下：

```
s2 = set([1,4,8,7,1,4,3,9])          # 将列表转为集合
print(s2)
s2 = set((-1,4,9))                   # 将元组转为集合
print(s2)
s2 = set({"name": "wukong", "age": 18})   # 将字典的 key 转为集合
print(s2)
```

运行结果如下：

```
{1, 3, 4, 7, 8, 9}
{-1, 4, 9}
{'age', 'name'}
```

## 2. 集合元素的增加

增加集合元素的示例代码如下：

```
s3 = {1, -2, 9, 10, "hello"}
print("增加前：",s3)
s3.add(4)                          # add()方法增加一个元素到集合中
print("增加后："s3)
```

运行结果如下：

```
增加前：{-2, 1, 10, 9, 'hello'}
增加后：{-2, 1, 10, 4, 9, 'hello'}
```

### 3. 集合元素的删除

删除集合元素的示例代码如下：

```
s3.remove(9)
print(s3)
```

运行结果如下：

```
{-2, 1, 10, 4, 'hello'}
```

### 4. 集合的运算

集合的运算的示例代码如下：

```
s3 = {-2, 1, 10, 4, 'hello'}
s4 = {1, 2, 4}
print(s3)
print(s4)
s3 | s4                    # 集合的并
print(s4)
s3 & s4                    # 集合的交
print(s4)
s3 - s4                    # 集合的差
print(s4)
```

运行结果如下：

```
{-2, 1, 10, 4, 'hello'}
{1, 2, 4}
{-2, 1, 10, 2, 4, 'hello'}
{1, 4}
{-2, 10, 'hello'}
```

### 5. 集合的相关函数

集合的相关函数有 len()、max()、min()、sum()等，示例代码如下：

```
s3 = {-2, 1, 10, 4, 'hello'}
s4 = {1, 2, 4}
len(s3)
max(s4)
min(s4)
```

```
sum(s4)
```
运行结果如下：
```
5
4
1
7
```

## 3.6    数据结构之间的转换

Python 数据结构之间的转换是指将一种数据类型(如列表、元组、集合、字典等)转换为另一种数据类型的过程。

### 3.6.1    转为列表

例 3.1    将元组、集合、字典转换成列表，代码如下：
```
x = (1, 2, [3,4], "hello", 5.5)        # 元组转列表
print(list(x))
y = {1, 2, 4, "hello", 5.5}            # 集合转列表
print(list(y))
z = {'a': 1, 'b': 2.3}                 # 字典的 key 转列表
print(list(keys()))
z = {'a': 1, 'b': 2.3}                 # 字典的 value 转列表
print(list(z.values()))
z = {'a': 1, 'b': 2.3}                 # 字典的 key-value 转列表(元组的列表)
print(list(z.items()))
```
运行结果如下：
```
[1, 2, [3, 4], 'hello', 5.5]
[1, 2, 4, 5.5, 'hello']
['a', 'b']
[1, 2.3]
[('a', 1), ('b', 2.3)]
```

### 3.6.2    转为元组

例 3.2    将列表、集合、字典转换成元组，代码如下：
```
x = [1, 2, [3,4], "hello", 5.5]        # 列表转元组
print(tuple(x))
```

```
y = {1, 2, 4, "hello", 5.5}              #集合转元组
print(tuple(y))
z = {'a': 1, 'b': 2.3}                   #字典的 key 转元组
print(tuple(z.keys()))
z = {'a': 1, 'b': 2.3}                   #字典的 value 转元组
print(tuple(z.values()))
```

运行结果如下：

```
(1, 2, [3, 4], 'hello', 5.5)
(1, 2, 4, 5.5, 'hello')
('a', 'b')
(1, 2.3)
```

### 3.6.3　转为集合

例 3.3　将列表、元组、字典转换成集合，代码如下：

```
x = [1, 2, "hello", 5.5]                 #列表转集合
print(set(x))
y = (1, 2, "hello", 5.5)                 #元组转集合
print(set(x))
z = {'a': 1, 'b': 2.3}                   #字典的 key 转集合
print(set(x.keys()))
z = {'a': 1, 'b': 2.3}                   #字典的 value 转集合
print(set(x.values()))
```

运行结果如下：

```
{1, 2, 5.5, 'hello'}
{1, 2, 5.5, 'hello'}
{'a','b'}
{1,2.3}
```

### 3.6.4　转为字典

例 3.4　转为字典的元素需要有键(key)和值(value)两个序列，代码如下：

```
x = [('1', 'www'),('2','tec'),( '3','suda')]    #元组的列表转为字典
print(dict(x))
x = (('a',1),('b',2),('c',3))                   #元组的元组转为字典
print(dict(x))
```

运行结果如下：

```
{'1': 'www', '2': 'tec', '3':'suda'}
{'a': 1, 'b': 2, 'c': 3}
```

也可以使用高阶函数 zip()组合得到字典，代码如下：

```
x1 = ['1', '2', '3']
x2 = [1, 2, 3]
print(dict(zip(x1, x2)))
```

运行结果如下：

```
{'1': 1, '2': 2, '3': 3}
```

## 3.7　不可变/可变对象、浅复制和深复制

当某数据类型对应的变量的值发生了变化时，如果它对应的内存地址发生了改变，那么这个数据类型就是不可变数据类型。Python 中的不可变数据类型有数值(整型、浮点型、复数、布尔值)、字符串和元组。

当某数据类型对应的变量的值发生了变化时，如果它对应的内存地址不发生改变，那么这个数据类型就是可变数据类型。Python 中的可变数据类型有列表、字典和集合。

### 3.7.1　不可变对象

对于 Python 中的不可变数据类型，如果改变了变量的值，则相当于是新建了一个对象。而对于不可变数据类型中有相同的值的对象，在内存中则只有一个对象，不会重复创建对象。不可变对象的示例代码如下：

```
a = 13
b = 13
print(id(a) == id(b))
```

运行结果如下：

```
True                    # 说明变量 a 和 b 指向同一个地址
```

如图 3-2 所示，Python 并没有在内存中新建一个 13 的整型对象，而是让 b 直接引用已经存在的整型 13 这个对象。

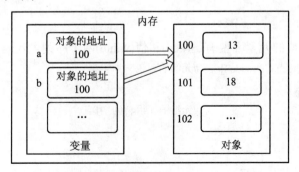

图 3-2　不同的变量指向同一个对象

不同的变量指向不同的地址的示例代码如下：

```
a = 13
```

```
b = 18
print(id(a) == id(b))
```

运行结果如下：

```
False                        #说明变量 a 和 b 指向不同的地址
```

如图 3-3 所示，Python 会在内存中检查是否存在 18 的对象。如果存在 18 这个对象，则直接引用；如果不存在 18 这个对象，则 Python 会在内存中新建一个 18 的整型对象，并让 b 引用这个 18 的整型对象。

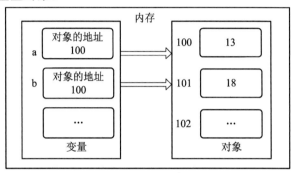

图 3-3　不同的变量指向不同的对象

### 3.7.2　可变对象

Python 中的可变数据类型允许变量引用的值发生变化，如果对变量进行 append 操作或者修改对象的某个元素值，则程序不会新建一个对象，变量引用的对象的地址也不会变化。

**例 3.5**　不可变对象示例，代码如下：

```
a = [1,2,3]
b = [1,2,3]
print('a 的地址', id(a))
print('b 的地址', id(b))
a.append(4)
print(a)
print('a 的地址', id(a))
print(b)
```

运行结果如下：

```
a 的地址 1967720248960
b 的地址 1967720269568
[1, 2, 3, 4]
a 的地址 1967720248960
[1, 2, 3]
```

例 3.5 中创建值相同的可变对象时，Python 会创建地址不同的副本，即每个对象都有自己的地址，相当于内存中相同值的对象保存了多份。但是，用 b = a 复制列表时，并不是真正复制了一个物理上独立的副本列表，如例 3.6 所示。

**例 3.6**  用赋值的方式复制列表，代码如下：

```
a = [1, 2, 3]
b = a                           #a 和 b 指向同一个对象
print(id(a) == id(b))
# 对 a 或 b 做 append、列表加法等操作，会同时修改 a、b 的值
# 给 a 增加一个元素，结果 b 也会增加一个元素
a.append(4)
print('a = ', a)
print('b = ', b)

# 修改 b 的元素，修改同样也会发生在 a 和 b 两个列表上
b[1:3] = [-1, -2]
print('a = ', a)
print('b = ', b)
```

运行结果如下：
```
True
a =    [1, 2, 3, 4]
b =    [1, 2, 3, 4]
a =    [1, -1, -2, 4]
b =    [1, -1, -2, 4]
```

那么应该如何复制物理上独立的副本列表呢？下面通过示例详细介绍 Python 中的浅复制和深复制。

### 3.7.3  浅复制

浅复制是 Python 的一种复制对象的方法，它仅仅复制的是对象的最外层，不会复制对象内部的元素。浅复制在 Python 中通常使用列表名[:]或者 copy 模块的 copy 函数实现。

**例 3.7**  浅复制普通对象(无嵌套)，示例代码如下：

```
a = [1, 2, 3]
print(id(a))
b = a[:]                    # 使用列表名[:]实现浅复制
print(id(b))

import copy                 # 导入 copy 模块
c = copy. copy(a)           # 使用 copy.copy()函数实现浅复制
print(id(c))
```

运行结果如下：
```
2270390896192              #a 对象的地址
2270386926400              #b 对象的地址
2270390635840              #c 对象的地址
```

例 3.7 中，从 a 复制得到 b、c 对象，3 个对象的地址都不一样，虽然浅复制可以生成独立的列表副本，但当列表包含嵌套结构时，内部元素仍共享引用。或者用 copy 模块的 copy 函数进行复制。

**例 3.8**　使用列表名[:]复制嵌套的对象，代码如下：

```
a = [ 1, 2, [3, 4] ]          # 嵌套的列表
b = a[:]
print('id(a)=', id(a))
print('id(b)=', id(b))
print('id(a[-1])=', id(a[-1]))
print('id(b[-1])=', id(b[-1]))
```

运行结果如下：

```
id(a)= 2270390356352
id(b)= 2270390678976
id(a[-1])= 2270385991616
id(b[-1])= 2270385991616
```

**例 3.9**　使用 copy.copy()复制嵌套的对象，代码如下：

```
import copy
a = [1, 2, [3, 4]]            # 嵌套的列表
b = copy.copy(a)
print('id(a)=', id(a))
print('id(b)=', id(b))
print('id(a[-1])=', id(a[-1]))
print('id(b[-1])=', id(b[-1]))
```

运行结果如下：

```
id(a)= 2270384185280
id(b)= 2270385752384
id(a[-1])= 2270390462848
id(b[-1])= 2270390462848
```

从例 3.8、例 3.9 可知，浅复制只是将列表 a 的第一层复制了一份独立的副本，而列表的第二层并没有被复制，如图 3-4 所示。

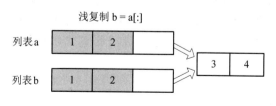

图 3-4　浅复制示意图

### 3.7.4　深复制

深复制(也称深拷贝)是复制一份完全意义上独立的可变对象。可以使用 copy 模块的

deepcopy()函数实现深复制。

例 3.10　使用 copy.deepcopy()复制嵌套的对象，代码如下：

```
import copy
a = [1, 2, [3, 4]]
b = copy.deepcopy(a)                    # 深复制
print('id(a)=', id(a))
print('id(b)=', id(b))
print('id(a[-1])=', id(a[-1]))
print('id(b[-1])=', id(b[-1]))
```

运行结果如下：

```
id(a)= 1967721455808
id(b)= 1967723787004
id(a[-1])= 1967722646080
id(b[-1])= 1967720777240
```

如例 3.10 所示，通过 copy.deepcopy()复制的对象，不仅复制了对象的最外层，而且对象内部的元素都被重新分配了空间，如图 3-5 所示。

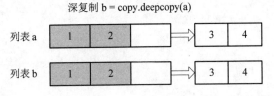

图 3-5　深复制示意图

**注意：** 在复制可变对象(列表、字典、集合)时，一定要防止对一个变量的修改引起另一个变量的改变，必要时需要采用深复制。

## 3.8    列表推导式

Python 推导式(或者称为解析式)是一种独特的数据处理方式，可以由一个数据序列构建另一个新的数据序列的结构体。推导式撰写的代码具有非常强的可读性和可维护性。常用的推导式类型有列表推导式、字典推导式、集合推导式和元组推导式，其中列表推导式最为常用。

### 3.8.1　列表推导式简介

列表推导式的语法形式如下：

```
[ expression for expr in sequence if condition ]
```

其中，[表达式 for 迭代变量 in 可迭代对象[if 条件表达式]]中的[if 条件表达式]不是必需的，可以省略。

列表推导式各部分及其作用如图 3-6 所示。

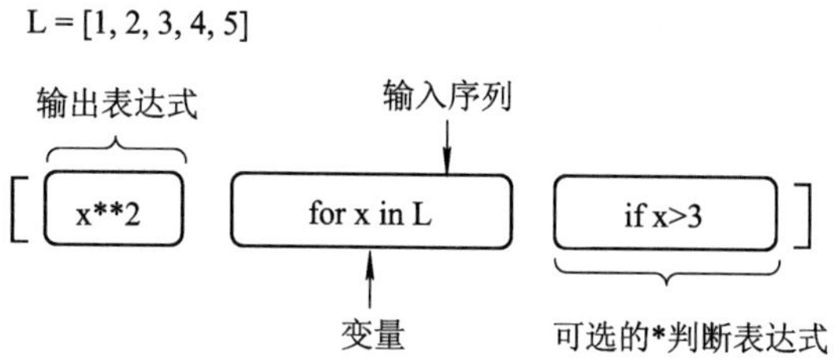

L = [1, 2, 3, 4, 5]

图 3-6 列表推导式示意图

**例 3.11** 生成一个简单列表，代码如下：

```
aList1 = [x*x for x in range(10)]
print('推导式生成：', aList1)


aList2 = []
for x in range(10):
    aList2.append(x*x)
print('循环生成：   ', aList2)
```

运行结果如下：

```
推导式生成： [0, 1, 4, 9, 16, 25, 36, 49, 64, 81]
循环生成：   [0, 1, 4, 9, 16, 25, 36, 49, 64, 81]
```

**例 3.12** 从列表中取出价格小于 500 的元素，代码如下：

```
price = [200, 300, 400, 600, 700, 800]
sale1 = [x for x in price if x < 500]
print('推导式生成：', sale1)


sale2 = []
for x in price:
    if x < 500:
        sale2.append(x)
print('循环生成：   ', sale2)
```

运行结果如下：

```
推导式生成： [200, 300, 400]
循环生成：   [200, 300, 400]
```

列表推导式也可以嵌套，其执行顺序为：各语句之间是嵌套关系，左边第二条语句是最外层，依次往右进一层，左边第一条语句是最后一层。

**例 3.13** 使用列表推导式实现嵌套列表的平铺，代码如下：

```
vec = [[1, 2, 3], [4, 5, 6], [7, 8, 9]]
vList = [num for elem in vec for num in elem]
print('推导式生成：', vList)
```

```
vec = [[1, 2, 3], [4, 5, 6], [7, 8, 9]]
result = []
for elem in vec:
    for num in elem:
        result.append(num)
print(('循环生成：    ', result)
```

运行结果如下：

```
推导式生成：  [1, 2, 3, 4, 5, 6, 7, 8, 9]
循环生成：    [1, 2, 3, 4, 5, 6, 7, 8, 9]
```

列表推导式在逻辑上等价于一个循环语句，只是形式上更加简洁，效率也更高。它只是对 for 循环语句的格式做了简单的变形，并用[]括起来而已。它与 for 循环语句最大的不同之处在于，列表推导式最终会将循环过程中计算表达式得到的一系列值以一个列表的形式返回。

## 3.8.2　生成指定列表

列表推导式可以根据要求生成各种列表，如得到由指定范围、特定处理或符合相应条件的元素组成的列表。

**例 3.14**　生成指定范围内的列表，代码如下：

```
# 生成 1～10 的列表
num = [i for i in range(1, 11)]
print(num)
```

运行结果如下：

```
[1, 2, 3, 4, 5, 6, 7, 8, 9, 10]
```

**例 3.15**　生成特定处理的列表，代码如下：

```
# 统计所有商品打 8 折之后的价格
price = [888, 856, 795, 821, 921, 753, 911]
sale = [int(x*0.8) for x in price]
print('原价：', price)
print('售价：', sale)
```

运行结果如下：

```
原价：  [888, 856, 795, 821, 921, 753, 911]
售价：  [710, 684, 636, 656, 736, 602, 728]
```

在列表推导式中可以使用 if 子句对列表中的元素进行筛选，只在结果列表中保留符合条件的元素。

**例 3.16**　从列表中选择符合条件的元素生成新的列表，代码如下：

```
# 得到 1~100 之间的数字中是 5 的倍数的数字
num = [x for x in range(1, 101) if x%5 == 0]
```

```
print(num)
```

运行结果如下：

```
[5, 10, 15, 20, 25, 30, 35, 40, 45, 50, 55, 60, 65, 70, 75, 80, 85, 90, 95, 100]
```

**例 3.17**　在列表推导式中同时遍历多个列表或可迭代对象，代码如下：

```
[(x, y) for x in [1, 2, 3] for y in [3, 1, 4] if x != y]
[(x, y) for x in [1, 2, 3] if x==1 for y in [3, 1, 4] if y!=x]
```

运行结果如下：

```
[(1, 3), (1, 4), (2, 3), (2, 1), (2, 4), (3, 1), (3, 4)]
[(1, 3), (1, 4)]
```

# 3.9　拓展案例与思考

**案例**：列表推导式的效率问题。

列表推导式不仅可以提升代码的可读性，而且在多数情况下还能显著提高代码的执行效率。列表推导式与普通循环之间的效率对比示例代码如下：

```python
import time
x = []
x1 = []

# 准备数据
for i in range(100_0000):
    x.append(i)
    x1.append(i)

# 测试 for 循环的时间
start1 = time.time()
for i in range(len(x)):
    x[i] += 1
end1 = time.time()
print("完成 100,000 次循环的时间【for 循环】", end1 - start1)

# 测试列表推导式的时间
start2 = time.time()
y1 = [a+1 for a in x1]
end2 = time.time()
print("完成 100,000 次循环的时间【列表推导式】", end2 - start2)
```

运行结果如下：

完成 100,000 次循环的时间【for 循环】　0.12361335754394531

完成 100,000 次循环的时间【列表推导式】　0.0760200023651123

上例中，列表推导式完成 100 000 次循环的用时几乎是 for 循环完成 100 000 次循环的用时的一半。当然，如果循环要处理的内容较为简单，则可以采用推导式和高阶函数结合使用的方法，这样代码形式将会更简洁，处理效率会提高更多，示例代码如下：

```
# 测试 map 函数来进行循环的时间
start3 = time.time()
y2 = map(lambda a:a+1, x1)
end3 = time.time()
print("完成 100,000 次循环的时间【map 函数+列表推导式】", end3 - start3)
```

运行结果如下：

完成 100,000 次循环的时间【map 函数+列表推导式】　0.0

从上例的运行结果中不难发现，列表推导式叠加高阶函数可以显著提升代码运行效率。

思考：

(1) Pythonic 的编程风格是什么？谈谈自己对 Python 编程哲学的理解。

(2) 在 Python 中，如何选择合适的数据结构以提高程序性能？

# 习　题

## 一、选择题

1. 以下选项中描述错误的是(　　)。

A. 如果 m 是一个序列，a 是 m 的元素，则 a in m 返回 True

B. 如果 m 是一个序列，a 不是 m 的元素，则 a not in m 返回 True

C. 如果 m 是一个序列，m=[1, 2, 3, True]，则 m[4]返回 True

D. 如果 m 是一个序列，m=[1, 2, 3, True]，则 m[-1]返回 True

2. 关于 Python 组合数据类型，以下选项中描述错误的是(　　)。

A. 组合数据类型可以分为 3 类：序列类型、集合类型和映射类型

B. 序列类型是二维元素向量，元素之间存在先后关系，通过序号访问

C. Python 的 str、tuple 和 list 类型都属于序列类型

D. Python 组合数据类型能够将多个同类型或不同类型的数据组织起来，通过单一的表示使数据操作更有序、更容易

3. 以下选项中，不属于 Python 语言序列类型的数据是(　　)。

A. 字符串　　　　B. 元组类型　　　　C. 列表类型　　　　D. 数组类型

4. 对于序列 x，能够返回序列 x 中第 i 到第 j，步长为 K 的元素的正确的表达是(　　)。

A. x[I,j,k]　　　　B. x[i:j:k]　　　　C. x[I;j;k]　　　　D. x(I,j,k)

5. 以下关于元组的描述中正确的选项是(　　)。

A. d={ }　　　　　　　　　　B. d={3:6}

C. d={(3,4,5):'rttyu'}　　　　　　D. d=([1,2,3]:'rttyu')

6. 以下不能创建一个字典的语句是(　　)。

A. dict1 = {}　　　　　　　　B. dict2 = { 3 : 5 }

C. dict3 = {[1,2,3]: "uestc"}　　　D. dict4 = {(1,2,3): "uestc"}

7. 下列代码的执行结果是(　　)。

```
ls=[[1,2,3],[[4,5],6],[7,8]]
print(len(ls))
```

A. 1　　　　　　B. 3　　　　　　C. 4　　　　　　D. 8

8. 下列代码的执行结果是(　　)。

```
s=["seashell","gold","pink","brown","purple","tomato"]
print(s[4:])
```

A. ['purple','tomato']　　　　　　B. ['purple']

C. ['seashell','gold','pink','brown']　　D. ['gold','pink','brown','purple','tomato']

9. 下列代码的执行结果是(　　)。

```
ls=["2021","21.21","Python"]
ls.append(2022)
ls.append([2023,"2024"])
print(ls)
```

A. ['2021','21.21','Python',2022,2023,'2024']

B. ['2021','21.21','Python',2022]

C. ['2021', '21.21', 'Python', 2022, [2023, '2024']]

D. ['2021','21.21','Python',2023,['2024']]

10. 以下程序的输出结果是(　　)。

```
ss = list(set("jzzszyj"))
ss.sort()
print(ss)
```

A. ['z', 'j', 's', 'y']　　　　　　B. ['j', 's', 'y', 'z']

C. ['j', 'z', 'z', 's', 'z', 'y', 'j']　　　D. ['j', 'j', 's', 'y', 'z', 'z', 'z']

## 二、编程题

1. 按以下步骤编写代码:

(1) 自定义一个长度为 20 的列表 L1(数据类型和值自行确定);

(2) 打印出 L1 中索引号为 3 的倍数的元素;

(3) 将 L1 中索引号为偶数的元素的值都设置为 0(需用切片法修改);

(4) 删除 L1 列表中索引号是第 6 的元素和倒数第 2 的元素;

(5) 输出列表中不重复的元素个数(不允许人工数数,要用代码输出结果);

(6) 将列表 L1 转为元组格式,并复制给变量 T1。

2. 编程实现:给 3 个变量输入 3 个字符串。

要求如下:

(1) 将 3 个字符串封装成元组并输出；

(2) 将该元组乘以 2 后输出；

(3) 将该元组和另一个元组('hello', 'world')做拼接，组成一个新的元组并输出结果。

3. 编程实现：将英语长句按单词进行划分，对字母个数进行计数，完成存储及遍历等操作。

要求如下：

(1) 用户从键盘中输入一个长字符串(字符串的内容是一个英文长句，句中至少有 10 个以上的单词且不能重复，单词之间用 1 个空格分开)。

(2) 使用字符串方法(split 方法)将这个句子切分为一个个单词，并以列表的形式保存下来。

(3) 记录每个单词的字母的个数(将单词和对应的字母个数以字典的形式存储到字典中)。提示：需要用 for 语句遍历列表中的每个单词。

(4) 打印出每个单词及其长度。提示：需要使用 for 语句遍历字典的每个元素，即需要使用到 items()方法。

# 第 4 章　Python 控制结构

## 学习目标

(1) 认识程序的 3 种基本控制结构及执行流程；

(2) 掌握单分支结构、双分支结构、多分支结构及选择结构的嵌套操作；

(3) 掌握 for 循环、while 循环以及 range 对象在循环中的使用方法；

(4) 理解 break 语句、continue 语句在循环控制中的作用；

(5) 通过回顾 C 语言的相关内容，学会用类比的方法进行知识的迁移，提高自主学习、终身学习的意识及能力。

## 4.1　顺序结构

在 Python 程序中，对于语句的执行有 3 种基本控制结构，即顺序结构、分支结构和循环结构。顺序结构是最基本的程序结构，它最符合人们的书写习惯，自上向下、逐行运行。图 4-1 直观地解释了顺序结构代码的执行过程。

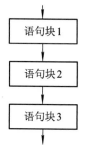

图 4-1　顺序结构执行流程图

图 4-1 中程序从入口开始，自顶向下，先执行语句块 1，再执行语句块 2，最后执行语句块 3，这 3 个语句块之间就是顺序执行关系。

例 4.1　以行列形式输出表 4-1 中的内容。

表 4-1　例 4.1 的输出内容

| 姓名 | 学号 | 分数 |
|------|------|------|
| Tom | Tom | Tom |
| Lily | Lily | Lily |
| Kate | Kate | Kate |

例 4.1 的代码如下：

```
print('%s\t%-10s\t%s'%('姓名','学号','分数'))
print('%s\t%-10s\t%d'%('Tom','10001',98))
print('%s\t%-15s\t%d'%('Lily','10003',67))
print('%s\t%-15s\t%d'%('Kate','10006',54))
```

运行结果如下：

```
姓名      学号      分数
Tom      Tom      Tom
Lily     Lily     Lily
Kate     Kate     Kat
```

## 4.2　分支结构

分支结构可以根据条件来控制代码的执行分支，Python 使用 if 语句来实现分支结构。

### 4.2.1　if 分支结构

#### 1. 单分支结构

if 语句单分支结构通常是满足某种条件，就执行某些语句；如果不满足条件，则不执行相应的语句。其语法结构如下：

```
if  条件:
    语句块
```

单分支结构的流程图如图 4-2 所示。

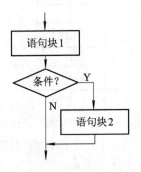

图 4-2　单分支结构的流程图

if 语法解析如下：

(1) 条件是布尔表达式或者布尔值；

(2) 条件后面为英文冒号；

(3) 语句块内容可以是一句或多句代码；

(4) 所有语句块均须相对于 if 缩进 4 个空格。

if 语句单分支结构的执行逻辑：如果 if 条件为真，则执行 if 条件后面的语句块；如果 if 条件为假，则什么都不执行。

**例 4.2**  判断考试成绩是否合格，代码如下：

```
# 用户输入成绩，判断成绩是否在 60 分以上，如果是，则输出'考试成绩合格'
score = int(input())
if score >= 60:
    # 只有当 if 条件满足时，下面的代码才会被执行
    # 作为 if 的语句块，所有语句都必须相对于 if 缩进 4 个空格
    print('考试成绩合格')
```

运行结果如下：

```
80
考试成绩合格
```

**2. 双分支结构**

双分支结构的基本语法如下：

```
if 条件:
    语句块 1
else:
    语句块 2
```

双分支结构流程图如图 4-3 所示。

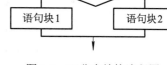

图 4-3  双分支结构流程图

双分支结构语法解析如下：

(1) 条件是布尔表达式或者布尔值；

(2) 条件后面为英文冒号；

(3) 语句块 1 和语句块 2 的内容可以是一句或多句代码；

(4) 所有语句块均须相对于 if 缩进 4 个空格。

双分支结构的执行逻辑：如果 if 条件为真，则执行语句块 1；否则执行语句块 2。

**例 4.3**  从键盘输入两个数，求 a/b 和 b/a 的值，代码如下：

```
a = float(input())
b = float(input())
if a==0 or b==0:
print('不能做算术除法')
else :
print(a/b, b/a)
```

运行结果如下：

0
1
不能做算术除法

### 4.2.2　多分支结构

考虑有些问题时，往往不只有两个方面，可能会有很多方面，而且根据不同的条件，对这很多个方面都需要进行处理，这就需要用到多分支结构。这种结构与前面两种分支结构相比，最大的不同点在于：它的条件不再是单一的满足和不满足，而是可能有很多个条件，每个条件都可以构成一个分支，当然这些条件必须互相排斥，因此这种结构也被称为多分支结构。

多分支结构的基本语法形式如下：

if 条件 1:
　　语句块 1
elif 条件 2:
　　语句块 2
elif 条件 3:
　　语句块 3
elif 条件 N:
　　语句块 N
else:
　　以上 N 个条件都不满足时需要执行的语句

多分支结构流程图如图 4-4 所示。

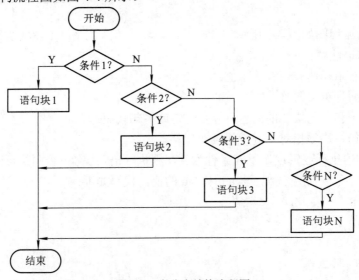

图 4-4　多分支结构流程图

这种结构的特点主要体现在有若干个"elif……: "，它们构成了若干个条件的判断，要特别注意，在这种语法结构中，关键字 elif 是 else if 的缩写，elif 之间不存在空格，不能写成"el if"，并且每个 elif 后面都有一个冒号。

语句的缩进量要保持一致。在 Python 中没有 switch 和 case 语句，可通过多重 elif 来达到相同的效果。

**例 4.4**　对考试成绩进行等第的划分，代码如下：

```
score = int(input('请输入成绩'))
if score >= 90:
    print('优秀')
elif 70 <= score < 90:
    print('良好')
elif 60 <= score < 70:
    print('合格')
else:
    print('不及格')
```

运行结果如下：

```
请输入成绩 76
良好
```

### 4.2.3　嵌套的 if 分支结构

不管是单分支结构还是多分支结构都可以实现嵌套功能，此种嵌套可以将条件更加细分。其基本语法如下：

```
if 条件 1:
    if 条件 11:
        语句块 11
    elif:
        语句块 12
    else:
        语句块 13
elif 条件 2:
    语句块 2
elif 条件 3:
    语句块 3
else:
    语句块 4
```

嵌套 if 分支结构的语法解析如下：

(1) 条件 i 是布尔表达式或者布尔值；

(2) 条件 i 后面为英文冒号；

(3) 语句块 i 的内容可以是一句或多句代码；

(4) 所有语句块 i 均须相对于 if 缩进 4 个空格；

(5) else 模块可以整个省略，可以使用 if elif 结构，也可以使用 if-elif-else 结构；

(6) if-elif-else 结构可以整体作为某个 if 或者 elif 或者 else 的分支，但是需要将该 if-elif-else 结构相对于分支头整体缩进 4 个空格。

嵌套 if 分支结构的执行逻辑：首先判断 if 条件是否为真，若为真，则执行 if 条件后嵌套的 if-elif-else 语句；否则判断条件 2 是否为真，若为真，则执行 elif 后的语句块 2；……如果所有的 elif 的条件都不满足，则执行 else 后的语句块。

**例 4.5**  接收用户输入一个整数，判断输入的整数是否为 3 的倍数，代码如下：

```python
x = int(input("输入一个整数"))
if x < 0:
    print("x 的取值超出定义域！")
else :
    if x % 3 == 0:
        print("x 是 3 的倍数")
    else:
        print("x 不是 3 的倍数")
```

运行结果如下：

```
输入一个整数 6
x 是 3 的倍数
```

**例 4.6**  接收用户输入一个年龄，输出相应的年龄段，代码如下：

```python
age = int(input())
if age >= 60:
    if age > 100:
        print('百岁老人')
    else:
        print('普通老人')
elif age >= 40:
    print('中年')
elif age >= 20:
    print('青年')
else :
    print('少年')
```

运行结果如下：

```
70
普通老人
```

**例 4.7**  模拟一个用户登录功能，代码如下：

```python
user = input("请输入用户")
passwd = input("请输入密码")
if user == 'Kate':
    if passwd == '123456':
```

```
        print('hello, Kate.Welcome.')
    else:
        print('sorry, Kate.Your passwd is not correct.')
elif user == 'Tom':
    if passwd == '765432':
        print('hello, Tom.Welcome.')
    else:
        print('sorry, Tom.Your passwd is not correct.')
else:
    print('invalid account!')
```

运行结果如下：

```
请输入用户 lily
请输入密码 12323
invalid account!
```

## 4.3　循环结构

在算法中，把从某处开始按照一定条件反复执行某一处理步骤的过程叫作循环结构。它是可以循环执行某些语句的结构，能够在一定程度上减少程序的复杂性。

循环结构通常包含以下 4 个部分：

(1) 初始化语句：一条或多条语句，用于完成一些变量的初始化工作，通常在循环开始之前执行。

(2) 循环条件：布尔表达式，若循环条件为真，则继续执行循环体，否则结束循环体。

(3) 循环体：循环的主体，如果循环条件为真，则循环体将会被执行，否则不会被执行。

(4) 迭代语句：通常是循环体中的一部分，这个部分通常是改变控制循环次数的变量，使得循环在合适的时候结束。

循环语句可以在满足循环条件的基础上，反复执行某一段代码。但循环存在一个安全隐患，那就是死循环。一旦循环条件设置不当，程序极有可能陷入死循环状态。这是非常危险的，它有可能耗尽系统的资源，最终导致死机。

### 4.3.1　while 循环结构

在许多情况下，当一个循环执行之前，可能并不知道它需要执行的次数。这时，就可以使用 while 循环。这种循环结构的语法如下：

```
初始化语句              # 循环变量赋初值
while 循环条件:
    循环体(迭代语句)
```

while 循环结构流程图如图 4-5 所示。

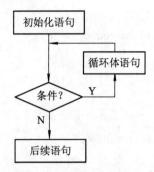

图 4-5　while 循环结构流程图

while 循环结构语法解析如下:

(1) 初始化语句是在循环之前给一部分变量赋值,最重要的是给循环变量赋初值;

(2) 循环条件是布尔表达式或者布尔值,条件中应当含有循环变量的布尔表达式;

(3) 循环条件后面为英文冒号;

(4) 循环体的内容可以是一句或多句代码,所有循环体均须相对于 while 缩进 4 个空格。

while 循环结构的执行逻辑:首先执行初始化语句;然后判断循环条件是否为真,若为真,则执行循环体 1 次;再判断循环条件是否为真,若为真,则继续执行循环体 1 次;再判断循环条件是否为真,若为真,则继续执行循环体 1 次;……;直到循环条件为假,结束执行。

例 4.8　循环输出连续的 n 个自然数,代码如下:

```python
# 初始化语句
n = 5
i = 0
while i < n:
    print(i)
i += 1              # 迭代语句,修改循环变量
```

运行结果如下:

```
0
1
2
3
4
```

## 4.3.2　for-in 循环结构

### 1. for-in 循环结构的形式

for-in 循环结构专门用于遍历 range、列表、元组和字典等可迭代对象包含的元素。for-in 循环结构的语法格式如下:

```
for 变量 in 可迭代对象:
    循环体语句
```

for-in 循环结构语法解析如下：

(1) 可迭代对象后面为英文冒号；

(2) 循环体的内容可以是一句或多句代码；

(3) 所有循环体均须相对于 for 缩进 4 个空格。

for-in 循环结构的执行逻辑：变量会依次取可迭代对象中的每一个元素，对取的每个元素，都执行一次循环体语句。

**2. for-in 循环结构的语法说明**

for-in 循环结构的语法说明如下：

(1) for-in 循环结构中循环变量的值受到 for-in 循环控制，该变量在循环开始时被自动赋值，且在循环中也能不断更新值。

(2) for-in 循环结构可用于遍历任何可迭代对象，如字符串、列表、元组、字典、集合等。

**例 4.9**　for-in 循环遍历整数序列，代码如下：

```
for i in range(5) :          # range(0,5,1)，生成的序列为[0,1,2,3,4]
    print(i)
```

运行结果如下：

```
0
1
2
3
4
```

**例 4.10**　for-in 循环遍历字符串，代码如下：

```
for x in 'abcde ':
    print(x)
```

运行结果如下：

```
a
b
c
d
e
```

**例 4.11**　for-in 循环遍历字典，代码如下：

```
userInfo = {'kate':'123456', 'tom': '934221', 'lily': 'x^2/2!'}
for user,passwd in userInfo.items():
    print(user,passwd)
```

运行结果如下：

```
kate 123456
```

```
tom 934221
lily x^2/2!
```

**例 4.12**　判断列表中的元素的数据类型，代码如下：

```
for i in [54, 9.4, 'string', True]:
    if isinstance(i, int):
        print('整型数据：', i)
    elif isinstance(i, str):
        print('字符串数据：', i)
    else:
        print('其他数据：', i)
```

运行结果如下：

```
整型数据：54
其他数据：9.4
字符串数据：string
整型数据：True
```

**3. for-in 循环结构常见问题**

for-in 循环结构常见问题如下：

(1) 遗忘数据序列后面的英文冒号(:)；

(2) 循环体语句没有整体相对于 for 缩进 4 个空格。

### 4.3.3　else 子句

Python 的 while 循环结构和 for-in 循环结构都可以定义 else 代码块。

(1) 在 while 循环结构中，当循环条件为 False 时，程序可以执行 else 代码块，示例代码如下：

```
i = 0
while i < 5:
    print('i 小于 5：',i)
    i = i + 1
else:
    print('i 大于等于 5', i)
```

运行结果如下：

```
i 小于 5：　0
i 小于 5：　1
i 小于 5：　2
i 小于 5：　3
i 小于 5：　4
i 大于等于 5
```

(2) 在 for-in 循环结构中，当 for 循环执行完毕时，程序会执行 else 代码块，示例代码如下：

```
for i in range (3) :
    print(i)
else:
    print('执行完毕')
```

运行结果如下：

```
0
1
2
执行完毕
```

**例 4.13**　遍历一个列表，判断符合某条件的元素是否存在，代码如下：

```
# 如果存在就打印输出，不存在就输出'no such element'。
fruit_list = ['apple', 'banana', 'pear', 'peach']
for fruit in fruit_list:
    if fruit == 'apple':
        print('apple exist')
        break
    else:
        print('no such element')
```

运行结果如下：

```
apple exist
```

### 4.3.4　嵌套循环结构

在一个循环体内又包含另一个完整的循环结构，则称之为循环的嵌套。这种语句结构称为多重循环结构。

在多重循环结构中，两种循环(for 循环、while 循环)结构可以相互嵌套，即 while 循环或者 for 循环的循环体中又是一个 while 循环或 for 循环。

for 循环和 while 循环相互嵌套的示例代码如下：

```
# 外层循环
for i in range(0, 2):
    j = 0
# 内层循环
    while j < 3:
        print("i=%d,j=%d"%(i,j))
        j += 1
```

运行结果如下：

```
i=0,j=0
i=0,j=1
```

```
i=0,j=2
i=1,j=0
i=1,j=1
i=1,j=2
```

for 循环和 for 循环相互嵌套的示例代码如下:

```
# 外层循环
for i in range(0, 2):
# 内层循环
    for j in range(0, 3):
        print("i=%d,j=%d"%(i,j))
```

运行结果如下:

```
i=0,j=0
i=0,j=1
i=0,j=2
i=1,j=0
i=1,j=1
i=1,j=2
```

循环嵌套通常用于处理二维数组或列表,或者用于解决需要两个或更多循环变量的问题。下面是一个基本的嵌套循环的示例,这个示例中使用了两个 for 循环。

例 4.14　使用二层嵌套循环来遍历二维列表,代码如下:

```
# 假设二维列表如下所示
matrix = [
    [1, 2, 3],
    [4, 5, 6],
    [7, 8, 9]
]
# 二层嵌套循环遍历二维列表
for row in matrix:
    for element in row:
        print(element)
```

在例 4.14 中,外部循环(for row in matrix)遍历 matrix 的每一行,然后内部循环(for element in row)遍历当前行的每一个元素。所以,这个代码会打印出二维列表 matrix 中的每一个元素。

这只是一个简单的示例,嵌套循环可以用于完成更复杂的任务,例如遍历三维或更高维度的数组,或者在遍历数组的同时,对数组中的元素进行某些操作。假设有一个三维列表,可以使用三层嵌套的 for 循环来遍历它。

例 4.15　使用三层嵌套的 for 循环来遍历三维数组,代码如下:

```
# 假设三维列表如下所示
three_dim_array = [
```

```
        [
            [1, 2, 3],
            [4, 5, 6],
        ],
        [
            [7, 8, 9],
            [10, 11, 12],
        ]
]
# 三层嵌套循环遍历三维列表
for plane in three_dim_array:
    for row in plane:
        for element in row:
            print(element)
```

在例 4.15 中，最外层的循环遍历 three_dim_array 中的每一个"平面"(即二维列表)，然后中间的循环遍历每个平面中的行，最内层的循环遍历每一行中的元素。

接下来看一个在遍历数组的同时对数组中的元素进行操作的示例。假设有一个二维数组，要将它的每个元素的值都乘以 2。

**例 4.16**　使用二层嵌套循环遍历矩阵，并将每个元素乘以 2，代码如下：

```
# 假设二维列表如下所示
matrix = [
    [1, 2, 3],
    [4, 5, 6],
    [7, 8, 9]
]
# 二层嵌套循环遍历二维列表，并对每个元素进行处理
for row in matrix:
    for i in range(len(row)):
        row[i] *= 2
# 打印修改后的矩阵
for row in matrix:
    print(row)
```

运行结果如下：

```
[2, 4, 6]
[8, 10, 12]
[14, 16, 18]
```

例 4.16 中的代码将遍历 matrix 中的每个元素，并将其值乘以 2。注意，在这里使用了 range(len(row)) 来获取当前行的索引，以便可以使用这些索引来修改 row 中的元素。最后，

打印出修改后的矩阵，可以看到每个元素的值已经是原来的两倍了。

需要注意的是，尽管嵌套循环非常有用，但是它们也可能会导致代码变得复杂和难以理解。因此，在使用嵌套循环时，应确保代码清晰、易于阅读，并在可能的情况下，可以尝试使用其他方法(如列表推导式、map 和 reduce 函数等)来简化代码。

**例 4.17**　利用嵌套循环打印九九乘法表，代码如下：

```
for i in range(1,10):
    for j in range(1, i+1):
        print('%d*%d=%d' % (i,j,i*j), end=' ')
        print('\n',end='')
```

运行结果如下：

```
1*1=1
2*1=2 2*2=4
3*1=3 3*2=6 3*3=9
4*1=4 4*2=8 4*3=12 4*4=16
5*1=5 5*2=10 5*3=15 5*4=20 5*5=25
6*1=6 6*2=12 6*3=18 6*4=24 6*5=30 6*6=36
7*1=7 7*2=14 7*3=21 7*4=28 7*5=35 7*6=42 7*7=49
8*1=8 8*2=16 8*3=24 8*4=32 8*5=40 8*6=48 8*7=56 8*8=64
9*1=9 9*2=18 9*3=27 9*4=36 9*5=45 9*6=54 9*7=63 9*8=72 9*9=8
```

### 4.3.5　break 语句

Python 提供了 continue 语句和 break 语句来控制循环结构。除此之外，在函数中使用 return 也可以结束整个循环。

break 语句用于退出 for、while 循环，即提前结束循环，接着执行循环语句的后续语句。某些时候，需要在某些情况下强制终止循环，而不是等到循环条件为 False 时才退出，此时可以使用 break 语句来结束循环，跳出当前循环，示例代码如下：

```
# 一个简单的 for 循环
for i in range(10):
    print('i 的值是：', i)
    if i == 2:
        break                # 执行 break 语句将结束循环体
```

运行结果如下：

```
i 的值是：0
i 的值是：1
i 的值是：2
```

在 Python 多重循环中，break 语句可以用来在任何时候停止或跳出当前循环。当 break 语句被执行时，它将立即终止当前循环，程序流程将执行在循环结构之后的第一条语句。如果在嵌套循环中使用 break 语句，那么它将会只停止最内层的循环，示例代码如下：

```
# 双重 for 循环的示例
for i in range(7):
    for j in range(1, i+1):
        print('i=',i,'j=',j)
        if j % 2 == 0:
            break
```

运行结果如下：

```
i= 1 j= 1
i= 2 j= 1
i= 2 j= 2
i= 3 j= 1
i= 3 j= 2
i= 4 j= 1
i= 4 j= 2
i= 5 j= 1
i= 5 j= 2
i= 6 j= 1
i= 6 j= 2
```

下面是一个在嵌套循环中使用 break 语句的示例，这个示例中，在二维列表中搜索特定的元素，一旦找到就跳出整个嵌套循环。

**例 4.18**　在二维列表中查找特定元素，代码如下：

```
# 假设二维列表如下所示
matrix = [
    [1, 2, 3],
    [4, 5, 6],
    [7, 8, 9]
]
# 要查找的特定元素
target_element = 5
# 使用嵌套循环遍历矩阵
for row in matrix:
    for element in row:
        # 如果找到目标元素，则打印并跳出整个嵌套循环
        if element == target_element:
            print(f"Found {target_element} at {row}")
            break          # 跳出当前行的循环
    else:
        # 如果当前行中没有找到目标元素，则继续下一行
        continue
```

```
    break    # 当内层循环跳出时，外层循环也跳出
# 如果没有找到目标元素，则打印一条消息
else:
    print(f"{target_element} not found in the matrix")
```

运行结果如下：

```
Found 5 at [4, 5, 6]
```

在例 4.18 中，break 语句在找到目标元素时立即终止了内层循环(即当前行的遍历)，然后通过 break 语句在外层循环中也立即停止了遍历。如果在整个二维列表中都没有找到目标元素，则 else 子句将执行，打印出未找到的消息。

需要注意的是，在 for 循环中，break 语句只能跳出最内层的循环。如果需要直接跳出多层循环，则可以考虑使用其他结构，如异常处理等。

### 4.3.6  continue 语句

continue 语句类似于 break 语句，也必须在 for、while 循环中使用。但它结束本次循环，即跳过循环体内自 continue 下面尚未执行的语句，返回到循环的起始处，并根据循环条件判断是否执行下一次循环。

continue 语句和 break 语句的区别在于：continue 语句只忽略当次循环的剩余语句，接着开始下一次循环，不会终止循环；而 break 语句则完全终止循环。与 break 语句相类似，当多个 for、while 循环相互嵌套时，continue 语句只应用于最内层的循环。continue 语句的示例代码如下：

```
for i in range(0,3):
    print('i 的值：', i)
    if i == 1:
        # 忽略本次循环
        continue
print("continue 后面的输出语句")
```

运行结果如下：

```
i 的值：0
continue 后面的输出语句
i 的值：1
i 的值：2
continue 后面的输出语句
```

在 Python 的多重循环中，continue 语句用于跳过当前循环迭代的剩余部分，并立即开始下一次迭代。如果 continue 语句位于嵌套循环中，则它将仅跳过当前最内层循环的剩余部分。

下面是一个在嵌套循环中使用 continue 的示例。

**例 4.19**  遍历二维列表，并跳过所有值为 0 的元素，代码如下：

```
# 假设二维列表如下所示
```

```
matrix = [
    [1, 0, 3],
    [0, 5, 6],
    [7, 0, 9]
]
# 遍历二维列表
for row in matrix:
    for element in row:
        # 如果元素的值为 0，则跳过此次循环迭代
        if element == 0:
            continue
        # 打印非零元素
        print(element)
```

运行结果如下：

```
1
3
5
6
7
9
```

　　例 4.19 中，当遇到值为 0 的元素时，continue 语句会使程序跳过当前迭代的剩余部分，即跳过 print(element) 语句，并立即开始下一次迭代。因此，输出结果将不包含任何 0 值。

　　特别注意，continue 语句仅影响当前循环的迭代，它不会跳过外层循环的迭代。如果需要在遇到特定条件时完全跳过外层循环的当前迭代并进入下一次迭代，那么在外层循环中也需要使用 continue 语句。例 4.20 展示了如何在嵌套循环中使用 continue 语句来跳过外层和内层循环的当前迭代。

　　**例 4.20**　打印二维列表所有不在第一行且不为 0 的元素，代码如下：

```
# 假设二维列表如下所示
matrix = [
    [1, 0, 3],
    [4, 5, 0],
    [0, 7, 9]
]
# 遍历二维列表
for i, row in enumerate(matrix):
    for element in row:
        # 如果元素在第一行或者元素的值为 0，则跳过此次循环迭代
        if i == 0 or element == 0:
            continue
```

```
        # 打印非零且不在第一行的元素
        print(element)
```

运行结果如下：

```
5
7
9
```

例 4.20 中，continue 语句会在满足任一条件时跳过当前内层循环的迭代，并继续检查下一个元素。外层循环的索引 i 用于判断当前是否在第一行。输出结果将不包含第一行的任何元素和所有值为 0 的元素。

## 4.4　拓展案例与思考

案例：用 C 语言实现顺序、分支、循环 3 种程序结构。

可以对比分析 C 语言和 Python 语言在实现 3 种程序结构时的语法差异。使用 C 语言实现的 3 种程序结构案例如下：

（1）顺序结构：实现两个数相加，代码如下。

```c
#include <stdio.h>
int main() {
int a = 5;
int b = 10;
int c = a + b;
printf("c = %d\n", c);
return 0;
}
```

（2）分支结构：判断用户输入年份是否为闰年，代码如下。

```c
#include <stdio.h>
int isLeapYear(int year) {
    if ((year % 4 == 0 && year % 100 != 0) || (year % 400 == 0)) {
        return 1;      // 是闰年
    } else {
        return 0;      // 不是闰年
    }
}
int main() {
    int year;
    printf("请输入一个年份：");
    scanf("%d", &year);
```

```
    if (isLeapYear(year)) {
        printf("%d 是闰年\n", year);
    } else {
        printf("%d 不是闰年\n", year);
    }


    return 0;
}
```

(3) 循环结构：计算 n 的阶乘，代码如下。

```
#include <stdio.h>
int main()
{
    int i,n;
    double sum=1;          //sum 定义为双精度浮点型
    scanf("%d",&n);
    for(i=1;i<=n;i++)
       {
           sum=sum*i;      //for 循环体，将 sum 乘以 i 的值赋值给 sum
       }
    printf("%d!=%lf",n,sum); //输出结果为浮点型数据，默认保留 6 位小数
    printf("\n");
    return 0;
}
```

**思考**：如何计算自己的平均学分绩点(Grade Point Average，GPA)成绩？

计算 GPA 成绩有多种"标准"，如 4 分制、4.3 分制和 5 分制，也有不同的算法。常见的算法有标准算法、北大算法、浙大算法、中科大算法、上交大算法和 WES 算法等。编程实现 GPA 计算，要求如下：

(1) 用 C 语言或者 Java 语言编写程序；

(2) 用 Python 语言编程实现 GPA 计算，并对比两者的异同。

# 习    题

## 一、选择题

1. 在 Python 中，实现多分支选择结构的较好方法是(        )。

A. if               B. if-else               C. if-elif-else               D. if 嵌套

2. 下面用 if 语句统计"成绩(mark)优秀的男生以及不及格的男生"的人数中正确的语句为(    )。

A. if gender=="男" and mark<60 or mark>=90:n+=1

B. if gender=="男" and mark<60 and mark>=90:n+=1

C. if gender=="男" and (mark<60 or mark>=90):n+=1

D. if gender=="男" or mark<60 or mark>=90:n+=1

3. 以下关于程序控制结构的描述中错误的是(    )。

A. 单分支结构是用 if 保留字判断是否满足一个条件，如果满足条件，就执行相应的处理代码

B. 双分支结构是用 if-else 根据条件的真假执行两种不同的处理代码

C. 多分支结构是用 if-elif-else 处理多种可能的情况

D. 在 Python 的程序流程图中可以用处理框表示计算的输出结果

4. 以下关于分支和循环结构的描述中错误的是(    )。

A. Python 在分支和循环语句里使用例如 x<=y<=z 的表达式是合法的

B. 分支结构中的代码块是用冒号来标记的

C. while 循环如果设计不合适可能会出现死循环现象

D. 双分支结构的 if-else 形式适合用来控制程序分支

5. 以下程序的输出结果是(    )。

    t = "Python"

    print(t if t>="python" else "None")

A. Python            B. python            C. t            D. None

6. 设 x = 10、y = 20，下列语句能正确运行结束的是(    )。

A. max = x >y ? x : y                    B. if(x>y) print(x)

C. while True: pass                      D. min = x if x < y else y

7. 以下关于 Python 的控制结构的描述中错误的是(    )。

A. 每个 if 条件后要使用冒号(：)

B. 在 Python 中没有 switch-case 语句

C. Python 中的 pass 是空语句，一般用作占位语句

D. elif 可以单独使用

8. 下列 for 语句中，在 in 后使用不正确的是(    )。

    for var in:

    print(var)

A. (1)                              B. set('str')

C. [1, 2, 3, 4, 5]                  D. range(0, 10, 5)

9. 以下关于循环控制语句的描述中错误的是(    )。

A. Python 中的 for 语句可以在任意序列上进行迭代访问，例如列表、字符串和元组

B. 在 Python 中 if…elif…elif…结构中必须包含 else 子句

C. 在 Python 中没有 switch-case 的关键词，可以用 if…elif…elif…来等价表达

D. 循环可以嵌套使用，例如一个 for 循环中有另一个 for 循环，一个 while 循环中有一

个 for 循环等

10. 下面程序的输出结果是(　　)。

for i in range(0,2):

print (i)

A. 0 1 2　　　　　　B. 1 2　　　　　　C. 0 1　　　　　　D. 1

**二、编程题**

1. 编程实现：打印出所有的水仙花数字。所谓的水仙花数字，是一个三位数字，其各位数字的立方的和等于该数字本身，例如 $153 = 1^3 + 5^3 + 3^3$。

2. 编程实现：假设银行利率如表 4-2 所示，试输入任意一笔金额，计算到期后的本息总额。

表 4-2　银 行 利 率

| 存款年限 | 存款利率 |
| --- | --- |
| 1 | 1.75% |
| 2 | 1.95% |
| 3 | 2.0% |
| 4 | 2.25% |

3. 编程实现猜数字游戏。

要求如下：

(1) 系统随机生成一个 1～50 的数字；

(2) 用户共有 3 次猜测的机会；

(3) 如果用户猜测的数字大于系统给出的数字，则打印 "too big"；

(4) 如果用户猜测的数字小于系统给出的数字，则打印 "too small"；

(5) 如果用户猜测的数字等于系统给出的数字，则打印 "恭喜中奖"；

(6) 如果超出 3 次机会，则提示"你的机会用完了"。

# 第 5 章　函　数

## 学习目标

(1) 掌握 Python 函数的定义和调用；

(2) 理解形参与实参的概念及函数参数传递的方法；

(3) 熟悉 lambda 表达式的定义及使用；

(4) 掌握变量的作用域概念及局部、全局作用域的区别；

(5) 学会局部函数和递归函数的使用，初步认识高阶函数；

(6) 了解可迭代对象、迭代器和生成器的概念。

## 5.1　函数概述

函数是编程中的基本概念，其本质是一段可重复使用的代码块，用于执行特定任务。函数通过接受输入参数，并在执行期间执行特定操作，特定操作完成后可能返回一个值。函数通过函数名进行调用，并可以在程序中被多次调用，避免了重复编写相同的代码，提高了代码的复用性和可维护性。函数在程序中起到了组织和结构化代码的作用，使得程序更易于理解和维护。

在 Python 等高级语言中，函数是非常重要的概念，它们是构建更大型、更复杂程序的基础。一个 Python 程序通常由若干个函数构成。在前面章节的学习中，我们已经接触到 print()、input()、len()、sum()等函数，并且感受到了 Python 编程语言简洁的特性。借助 Python 内置的这些函数功能，编程人员能在有限代码的基础上快速实现应用开发。

当用 Python 编程实现了特定的功能并且需要反复使用这个 Python 程序时，不必每次都编写同样的代码，正确的做法是将这些需要反复使用的程序封装成函数，在每次需要调用函数时，直接通过函数名调用函数完成特定的功能即可。

函数调用时须接收参数以实现特定功能。相对于函数调用者而言，函数实现特定功能的过程是一个"黑箱子"，函数调用者只需要知道传入参数的个数和对应参数的数据类型即可调用函数完成特定的功能并获取函数返回值(返回值也可以缺省)。函数的调用过程可以抽象成如图 5-1 所示的过程。

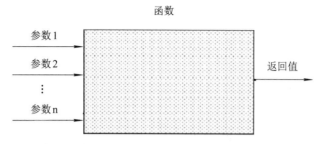

图 5-1　函数的调用过程示意图

对于函数调用者而言，调用函数是一个较为简单的过程。但对于函数的定义者而言，必须要明确 3 个问题：

(1) 实现该函数的特定功能需要依赖哪些外部输入的参数；

(2) 如何利用外部输入的参数完成特定功能的程序编写；

(3) 实现函数功能之后，函数是否需要返回值，以及确定返回值的数量。

## 5.2　函数的定义和调用

本节主要介绍函数定义、函数调用的方法以及函数帮助文档的使用，并探讨函数如何通过返回值输出处理结果。

### 5.2.1　函数的定义

函数定义的语法形式如下：

```
def 函数名(形参列表)：
    函数体语句
    return [返回值]
```

通常将上述语法中第一行 def 的部分称为函数头，而将除第一行以外的其他语句称为函数体。关于函数定义的语法，有如下几点说明：

(1) 函数定义的关键字：必须使用 def 关键字来进行函数的定义。

(2) 函数名：可以为定义的函数指定任何的函数名，但不要把 Python 关键字用作函数名，并且必须按照 Python 标识符命名规则来命名函数。

(3) 形参列表：函数用来接收外部传入数据的参数集合。形参列表由多个形参组成，多个形参之间用英文逗号(,)隔开。定义形参时，只需要给出参数名即可，可以不说明参数的数据类型，并且形参列表也可以为空。

(4) 函数体开始的标记：形参列表之后必须跟一个英文的冒号(:)，以示后续开启函数体的编写。

(5) 函数体语句：函数体内部用于实现特定功能的函数语句集合，函数内可以有任意数量的语句，但它们必须相对于 def 关键字缩进 4 个空格。这个语法与之前学习的 for 循环和 if 选择结构相似。

(6) 函数返回值：在函数体语句中如有给函数调用者返回值的需求，则可根据实际情况在函数的适当位置加入 return 语句(函数可以没有 return 语句)。特别注意的是：在函数内部，当执行到 return 语句时，函数执行结束。

**例 5.1**　无返回值的函数定义，代码如下：

```
def hello():
    """This function says hello and greets you"""
    print("Hello")
    print("Glad to meet you")
```

上面的程序中定义了一个名为 hello()的函数，函数的形参列表为空，表明函数没有接收任何参数。在函数体语句中，第 2 行代码有一个用""""""包起来的字符串，该字符串称为函数的文档字符串，通常记录关于函数功能的说明，可以通过<function_name>.__doc__来访问关于函数的文档字符串。第 3 行和第 4 行代码分别在控制台中输出"Hello"和"Glad to meet you"。hello 函数并无函数返回值。

**例 5.2**　有返回值的函数定义，代码如下：

```
def getRectSquare(width, length):
# 计算长方形的面积，并将结果赋值给 s
    s = width * length
    # 将 s 的值返回给函数调用者
    return s
```

例 5.2 的程序中定义了一个名为 getRectSquare()的函数，通过函数的形参列表接收两个参数 width 和 length，分别表示长方形的宽度和长度。函数体语句中，通过计算 width*length 得到长方形的面积，并将结果赋值给变量 s，最后通过 return s 语句将长方形的面积返回给函数调用者。

## 5.2.2　函数的调用

通过 def 关键字定义的函数只是一个函数对象，并不占用计算机的内存，也没有真正地使该函数得到运行。必须通过函数调用的方式才能使得函数运行起来，这个过程称为函数调用。

调用函数的方法是通过函数名引用它，函数名后面必须要跟括号，括号内部写函数的实参列表。

函数调用语法如下：

函数名(实参列表)

关于函数调用，有如下两点说明：

（1）函数名：为用户定义的函数的名字，如上面定义的 hello、getRectSquare，还有 Python 内置的函数，如 sum、max、print 等。特别注意函数名后面的括号不能缺少。

（2）实参列表：函数调用者调用函数时需要给函数传递的实参，如果函数定义语句中没有形参列表，则在函数调用时，实参列表应该为空。

下面以 hello() 函数的调用作为示例演示如何调用函数，由于 hello() 函数没有形参列表，故在调用 hello() 函数时括号内不需要填写内容，即可实现对函数的调用，示例代码如下：

```
hello()
```

运行结果如下：

```
Hello
Glad to meet you
```

当函数的定义有形参列表时，在调用函数时需要给函数传递实参。

```
x = 3
y = 4
s = getRectSquare(x, y) # 调用函数计算长方形面积
print("s=%.2f" % s)
```

运行结果如下：

```
s=12.00
```

上述代码在第 3 行调用了 getRectSquare() 函数，实参 x 和 y 分别将参数传递给了形参 width 和 length，getRectSquare() 函数基于这两个外部传入的参数计算得到长方形的面积并将面积的值返回给函数调用者，函数调用者将函数返回的值赋值给变量 s，程序最后在终端输出变量 s 的值。

通过函数名和实参列表直接引用函数是函数调用的直接调用。如下代码示例直接调用了 getRectSquare() 函数。

```
getRectSquare (1, 2)        # 输出结果 2
```

除了函数的直接调用以外，也可以在赋值表达式、算术表达式或关系表达式中调用函数，并将函数返回值用于表达式计算。

（1）在赋值表达式中调用函数，代码如下：

```
# 计算宽为 1、长为 2 的长方形的面积
x = getRectSquare(1, 2)
print(x)                    # 程序输出结果 2
```

（2）在算术表达式中调用函数，代码如下：

```
# 计算宽为 1、长为 2 的长方形与宽为 2、长为 4 的长方形的面积总和
y = getRectSquare(1, 2) + getRectSquare(1, 4)
```

（3）在关系表达式中调用函数，代码如下：

```
if getRectSquare(2, 4) > 4:
    print("长方形面积大于 4")
else:
    print("长方形面积小于等于 4")
```

### 5.2.3　函数的帮助文档

在编写函数时，建议为函数的定义添加文档字符串，用以解释函数的简要说明。用户可通过函数名的 __doc__ 属性访问函数的文档字符串，或者通过 help()函数查看关于函数的用法和参数说明。help()函数会提供比 __doc__ 属性更加详细的函数说明。同时 help()也会以更为友好的形式输出函数说明。

(1) 通过<函数名.__doc__>的调用方式查看某个函数的文档字符串，通常文档字符串中定义的是关于该函数的功能说明、参数说明和返回值说明，示例代码如下：

```
hello.__doc__
```

运行结果如下：

```
This function says hello and greets you
```

(2) 通过 help()查看函数的说明，help()不仅可以查看函数的详细说明，也可以查看某个类、某个对象或者某个模块的详细说明。help()函数在输出函数说明时，会以一种友好的输出方式来输出函数的具体说明，示例代码如下：

```
help(sum)
```

运行结果如下：

```
Help on built-in function sum in module builtins:
sum(iterable, /, start=0)
Return the sum of a 'start' value (default: 0) plus an iterable of numbers

When the iterable is empty, return the start value.
This function is intended specifically for use with numeric values and may
reject non-numeric types.
```

## 5.3　函数的返回值

函数返回值是指函数执行完成后返回给函数调用者的数据。返回值可以是任何类型的数据，包括整数、浮点数、字符串、列表、字典等。函数可以不返回值、返回单个值，也可以返回多个值，多个值之间用逗号分隔。

返回值可以用来向调用者传递函数执行的结果或者状态信息，后续的操作中可以使用这些返回值。

在 Python 函数中，使用 return 语句来指定函数的返回值。当函数执行到 return 语句时，函数将会立即终止，并将 return 语句后面的表达式的值返回给函数调用者。

例 5.1 代码中的 hello()函数体中并无 return 语句，因此调用 hello()函数不会获得函数返回值。

例 5.2 代码中的 getRecSquare()的最后一行 return s 即是函数返回一个值的示例，表示将函数体中计算得到的长方形面积返回给函数调用者。

**例 5.3**　函数返回多个值的情形，代码如下：

```
# 计算矩形的面积和圆的周长，此函数可以返回多个函数值
def square_cycle(height, width):
    s = height*width
    c = 2*(height+width)
    return s, c

result = square_cycle(3,4)    #1 直接返回结果(封装成元组)
print(result)
s1, c1 = square_cycle(3,4)   #2 元组解包，用多个变量接收函数返回值
print(s1, c1)
```

运行结果如下：

```
(12, 7)
12, 7
```

例 5.3 函数定义的函数体语句中，return s,c 语句表明函数应同时返回 2 个值。Python 程序规定当函数同时返回多个函数值(大于等于 2 个)时，会自动将所返回的多个值封装为元组。如当 #1 所示调用函数并获取返回值将其赋值给 result 变量时，result 的结果是一个元组。如当 #2 所示调用函数并在赋值号左侧使用两个变量来获取返回值时，则每个变量会依次获取对应参数的值，这就是 Python 提供的序列解包的功能。

## 5.4　函数参数传递的方式

在 5.2.1 小节中提到，定义 Python 函数需要设置形参列表，形参列表用于接收函数调用者向其传递的参数值，函数再根据接收到的参数值进行相应的处理。例 5.3 中的代码"result = square_cycle(3,4)"演示了最常见的函数参数传递方式：位置传参，即程序会按照实参的顺序将 3 和 4 的值依次传递给形参 height 和 width。

Python 提供了多种灵活的参数传递方式，以满足不同的编程需求。常见的传参方式包括位置传参、关键字传参、默认传参以及可变参数等。下面详细介绍这些传参方式。

### 5.4.1　位置传参

按照函数定义时默认的参数位置来传递实参的过程称为位置传参。通过位置传参的方式确定的实参称为位置参数。使用位置传参时，实参的值的顺序必须和形参的顺序完全一致，实参的值的个数也必须和形参的值的个数完全相同。位置传参的示例代码如下：

```
def filter_sth(L, s):
    # 函数体语句，实现过滤 L 中的 s
    L_new = []
    for i in L:
```

```
        if i ! = s:
            L_new.append(i)
    # 将过滤好之后的 L_new 返回给函数调用者
    return L_new
filter_sth([3, 4, 2, 2, 1, 2,3], 2)            # 调用函数，实现列表元素的过滤
```

运行结果如下：

```
[3, 4, 1, 3]
```

上述代码中定义了一个函数，用来过滤掉指定列表 L 中的特定元素 s。函数体中，首先新建一个空列表 L_new，继而通过 for 循环遍历 L 中的每个元素 i，并同时判断元素 i 的值是否与 s 相同，将与 s 值不同的元素添加到 L_new 中，最后 L_new 中存储的都是与 s 不同的元素，即实现了过滤 L 中特定元素 s 的算法。

filter_sth 函数接收 2 个参数，分别是列表 L 和元素 s。在通过函数调用语句 filter_sth([3, 4, 2, 2, 1, 2, 3], 2)调用函数时，给 filter_sth()函数传递了 2 个参数，函数调用语句的第一个参数[3, 4, 2, 2, 1, 2, 3]传递给形参 L，第二个参数 2 传递给形参 s。

如果在位置传参时，交换了正确的实参顺序，则调用函数时容易发生意想不到的错误。如果将实参[3, 4, 2, 2, 1, 2, 3]和 2 的位置交换之后，则会出现报错，示例代码如下：

```
filter_sth(2, [3, 4, 2, 2, 1, 2, 3])            # 调用函数
```

运行结果如下：

```
TypeError    Traceback (most recent call last)
TypeError: 'int' object is not iterable
```

上述代码将实参 2 传递给了形参 L，将实参[3, 4, 2, 2, 1, 2, 3]传递给了形参 s，显然在执行 for i in L 时即会产生报错，因为 L 中是一个整型变量，不是可迭代对象，无法通过 for 循环来遍历。

## 5.4.2  关键字传参

除了可以通过位置传参的方法来传递参数外，Python 还可以通过在函数调用时指定参数名的方法来传入参数值。使用这种方法时，Python 会按照参数的名字来选择将实参的值传递给对应的形参，此时函数调用语句无须按照定义时的形参顺序进行参数传递。通过参数名来传递参数的方式称为关键字传参。关键字传参时给实参指定的参数名称为关键字参数。

关键字传参不影响函数的定义，只需在调用函数时，对实参指定参数名即可。上一小节中，运行代码 filter_sth(2, [3, 4, 2, 2, 1, 2, 3])会报错，现在给 filter_sth()函数的形参列表指定参数名称，示例代码如下：

```
filter_sth(s=2, L=[3, 4, 2, 2, 1, 2, 3])
```

运行结果如下：

```
[3, 4, 1, 3]
```

在给实参 2 和[3; 4, 2, 2, 1, 2, 3]指定参数名称之后，程序就可以正确传递参数并执行代码了。

### 5.4.3 默认传参

在有些情况下，有些参数可以在定义时直接指定一个默认值。这样在调用函数时，若不需要更改默认参数值，则无须为该参数传入值，而直接使用该参数的默认值即可。这种传参方式称为默认传参。

默认传参要求用户在自定义函数时为这个参数指定默认的参数值，函数调用时可以不给这个参数传值而使用默认值，也可以给这个参数传递一个新值覆盖原有的默认值。下面对 filter_sth()函数进行修改，修改后的程序如下：

```
def filter_sth(L, s=3):
    L_new = []
    for i in L:
        if i != s:
            L_new.append(i)
    return L_new
```

上述程序对 filter_sth()函数的形参列表进行了修改，将该函数的第二个参数 s 指定为默认值 3，其余的程序不变。当调用含有默认参数的函数时，可以与位置传参、关键字传参一样，示例代码如下：

```
filter_sth([3, 4, 2, 2, 1, 2, 3], 2)
# 或者 filter_sth(L=[3, 4, 2, 2, 1, 2, 3], s=2)
```

运行结果如下：

```
[3, 4, 1, 3]
```

当调用含有默认参数的函数时，也可以不给默认参数传递值，此时 s 的参数则默认为定义时的 3，示例代码如下：

```
filter_sth([3, 4, 2, 2, 1, 2, 3])
```

运行结果如下：

```
[4, 2, 2, 1, 2]
```

上述代码实现的功能是过滤列表[3, 4, 2, 2, 1, 2, 3]中的数字 3，可以看到原列表中的元素 3 都被过滤掉了。

需要注意的是，定义函数时，默认参数必须置于非默认参数的后面，否则定义函数时系统会报错，示例代码如下：

```
def filter_sth(s=3, L):      # 将默认参数放置到位置参数前面
    # 函数体语句，实现过滤 L 中 s 的功能
    L_new = []
    for i in L:
        if i != s:
            L_new.append(i)
    return L_new
```

运行结果如下：

```
Input In [44]
    def filter_sth(s=3, L):
SyntaxError: non-default argument follows default argument
```

### 5.4.4　可变参数

Python 允许定义个数可变的参数，这样可以在调用函数时传递任意多个参数。在形参前面增加一个星号(*args)意味着该参数可以收集多个位置传参的参数值，多个位置参数将被作为元组整体传给带*的参数。

**例 5.4**　可变参数的定义与调用，代码如下：

```
def collect_parameters(*args, a=4):
    """
    这个函数可以收集任意数量的位置参数和关键字参数，并分别打印它们
    """
print("位置参数(args):")
print(args)
print(a)


collect_parameters(1, 2, 3, a=4)
```

运行结果如下：

```
位置参数(args):
(1,2,3)
4
```

例 5.4 中，无论实参中有多少个位置参数，都会被收集起来，并以元组的形式组合在一起赋值给变量 args。需要注意的是：一个函数最多只允许出现一个支持"普通"参数收集的形参，即一个函数只能有一个形参带*。

Python 还提供了可变关键字参数。对于函数实参列表中的关键字参数，可以在函数定义时定义一个收集所有关键字参数的形参变量，这样的变量需要使用两个连续的星号(**kwargs)修饰，这样操作后系统会将这种关键字参数收集成字典，并将这个字典传递给形参。

**例 5.5**　可变关键字参数的定义与调用，代码如下：

```
def collect_parameters(*args, **kwargs):
    """
    这个函数可以收集任意数量的位置参数和关键字参数，并分别打印它们
    """
    print("位置参数(args):")
    for arg in args:
        print(arg)
```

```
        print("\n 关键字参数(kwargs):")
        for key, value in kwargs.items():
            print(f"{key}: {value}")


# 示例调用
collect_parameters(1, 2, 3, a="Hello", b="World")
```
　运行结果如下:
```
位置参数(args):
1
2
3
关键字参数(kwargs):
a: Hello
b: World
```

　　上述代码定义了一个位置参数收集的变量 args 和一个关键字参数收集的变量 kwargs，args 变量用于收集个数可变的位置参数，而 kwargs 变量用于收集个数可变的关键字参数。所以在执行函数调用语句 collect_parameters(1, 2, 3, a = "Hello", b = "World")之后，args 变量中收集了实参列表中的位置参数 1,2,3，并将其封装为元组，kwargs 收集了实参列表中的所有关键字参数，并将其封装为字典{'a': 'Hello', 'b': 'World'}。需要注意的是：一个函数可同时包含最多一个位置参数的形参和一个可变关键字参数的形参。

## 5.5　函数参数的传递机制

　　函数的参数传递不仅决定了函数如何处理输入数据，还影响着变量的作用域和程序的内存管理。在 Python 中，函数参数传递的机制涉及传值调用和传引用调用的混合模式，理解这一机制有助于避免常见的编程错误。下面首先介绍传值调用和传引用调用的概念，再介绍二者的底层机制。

### 5.5.1　传值调用

　　在传值调用中，主调函数的实参在调用时会被复制一份，然后将这份复制的值传递给函数的形参。此时函数内部的形参和函数外部的实参是两个不同内存中的同值数据，因此函数内部对形参的操作不会影响到函数外部实参的值。
　　例 5.6　函数的传值调用，代码如下:
```
def modify_value(x):
    x += 10
    print("Inside function:", x)
```

```
value = 5
modify_value(value)
print("Outside function:", value)
```

运行结果如下：

```
Inside function: 15
Outside function: 5
```

在例 5.6 中，虽然在函数内部修改了形参 x 的值，使其变成 15，但这个修改不会影响到函数外部实参 value 的值。

### 5.5.2　传引用调用

在传引用调用中，函数的实参向形参传递的是对实参变量的引用(即地址)，此时实参和形参共同引用同一个对象，若在函数内部对形参进行修改，则会直接影响到实参变量的值。

**例 5.7**　函数的传引用调用，代码如下：

```
def modify_list(lst):
    lst.append(4)
    print("Inside function:", lst)


my_list = [1, 2, 3]
modify_list(my_list)
print("Outside function:", my_list)
```

运行结果如下：

```
Inside function: [1, 2, 3, 4]
Outside function: [1, 2, 3, 4]
```

在例 5.7 中，函数内部对列表 lst 进行了修改，给 lst 的尾部添加了一个数据 4，这个修改同样反映在了函数外部的实参变量 my_list 上。

### 5.5.3　Python 的传参机制

Python 的传参机制实际上是一种混合了传值调用和传引用调用的方式，具体来说：

(1) 对于不可变对象，如数字、字符串和元组，Python 使用传值调用，即形参会重新拷贝一份和实参值相同的新对象。所以函数内部对形参对象的操作不会影响到函数外部的实参对象。

**例 5.8**　不可变对象的参数传递，代码如下：

```
def modify_string(s):
    s += " World"
    print("Inside function:", s)


my_string = "Hello"
```

```
modify_string(my_string)
print("Outside function:", my_string)
```

运行结果如下：

```
Inside function: Hello World
Outside function: Hello
```

例 5.8 中定义了一个名为 modify_string 的函数，接受一个参数 s。函数调用语句 modify_string(my_string)在调用函数时传递的实参 my_string 是个字符串，是一个不可变对象，因此参数传递采用传值调用，此时形参 s 和实参 my_string 指向的字符串并不是同一个对象，函数内部对 s 进行字符串拼接 s += " World"的操作不会影响到函数外部的实参 my_string。所以程序在执行函数体内的 print()时，打印的是发生拼接操作之后的字符串"Hello World"，函数体外的 print()函数输出的是"Hello"。

(2) 对于可变对象，如列表、字典和集合等，Python 使用的是传引用调用，实参向形参传递的是某可变对象的引用(地址)，此时实参和形参引用的对象为同一个对象，若在函数体内对形参进行修改，则函数体外的实参对象也会发生同步修改。

例 5.9　可变对象的参数传递，代码如下：

```
def modify_dict(d):
    d["key"] = "value"
    print("Inside function:", d)


my_dict = {"old_key": "old_value"}
modify_dict(my_dict)
print("Outside function:", my_dict)
```

运行结果如下：

```
Inside function: {'old_key': 'old_value', 'key': 'value'}
Outside function: {'old_key': 'old_value', 'key': 'value'}
```

例 5.9 中定义了一个名为 modify_dict 的函数，接受一个参数 d。函数调用语句 modify_dict(my_dict)在调用函数时传递的实参 my_dict 是个字典，它是一个可变对象，因此参数传递采用传引用调用，此时形参 d 和实参 my_dict 指向的字典是同一个对象，函数内部对 d 进行元素修改 d["key"] = "value" 的操作会影响到函数外部的实参 my_d。所以函数体内部和外部在执行 print()输出时，其结果是一致的，都是输出同一个字典对象，该对象的值是{'old_key': 'old_value', 'key': 'value'}。

综上所述，Python 在参数传递时究竟采用的是传值调用还是传引用调用，具体取决于实参的类型。如果实参是不可变对象(如数字、字符串和元组)，则 Python 使用传值调用，此时函数内的形参和函数外的实参是一对同值但不同引用的对象，函数内部对形参的修改不会影响到函数外部的实参对象；如果实参是可变对象(如列表、字典和集合)，则 Python 使用传引用调用，函数内部对参数的修改会直接影响到原始对象。这种灵活的传参机制使得 Python 在处理不同类型的数据时更加方便和高效。

# 5.6    lambda 表达式

Python 中的 lambda 表达式是一种匿名函数，用于创建轻量级、不需要显式定义的函数。

## 5.6.1    lambda 表达式的定义

lambda 表达式可以用来声明匿名函数，匿名函数就是没有函数名字、临时使用的小函数。lambda 表达式尤其适用于需要一个函数作为另一个函数参数的场合。当然也可以将 lambda 表达式赋值给变量，作为具名函数使用。lambda 表达式只能包含一个表达式，该表达式的计算结果可以视为函数的返回值。表达式中不允许包含复合语句，但是可以调用其他函数。

lambda 表达式的语法如下：

```
lambda [参数列表]:表达式
```

如下程序定义了一个 lambda 表达式，这是个匿名函数，x 是输入，x**2 是输出，这个函数接收一个参数 x，函数返回 x**2，即与函数 pow(x,2)效果一致。

```
lambda x: x**2
```

## 5.6.2    lambda 表达式的使用

通常会将 lambda 表达式用于 map、filter、reduce 等高阶语法中，示例代码如下：

```
list(map(lambda x:x*x, [1,2,3]))
```

运行结果如下：

```
[1, 4, 9]
```

上述代码可以直接将计算列表中的每个元素都进行求平方运算。

如下程序定义了一个名为 square 的 lambda 表达式的函数，通过将 lambda 表达式赋值给变量 square，square 即成为一个函数名，square()的功能是计算并返回 x 的平方。

```
square = lambda x: x*x
```

上述程序等价于函数定义：

```
def square(x):
    return x*x
```

无论通过上述哪种方式定义了 square 函数，都可以调用 square()函数计算某个数的平方，示例代码如下：

```
square(3)        # 调用 square 函数计算 3 的平方
```

运行结果如下：

```
9
```

当然，lambda 函数可以接收多个参数。比如需要定义一个函数计算 x,y,z 3 个变量的和，传统的通过 def 定义函数的代码如下：

```
# 通过 def 定义一个函数
def f1(x, y, z):
    return x+y+z
```

通过 lambda 表达式定义这个函数的代码如下：

```
# 通过 lambda 表达式定义一个函数，并给这个函数取名为 f2
f2 = lambda x, y, z: x+y+z
```

以下程序调用 f1 和 f2 函数进行计算，两者的计算结果是一样的。

```
print(f1(1,2,3))
print(f2(1,2,3))
```

运行结果如下：

```
6
6
```

### 5.6.3　lambda 表达式的意义

lambda 表达式是一种简单的函数对象(只适合函数体为单行的情形)，不适合复杂函数的创建。lambda 表达式有以下两个优点：

(1) 对于单行函数，lambda 表达式让代码更简洁。

(2) 对于不需要复用的函数，使用 lambda 表达式可以在用完之后立即释放，从而提高了程序性能。

## 5.7　变量的作用域

在 Python 中，变量的作用域是指变量有效的区域，作用域决定了变量在程序的哪个部分是可见的。

### 5.7.1　作用域的分类

#### 1. 局部作用域和局部变量

在函数或者类中定义的变量，包括形参，都被称为局部变量。局部变量的作用范围称为局部作用域。局部变量只能在函数内部或者类内部被访问，外部无法访问。当函数或类在被执行时，系统会为其分配一个"临时内存空间"，所有的局部变量都被保存在其内部。当函数执行完成后，这块内存就被释放了，这些局部变量也就失效了，因此局部变量的作用域仅限于函数内部或者类内部。

例 5.10　局部变量的示例，代码如下：

```
def my_function():
```

```
    x = 10
    print("Inside function:", x)


my_function()
print(x)                # 这里会抛出 NameError: name 'x' is not defined
```

在这个示例中，变量 x 是在函数 my_funcition 内部定义的，因此它只能在函数内部被访问，尝试在函数外部访问 x 将会导致 NameError 错误。

Python 提供了 locals()函数，它返回一个包含当前作用域中所有局部变量和它们的值的字典。locals()函数可以在函数内部调用，以了解该函数内部的局部变量及其值；也可以在全局作用域内调用，这时，返回的是全局作用域中的所有变量及其值。

**例 5.11**    函数 locals()的使用示例，代码如下：

```
def test():
    age = 20                # 局部变量
    print(age)


    # 访问函数局部范围内的 "变量字典"
    print(locals())


test()


# 在全局作用域内调用 locals 函数，访问的是全局变量的 "变量字典"
print(locals())
```

**2. 全局作用域和全局变量**

在函数外部或类外部、全局范围内定义的变量统称为全局变量。全局变量的作用范围称为全局作用域，意味着这些变量可以在所有函数内被访问。

**例 5.12**    全局变量的示例，代码如下：

```
x = 10
def my_function():
    print("Inside function:", x)


my_function()
print("Outside function:", x)
```

运行结果如下：

```
Inside function: 10
Outside function: 10
```

在这个示例中，变量 x 是在函数外部定义的，因此它属于全局作用域。函数 my_function 内部可以访问全局作用域中的变量 x。

Python 程序提供了 globals()函数，用于返回当前全局作用域中的所有变量和它们的值。

**例 5.13**　函数 globals()的使用示例，代码如下：

```
def test():
    age = 20              # 局部变量
    print(age)


test()
x = 5
y = 20
# globals()函数返回一个全局变量的"变量字典"，包括所有导入的变量
print(globals())
```

## 5.7.2　变量的查找顺序

在 Python 中，当引用一个变量时，解释器会按照一定的顺序查找该变量的值，通常是按照局部作用域(Local)→嵌套作用域(Enclosing function locals)→全局作用域(Global)→内置作用域(Buildin)的顺序查找，因此这个查找顺序被称为 LEGB 规则。

此外，如果局部作用域内定义了一个和全局作用域内同名的变量，那么在函数内部，该局部变量会屏蔽外部的同名全局变量。

**例 5.14**　局部变量屏蔽外部全局变量的示例，代码如下：

```
# 函数体内部定义一个与全局变量同名的变量 name
def test():
    name = "kate"
    print(name)          # 局部变量屏蔽全局变量


name = "lily"
test()
print(name)
```

运行结果如下：

```
kate
lily
```

当然，如果在局部作用域内先打印变量 name，而后再定义一个局部变量 name，则程序会报错 UnboundLocalError: local variable 'a' referenced before assignment，示例代码如下：

```
# 函数体内部定义一个与全局变量同名的变量 name
name ="lily"

def test():
    print(name)          # 这里访问的 name 是局部变量，且这个 name 无值
    name = "kate"        # 因为局部变量 name 在打印后定义


test()
```

运行结果如下：

UnboundLocalError: local variable 'name' referenced before assignment

## 5.8    局部函数和递归函数

局部函数是在函数内部定义的函数，仅在其定义的函数内部可见；递归函数是可以调用自身的函数。

### 5.8.1    局部函数

局部函数是定义在某个函数内部的函数，主要用于在该函数内部的封闭范围内提供辅助功能。它们能够访问外部函数的局部变量，从而共享上下文信息。局部函数的一个主要优点是可以封装和隐藏实现细节，防止外部代码直接访问，从而提高了代码的模块化程度和可维护性。

此外，局部函数可以简化代码结构，使代码更具可读性。例如，在计算一个列表中所有数字的平方和时，可以定义一个局部函数来计算单个数字的平方，从而使主要逻辑更加简洁明了。

**例 5.15**    单个局部函数的定义与使用，代码如下：

```python
def sum_of_squares(numbers):
    # 定义局部函数来计算一个数字的平方
    def square(x):
        return x * x

    # 使用局部函数计算平方和
    total = 0
    for num in numbers:
        total += square(num)
    return total

# 测试
numbers = [1, 2, 3, 4, 5]
print(sum_of_squares(numbers))
```

运行结果如下：

55

默认情况下，局部函数对外部隐蔽，只在封闭函数内有效，其封闭函数也可以返回局部函数，以便程序在其他作用域中使用局部函数。

**例 5.16**    多个局部函数的定义与使用，代码如下：

```
# 定义函数，该函数会包含局部函数
import math
def get_math_func(func_type, x):
        # 定义各种数学函数，都是在函数内部定义的局部函数
    def square(x):

        return x*x


    def sqrt(x):
        return math.sqrt(x)


    # 调用局部函数
    if func_type == "square":
        return square(x)
    elif func_type == "sqrt":
        return sqrt(x)
    else:
        print("wrong function type.")
        return 0


# 主程序部分
print(get_math_func("square", 3))
print(get_math_func("sqrt", 3))
print(get_math_func("", 5))
```

运行结果如下：

```
9
1.7320508075688772
wrong function type.
0
```

局部函数可以访问全局函数的变量，这是因为 Python 的作用域规则允许内部函数访问外部函数的局部变量。这种特性使得内部函数能够共享外部函数的状态和数据，从而更灵活地实现复杂的功能。

局部函数其实就是函数的嵌套定义，在实际编程中需要谨慎使用。过度嵌套函数可能会导致代码结构复杂，降低代码的可读性和可维护性。因此，需要根据具体情况合理地使用函数的嵌套定义，避免滥用这种特性。

### 5.8.2　递归函数

递归函数是指在函数内部调用自身的函数。递归是一种强大的思维设计，常用于各种算法设计中，比如分治算法、动态规划算法、回溯法等，可用于解决许多实际问题。当然，

使用递归进行算法设计时，往往设计简单、容易掌握，但是由于递归自身的局限性，当递归需要解决的问题规模较大时，其解决问题的时间复杂度往往呈指数级别上升，所以递归函数往往较适合解决中小规模的问题。

具体哪些问题适合使用递归算法求解呢？当一个问题满足以下两个条件时，往往可以采用递归算法进行计算：

(1) 该问题(父问题)的求解可以拆分为若干个简单子问题的求解，且每个子问题的解法与父问题的解法相同；

(2) 当子问题规模足够小时，可以直接返回该子问题的解。

下面以计算 n!的这个典型问题为例来详细介绍递归算法。首先，分析计算 n!问题是否符合上面提出的 2 个条件。若记 $f(n) = n!$，则很容易发现这样的结论：$f(n)=n*(n-1)!=n*f(n-1)$，由于 n 是已知的值，故一个父问题 $f(n)$的求解可以拆解为对一个同样类型的、但规模更小的子问题 $f(n-1)$的求解，因此条件(1)满足。其次，当问题规模足够小时，比如 $n = 0$ 或 $n = 1$时，很容易直接给出 $f(0) = 1$ 和 $f(1) = 1$ 的解，因此条件(2)满足。因此计算 n!可以考虑使用递归算法来设计解决。

对于满足递归条件的问题而言，设计递归算法是非常简单的，步骤如下：

(1) 设计递归出口：直接给出最简单的子问题的解。

(2) 递归求解：将解决复杂的父问题分解为求解简单的子问题。由于子问题的解法和父问题的解法相同，因此就会产生函数的自调用。

例 5.17　编写程序递归求解 n 的阶乘，代码如下：

```python
def fact(n):
    if n==1 or n==0:          # 给出简单问题的解
        return 1
    else:                     # 将复杂问题分解为简单子问题进行求解
        return n*fact(n-1)
```

以上程序设计了一个使用递归算法求解 n!的函数，当计算 5!时，调用函数语句 fact(5)，即可输出结果 120。

## 5.9　高阶函数

在 Python 中，高阶函数是指一个函数接受另一个函数作为参数，或者返回一个函数作为结果的函数。高阶函数是函数式编程的一个核心概念，可以使程序员写出更加抽象和灵活的代码。

例 5.18　自定义一个简单的高阶函数，代码如下：

```python
def say_hi():                 # 普通函数
    print("Hello Python")
```

```
def repeat(f, num):                #高阶函数定义
    results = []
    for i in range(num):
        results.append(f())
    return results


repeat(say_hi,3)                   #调用高阶函数 repeat
```

运行结果如下：

```
Hello Python
Hello Python
Hello Python
```

例 5.18 中定义的 repeat()函数就是一个高阶函数的例子，因为它接受另一个函数 f 作为参数，并且在实际调用时把 say_hi()函数传给了 f 参数。

除了可以自定义高阶函数外，Python 还提供了很多常用的高阶函数，如 map()、filter()、zip()、reduce()函数等。

### 5.9.1　map()函数

高阶函数 map()可以把一个函数 func 依次映射到序列或迭代器对象的每个元素上，并返回一个可迭代的 map 对象作为结果，map 对象中的每个元素是原序列中的元素经过函数 func 处理后的结果，其语法形式如下：

```
map(func, iteable)
```

map()函数接收两个参数：func 是函数，iteable 是可迭代对象。

例 5.19　使用单参数函数的 map()函数，代码如下：

```
def cube(x):                       #定义一个计算立方的函数
    return x*x*x


def add_new(n):                    #定义一个+5 的加法函数
    return n+5


# 把参数函数映射到序列的所有元素上
list(map(add_new, range(10)))
list(map(cube, range(10)))
```

运行结果如下：

```
[5, 6, 7, 8, 9, 10, 11, 12, 13, 14]
[0, 1, 8, 27, 64, 125, 216, 343, 512, 729]
```

例 5.20　使用多参数函数的 map()函数，代码如下：

```
# 定义可以接收 2 个参数的加法函数
def add(x, y):
```

```
        return x+y

list(map(add, range(5) , range(5,10)))
```

运行结果如下：

```
[5, 7, 9, 11, 13]
```

### 5.9.2   filter()函数

高阶函数 filter()将一个单参数函数作用到一个序列上，返回该序列中使得该函数返回值为 True 的那些元素组成的 filter 对象。如果指定函数为 None，则返回序列中等价于 True 的元素。其语法形式如下：

```
filter(func, iterable)
```

filter()函数也是接收一个函数和一个可迭代对象作为参数，示例代码如下：

```
x = [(), [], {}, None, '', False, 0, True, 1, 2, -3]
x_result = list(filter(bool, x))
print(x_result)
```

运行结果如下：

```
[True, 1, 2, -3]
```

**例 5.21**   filter()函数的使用示例，代码如下：

```
seq = ['foo', 'x41', '?!', '***']

def func(x):
    return x.isalnum()               # 测试是否为字母或数字

list(filter(func, seq))              # 把 filter 对象转换为列表
```

运行结果如下：

```
['foo', 'x41']
```

例 5.21 中的 filter 函数也可以使用列表推导式代替，代码如下：

```
seq = ['foo', 'x41', '?!', '***']
print([x for x in seq if x.isalnum()])
```

运行结果如下：

```
['foo', 'x41']
```

### 5.9.3   zip()函数

高阶函数 zip()用来把多个可迭代对象中的元素压缩到一起，返回一个可迭代的 zip 对象，其中每个元素都是包含原来的多个可迭代对象对应位置上元素的元组，如同拉拉链一样(zip 在英文中也有拉链的意思)。其语法形式如下：

```
zip(iter1, iter2, ..., iterN)
```

函数参数 iter1, iter2, ..., iterN 是可迭代对象，可以是列表、元组、字符串等。zip()函数会从每个可迭代对象中取出一个元素，将它们配对成元组。

例 5.22　zip()函数的使用示例，代码如下：

```
# 将字符串'abcd'和列表[1, 2, 3]的元素组合成元组，并转成列表
list(zip('abcd', [1, 2, 3]))
# 将 3 个字符串的字符组合成元组，并将结果转换成列表
list(zip('123', 'abc', ',.!'))
# 将两个 range 对象组合成元组，并将结果转换成列表
list(zip(range(5) , range(5,10)))
# 使用列表推导式结合 zip 函数，将两个 range 对象中对应位置的元素相加
# 并生成一个新的列表，其效果和例 5.20 相同
[x+y for x,y in zip(range(5) ,range(5,10)) ]
```

运行结果如下：

```
[('a', 1), ('b', 2), ('c', 3)]
[('1', 'a', ','), ('2', 'b', '.'), ('3', 'c', '!')]
[(0, 5), (1, 6), (2, 7), (3, 8), (4, 9)]
[5, 7, 9, 11, 13]
```

### 5.9.4　reduce()函数

标准库 functools 中的函数 reduce()可以将一个接收 2 个参数的函数以迭代累积的方式从左到右依次作用到一个序列或迭代器对象的所有元素上，并且允许指定一个初始值。其语法形式如下：

```
reduce(function, iterable[, initializer])
```

参数说明：function 是一个二元函数，它接受两个参数，并将它们缩减为一个单一的结果。iterable 是一个可迭代对象，如列表、元组等，reduce()将在这个可迭代对象上应用函数 function。initializer 是一个可选参数，用于提供一个初始值。如果提供了一个初始值，则 reduce() 函数将从这个初始值开始应用函数。

例 5.23　reduce() 函数的使用示例，代码如下：

```
from functools import reduce      # 需要从标准库 functools 导入 reduce

def f(x,y):
    return x+y

seq = list(range(1, 6))      # 1,2,3,4,5

reduce(f, seq)
```

运行结果如下：

## 5.10    可迭代对象和迭代器

在 Python 中,可迭代对象(Iterable)是指实现了 __iter__()方法或__getitem__()方法的对象,它能够提供元素的逐个访问能力。迭代器(Iterator)是一种特殊的可迭代对象,它不仅实现了__iter__()方法,还必须实现__next__()方法,用于控制迭代过程并返回下一个值。生成器(Generator)是一种更特殊的迭代器,它通过生成器函数(使用 yield 关键字)或生成器表达式按需产生值,具有惰性求值的特性。

### 5.10.1    可迭代对象

Python 中所有的可迭代对象都支持迭代操作(如 for 循环遍历),但需要注意的是:

(1) 可迭代对象本身不是一种具体的数据类型,而是一种抽象概念。

(2) 常见的 Python 数据结构(如字符串、列表、元组、字典、集合等)都实现了可迭代协议,因此都是可迭代对象。

可迭代对象的示例代码如下:

```
x = [1,2,3]
for i in x:
print(i)
```

该程序中 for 循环在执行时,是按照图 5-2 所示的方式操作的。

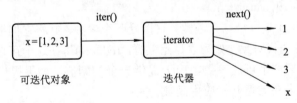

图 5-2    可迭代对象的访问过程

可迭代对象访问的具体过程如下:

(1) 调用可迭代对象的 iter()方法返回一个迭代器对象(iterator);

(2) 不断调用迭代器对象的 next()方法返回元素。

### 5.10.2    迭代器

迭代器(iterator)是一个带状态的对象,它能在调用__next__()方法时返回容器中的下一个值,任何实现了__iter__()和__next__()方法的对象都是迭代器,__iter__()返回迭代器自身,__next__()返回容器中的下一个值,如果容器中没有更多元素了,则抛出 StopIteration 异常。

例 5.24    迭代器对象的创建与使用,代码如下:

```
# 创建一个迭代器对象，必须实现__iter__()和__next__()方法
class Fib:
    def __init__(self, max):
        self.n = 0
        self.prev = 0
        self.curr = 1
        self.max = max

    def __iter__(self):
        return self

    def __next__(self):
        if self.n < self.max:
            value = self.curr
            self.curr += self.prev
            self.prev = value
            self.n += 1
            return value
else:
            raise StopIteration
# 调用
f = Fib(5)
print(next(f))
print(next(f))
print(next(f))
print(next(f))
print(next(f))
print(next(f))
```

运行结果如下：

```
1
1
2
3
5
StopIteration
Input In [3], in <cell line: 29>() 27 print(next(f))
28 print(next(f))
---> 29 print(next(f))
Traceback (most recent call last)
```

```
Input In [3], in Fib.__next__(self)
18        return value
19 else :
---> 20        raise Stop Iteration

StopIteration:
```

在 Python 中，迭代器遵循惰性求值(Lazy Evaluation)原则，其工作机制可以形象地理解为"按需生产"的智能工厂。当调用 next()函数请求元素时，迭代器才会被激活并生成当前元素；若无调用请求，则迭代器保持待机状态，不会预先计算或存储后续元素。这种特性显著提高了内存效率，特别适合处理大规模的数据流。迭代器会持续返回元素直至数据穷尽，此时会抛出 StopIteration 异常作为终止信号。

可以使用 iter()函数从任何可迭代对象中获取迭代器，代码如下：

```
f_list = iter([1,2,3,4])
next(f_list)
next(f_list)
next(f_list)
```

运行结果如下：

```
3
```

除此之外，也可以从元组中获取迭代器，代码如下：

```
g_tuple = iter((1,2,3,4))
next(g_tuple)
next(g_tuple)
next(g_tuple)
next(g_tuple)
```

运行结果如下：

```
4
```

还可以从 range 对象获取迭代器，代码如下：

```
h_range = iter(range(5) )
next(h_range)
```

运行结果如下：

```
0
```

### 5.10.3  生成器

生成器(generator)是一种语法更简洁的迭代器，它通过 yield 关键字实现按需生成值的特性。也就是说生成器不再需要像类一样写__iter__()和__next__()方法了，只需要一个 yield 关键字即可。生成器一定是迭代器，反之不成立。

**例 5.25**  用生成器来实现斐波那契数列，代码如下：

```
def fib(max):
```

```
    n, prev, curr = 0, 0, 1
    while n < max:
        yield curr
        prev, curr = curr, curr + prev
        n += 1


if __name__ == "__main__":
    fib(5)
    for i in fib(5):
        print(i)
```

运行结果如下：

```
1
1
2
3
5
```

生成器特殊的地方在于函数体中没有return关键字，函数的返回值是一个生成器对象。当执行 f = fib()返回的是一个生成器对象时，函数体中的代码并不会执行，只有显式或隐式地调用 next()时才会真正执行里面的代码。

## 5.11　拓展案例与思考

**实践建议**：通过专业竞赛，提升 Python 编程与项目开发能力。

专业竞赛作为大学生展示自己能力的舞台，一直以来都备受关注。它不仅仅是对专业技能的一次考验，更是对问题解决能力、逻辑思维能力和团队协作能力的全面锻炼。这里分享两个与 Python 编程及应用相关的竞赛，具体竞赛内容、报名要求可以见竞赛官网通知。

(1) 蓝桥杯全国软件和信息技术专业人才竞赛。

蓝桥杯全国软件和信息技术专业人才竞赛是工业和信息化部人才交流中心举办的"全国软件专业人才设计与创业大赛"，旨在推动软件开发技术的发展，促进软件专业技术人才培养，向软件行业输送具有创新能力和实践能力的高端人才，提升高校毕业生的就业竞争力，全面推动行业发展及人才培养进程。竞赛软件赛的赛项中包括了：C/C++ 程序设计、Java 软件开发、Python 程序设计等多个类别，每个参赛选手可以在个人赛类别中选择其中一个项目报名参赛。

(2) 全国大学生大数据分析技术技能竞赛。

全国大学生大数据分析技术技能竞赛以"大数据分析技术技能"为主题，旨在提高大学生运用大数据分析解决实际问题的基本技能与综合能力，培养大学生的数据分析能力、计算思维、创新意识和科学素养，促进学生提高综合应用能力和职业素质，提升毕业生的就业竞争力。竞赛赛项中的 Python 数据分析适合计算机信息类、统计学类、大数据类等专业，具有一定基础的在校学生可参赛。此外，全国总决赛获奖者可以获得北京大数据协会"初级数据分析师"证书。

**思考**：你准备选择参加哪些专业竞赛，为什么选择这些比赛？

# 习　题

## 一、选择题

1. print(pow(2,10))的结果是(　　)。

A. 100　　　　　　B. 12　　　　　　C. 1024　　　　　　D. 0

2. 使用函数 math.sqrt(x)对负数取平方根，其中 x 为负数，将产生(　　)。

A. 什么都不产生　　　　　　　B. ValueError 错误

C. 虚数　　　　　　　　　　　D. 程序崩溃

3. 字符串 s = "I love Python"，以下程序的输出结果是(　　)。

```
s = "I love Python"
ls = s.split()
ls.reverse()
print(ls)
```

A. 'Python', 'love', 'I'　　　　　　B. Python love I

C. None　　　　　　　　　　　　　D. ['Python', 'love', 'I']

4. 函数 type(1+0xf*3.14)的返回结果是(　　)。

A. <class 'float'>　　　　　　B. <class 'int'>

C. <class 'long'>　　　　　　D. <class 'str'>

5. 以下关于函数的描述中错误的是(　　)。

A. 函数是一种功能抽象

B. 使用函数只是为了增加代码复用

C. 函数名可以是任何有效的 Python 标识符

D. 使用函数后，代码的维护难度降低了

6. 以下关于函数参数和返回值的描述中正确的是(　　)。

A. 采用关键字传参时，实参的顺序需要和形参的顺序一致

B. 可选参数传递指的是没有传入对应参数值时，就不使用该参数

C. 函数能同时返回多个参数值，需要形成一个列表来返回

D. Python 支持按照位置传参，也支持按照关键字传参，但不支持按照地址传参

7. (　　)函数用于将指定序列中的所有元素作为参数调用指定函数，并将结果构成一个新的序列返回。

A. lambda　　　　　　B. map　　　　　　C. filter　　　　　　D. zip

8. 下列关于 Python 函数对变量的作用中描述错误的是(　　)。

A. 简单数据类型在函数内部用 global 保留字声明后，函数退出后该变量保留

B. 全局变量指在函数之外定义的变量，它在程序执行全过程中有效

C. 简单数据类型变量仅在函数内部创建和使用，函数退出后变量被释放

D. 对于组合数据类型的全局变量，如果在函数内部没有被真实创建的同名变量，则函数内部不可以直接使用并修改全局变量的值

9. Python 语句序列 "f1=lambda x:x*2; f2= lambda x:x**2; print(f1(f2(2) ))" 的程序运行结果是(　　)。

A. 2　　　　　　　　B. 4　　　　　　　　C. 6　　　　　　　　D. 8

## 二、编程题

1. 编写函数，接受参数 a 和 n，求 s = a + aa + aaa + aaaa + aa……a 的值，其中 a 是小于 10 的自然数，表达式求和 n 项由用户输入决定(例如 2 + 22 + 222 + 2222 + 22222 + ……)。

2. 编写函数，对都是数值型数据的列表按索引先后顺序累加，并将累加的和值保留在对应位置的列表元素中，并要求函数可以直接对原列表进行修改。

例如，输入[1, 3, 5, -2, 7]，函数返回[1, 4, 9, 7, 14]。

3. 现有一个列表，其中的元素有整数、浮点数、字符串(单词)和布尔值。要求编写一个函数，形参接受一个列表，函数功能则是将列表中的字符串全部改为大写字母。最后输出修改后的列表元素。

4. 编写代码，对列表 my_list = [1, 3, 5, 7, 9, 11, 13]偶数位置的数字实现乘方操作，再对得到的新列表求和，要求使用 map 函数与 lambda 函数。

# 第 6 章  面 向 对 象

## 学习目标

(1) 了解面向对象编程的基本概念及用分类思想解决复杂问题的方法；

(2) 掌握 Python 类的定义、对象的创建以及通过对象访问成员的方法；

(3) 掌握类的实例变量、实例方法、类变量、类方法以及构造函数、析构函数的使用方法；

(4) 理解面向对象编程的封装、继承和多态三大特征，并能在 Python 中实现这三大特征的应用；

(5) 分别采用面向过程、面向对象两种方式编程实现五子棋游戏，并将两种实现方式进行对比分析，真正理解面向对象的思想。

## 6.1    面向对象概述

前面的章节介绍了 Python 的内建对象(数字、字符串、列表、元组和字典等)，也介绍了函数和模块的用法。本章将介绍 Python 的面向对象编程(Object-Oriented Programming, OOP)。

### 6.1.1  面向对象举例

接触过 C++、Java 语言的读者应该都听说过"面向对象"这个词，那么究竟什么是面向对象呢？先来看一个生活中会遇到的问题。

如果有一天你想吃红烧肉了，该怎么办呢？这时你有这样两个方案：

**方案 1**    去菜场买食材(五花肉、辅料等)；回厨房切肉；将肉和辅料下锅翻炒；加水炖至肉酥收汤；最后装盘食用。

**方案 2**    去饭店点餐；直接点红烧肉吃。

显然，两种方案相比，方案 2 从便捷性上来说更胜一筹。因为我们不需要知道红烧肉是怎么做的，只需要知道去哪里(饭店、外卖平台)买就可以了。而对于方案1，我们需要知道红烧肉的具体烹饪细节(如何切肉、如何烹制肉等)，这显然是有一定难度的。

假如某一天你不想吃红烧肉了，而是想吃烤鸭或者烧鸡，如果仍选择方案 1，则方案1(制作烤鸭或者烧鸡)需要完全重新设计，而如果选择方案 2，则无须做太大变动，只要找到卖烤鸭或烧鸡的店即可。像方案 1 这种面向具体过程的、需要思考先干什么再干什么的方案，称之为面向过程设计，比如 C 语言就是典型的面向过程的程序设计语言。而像方案2 这种不关心具体实现细节，把具体的过程抽象和封装成一个黑盒(如饭店就是黑盒，我们不关心肉、鸡、鸭是如何制作的)的方案称为面向对象设计。

通过上面这个例子，读者应该对面向过程和面向对象有了一个大致的了解。面向对象的主要思想是把构成问题的各个事务分解成一个个单独的对象，对每个对象抽象出一个类，这是一个封闭的黑盒(如烧红烧肉)，在这个黑盒中有关于这个对象的自身的属性(如多少重量的猪肉)以及这个对象解决问题的一些方法(如何烧红烧肉、如何烤鸭)，这些属性及方法对外不可见。使用对象的用户不需要知道对象内部的具体实现细节(如何烧红烧肉、如何烤鸭)，只需要知道如何调用对象的方法(如烧红烧肉的方法、如何烤鸭的方法)就可以完成所需要处理的事情。

### 6.1.2　面向对象的特征

面向对象编程主要有三大特征：封装、继承和多态。

(1) 封装：把对象的属性信息和方法的细节封装在对象内部，不允许外部程序直接访问该对象内部的信息，而只能通过该对象定义的方法来实现对内部信息的操作和访问。

(2) 继承：生成新的对象时，为避免定义重复的类信息(属性和方法)，直接继承现有对象的类信息，并在此基础上对原有对象的类信息做一些扩展，这种创建新的对象的方式称为继承。

(3) 多态：允许不同类的对象对同一消息作出响应，即同一个接口可以被不同的对象以不同的方式实现，从而使同一行为具有不同的表现形式。例如，多个子类可以重写(override)父类的同名方法，这样通过父类引用调用该方法时，实际执行的是当前子类对象的对应方法、实现。

面向对象的封装性隐藏了对象的属性和方法细节，提高了程序的安全性；继承性显著减少了程序开发的重复性工作，增加了代码的复用率；而多态性则提升了代码的可拓展性。

Python 语言在创建时就被设计为支持面向对象编程，因此可以说它就是一门面向对象的编程语言。而且 Python 的面向对象的方法比较简单，相比于其他面向对象的语言(C++、Java)，Python 提供了更为方便和全面的语法功能。正因为这样，用 Python 来创建类和对象显得很容易。

## 6.2　类和对象

类和对象是面向对象中的两个非常重要的内容，本节重点介绍 Python 中的类和对象的基本概念以及类的定义。

### 6.2.1　类和对象的概念

类是对现实中某一类型的事物的一种抽象，类是对象的蓝图，定义了对象的属性和行为；对象是类的一个具体的实例，具有类定义的特性和方法，对象也称为实例(后文中对象和实例表示同一个意思)。

例如，特定的"白色泰迪"是一个对象实例，属于"泰迪类"，而"泰迪类"是"狗类"的子类。换言之，这只"白色泰迪"既属于"泰迪类"的实例，也属于更广泛的"狗类"实例。子类继承自父类，因此"泰迪类"继承自"狗类"。

在面向对象编程中，类属性、类方法、实例变量和实例方法是 4 个重要的概念，它们用于描述类和类的实例之间的特征和行为。

(1) 类属性是属于类本身的属性，它是与类相关联的，而不是与类的实例相关联的。类属性通常用于描述该类的所有实例共享的特征或状态。例如，对于一个"狗类"，可以定义一个类属性 species，并令其值为"哺乳动物"，表示"狗类"所属的物种类别是"哺乳动物"，所有"狗类"的实例都共享这个属性，即表明所有的具象化的实例狗都是"哺乳动物"。

(2) 类方法是定义在类中的方法，它是与类本身相关联的，而不是与类的实例相关联的。类方法通常通过类名来调用，并且类方法的第一个参数通常是一个表示调用该方法的类本身的参数(通常命名为 cls)。类方法通常用于执行与类相关的操作，或者操作类的属性。例如，对于一个"狗类"，可以定义一个类方法 get_species()，用以获取狗的类属性 species 的值。

(3) 实例变量是属于类的实例的属性，每个实例都有自己的一组属性值。实例变量通常用于描述该类的每个实例的独特特征或状态。实例变量只能通过类的实例来访问和修改，每个实例的属性值是相互独立、互不影响的。例如，对于一个"狗类"，可以定义实例变量 name 和 age，分别表示某一个具象化的实例狗的名字和年龄。

(4) 实例方法是定义在类中的方法，它一般需要通过类的实例来调用，并且至少接受一个参数(通常命名为 self)，用于表示调用该方法的实例本身。实例方法可以访问和修改实例的属性，以及执行与实例相关的操作。实例方法通常用于实现该类的行为和功能。例如，对于一个狗类，可以定义实例方法 bark()，用于表示狗的叫声。

### 6.2.2　类的定义

在 Python 中，可以通过如下的语法来定义一个类：

```
class 类名:
    执行语句…
    零个到多个类变量…
    零个到多个方法…
```

类的定义分为两个部分：类头和类体。类头是 class 关键字所在的一行，类体则是类头之后的、整体相对于类头统一缩进 4 个空格的语句。

类头以 class 关键字开启，类名需按照 Python 中合法标识符的规则来命名，即由字母、数字或者下画线组成，且标识符开头必须是字母或者下画线。注意，类名后不跟圆括号()，而直接跟英文冒号"："。类的定义和函数的定义较为接近，不同的是，类的定义采用 class 关键字，函数的定义采用 def 关键字，且类头中类名后面不跟圆括号，函数头的函数名后面必须跟圆括号。类体是包含在类定义中的一组语句，用于定义类的属性和方法。

类可以理解为一种用户自定义的数据类型，可以使用类来定义一个新的变量，也可以使用类来创建新的对象。类体通常由变量定义、函数定义和其他类体相关的语句组成。下面通过例 6.1 对类进行详细介绍。

**例 6.1** 定义一个简单的类，代码如下：

```
1  # 定义第一个类：Dog 类
2  class Dog():
3      """这个类定义了一个 Dog 类"""
4      # 定义一个类变量
5      hair = "white"
6      # 为 Dog 对象增加两个实例变量
7      def __init__(self, dog_name, dog_age):
8          self.name = dog_name
9          self.age = dog_age
10     # 为 Dog 对象定义一个"跑"的实例方法
11     def run(self, loc):
12         print("I am running at %s.\n"%s loc)
```

上面的 Python 代码定义了一个 Dog 类，其中：

第 2 行的代码是类头，"class"是声明类的关键字，定义类必须用关键字"class"来引导。"Dog"是一个类名，类名的定义方式按照标识符命名规则执行。

第 3～12 行的代码属于类体部分。第 3 行代码为类定义的说明文档，通常用于解释这个类所实现的功能。Python 中只要把注释内容(单行或者多行注释)放到类头的下面，这个文档就会被当作该类的说明文档。通常可以通过"类名.__doc__()"或者"help(Dog)"访问到这个说明文档。

第 5 行代码定义了一个类变量，后续章节会详细介绍类变量。

第 7 行代码定义了一个"__init__()"方法，这个方法在 Python 中被称为构造方法。构造方法主要在创建对象时用来实现实例(对象)的初始化操作，该方法在创建对象时会被自动调用。这里需要注意：__init__()方法的第一个参数必须是 self，self 表示创建的实例本身，当使用上面定义的类来创建对象时，必须传入与 __init__()方法相匹配的参数，但是 self 参数不用传入，Python 会自动将 self 绑定到构造方法初始化的对象上。另外，不要试图给 __init__()方法增加 return 语句。即使给__init__()方法增加了 return 语句，__init__()方法返回的也总是 None。

第 11 行代码定义了一个"run"的实例方法，因为狗的跑的行为(跑的行为、跑的姿势等)和狗的类型有关，是一种个体行为，不同的狗的奔跑行为也不同，所以考虑将其定义为实例方法而不是类方法。"run"方法的第一个参数是 self 参数，它表示对调用该方法的实例的引用。"run"方法的功能是在屏幕上输出一段文字。

## 6.2.3　创建对象

在定义了类之后，接下来就可以使用这个类了。Python 的类主要有两个重要作用：创建对象和派生子类。

本小节主要介绍类的第一个作用：创建对象。那么如何创建一个对象呢？在 Python 中，创建对象不像 C++ 或者 Java 语言使用 new 来创建，而是通过调用类的构造方法来实现的。以下代码示范了如何调用 Dog 类来创建 Dog 对象。

```
# 调用 Dog 类的构造方法，返回一个 Dog 对象
dog_A = Dog('taidi', 3)
```

代码 Dog('taidi', 3)的功能是创建一个 Dog 对象，该代码会自动调用该类定义的 __init__()方法，把参数 taidi 和 3 传递给构造方法的 dog_name 和 dog_age 变量，并构建出一个具象化的 Dog 对象，然后通过"="赋值给 dog_A 变量，此时 dog_A 即表示新建的 Dog 对象。这里需要注意：虽然类中定义的 __init__()方法有 3 个参数 self、dog_name 和 dog_age，但是代码 Dog('taidi', 3)只给 __init__()传递了 2 个参数。不过程序会自动将 self 参数绑定到正在初始化的对象(dog_A)上。故在类的创建中，无须额外给构造方法 __init__()的 self 参数单独传参。

现在创建了一个 dog_A 的对象，那么对象的作用是什么呢？在 Python 中，对象大都可以进行以下操作：

(1) 操作对象的实例变量(包括访问实例变量的值、改变实例变量的值、添加实例变量的值以及删除实例变量，即对实例变量的"增删改查")，比如可以访问 dog_A 对象(该对象是一只狗)的"名字""年龄"等信息。

(2) 操作对象的方法(包括调用实例方法、添加实例方法、删除实例方法)，比如可以访问 dog_A 对象的"跑""跳""叫"等方法。

对象访问实例变量或实例方法的语法如下：

```
# 访问对象的实例变量
对象.实例变量


# 访问对象的实例方法
对象.实例方法(参数)
```

在操作实例变量或实例方法时，对象是主调者，通过(.)访问该实例的变量或方法，从而对实例变量或方法进行访问、调用。

下面的这段代码展示了如何利用对象来访问实例变量和方法。

```
# 输出 dog_A 的 name、age 实例变量值，输出结果为"taidi, 3"
print(dog_A.name, dog_A.age)


# 调用 dog_A 的 run()方法，输出结果为"I am running at home."
```

```
dog_A.run("home")
```

上述程序演示了通过"对象"这个主调者来访问该对象的实例变量 name 和 age，以及调用其自身的实例方法 run()。虽然实例方法 run()的定义中有两个参数，但是在调用 run() 时仅需要给第二个参数 loc 传递实参即可，而第一个参数 self 会自动绑定到调用这个方法的对象上。

通常，定义一个类是为了能够多次创建该类的对象。一个类所创建的多个对象拥有相同的特征，而这些特征在类中定义。从某种意义上说，类描述了多个实例的共同特征，因此类是一个抽象的概念，而实例是具体存在的实体。

<table>
<tr><td>6.3</td><td>实例变量与类变量</td></tr>
</table>

Python 中的实例变量属于对象个体，每个对象都有自己的一套实例变量；类变量属于类本身，被所有实例共享。实例变量通常在构造函数或方法中通过 self 赋值，而类变量直接在类定义中赋值，可通过类名或实例来访问类变量，但修改时应注意使用类名以避免创建实例变量。

### 6.3.1　实例变量设定默认值

通过类定义的对象的实例变量都必须有初始值(即默认值)。给实例变量设定默认值的方法有两种：一种方法是在创建对象时将实参传递给构造方法，完成实例变量的初始化；另外一种方法就是在定义类时直接为每个实例变量赋初值，如果已经为某个实例变量赋初值了，则在创建对象时就无须为这个实例变量提供实参了。给实例变量设定默认值如例 6.2 所示。

例 6.2　给实例变量设定默认值，代码如下：

```
1  # 对例 6.1 中的 Dog 类进行修改
2   class Dog():
3        # 定义一个类变量
4        hair = "white"
5        # 为 Dog 对象增加 3 个实例变量
6        def __init__(self, dog_name, dog_age = 2):
7            self.name = dog_name
8            self.age = dog_age
9            self.sex = "female"
10        # 为 Dog 对象定义一个"跑"的实例方法
11        def run(self, loc):
12            print("I am running at %s.\n" % loc)
13
14    dog_A = Dog("taidi")
```

```
15    print(dog_A.name, dog_A.age, dog_A.sex)    # taidi, 2, female
16    dog_B = Dog("catte", 1)
17    print(dog_B.name, dog_B.age, dog_B.sex)    # catte, 1, female
```

运行结果如下：

```
taidi, 2, female
catte, 1, female
```

例 6.2 是例 6.1 的修改版，例 6.2 在程序的第 6 行和第 9 行相对例 6.1 的程序进行了改动。第 6 行为 dog_age 参数赋了一个初始值(对形参设置默认值)，当创建对象时，如果不给 dog_age 参数指定实参，那么该对象的 dog_age 变量值默认为 2。这是给类中实例变量指定默认值的第一种方法。

程序的第 9 行为 Dog 对象新增了一个实例变量，这个实例变量是 Dog 对象的性别 sex，可以看到，程序直接给 sex 赋值为 female。这是给类中实例变量指定默认值的第二种方法，但是通过这种方法指定的默认值，无法在创建对象时改变，只能通过为实例变量重新赋值的方式改变。

## 6.3.2    修改实例变量的值

在前面的内容中，已学习了用两种方法给实例变量赋予初值，那么在创建对象之后，能否对初始化的实例变量值做修改呢？答案是肯定的。由于 Python 是一门动态语言，因此创建对象后不仅可以修改对象的实例变量值，甚至还可以增加和删除对象的实例变量，如例 6.3 所示。

例 6.3    修改、增加以及删除实例变量，代码如下：

```
1 # 访问 dog_A 的实例变量
2 print(dog_A.name, dog_A.age, dog_A.sex)         # taidi, 2, female
3
4 # 修改 dog_A 的 name 属性为 honey，sex 属性为 male
5 dog_A.name = "honey"
6 dog_A.sex = "male"
7 print(dog_A.name, dog_A.age, dog_A.sex)    # honey, 2, male
8
9 # 给 dog_A 增加一个实例变量 weight，并给 weight 赋值 10
10 dog_A.weight = 10
11 print(dog_A.name, dog_A.age, dog_A.sex, dog_A.weight)    # honey, 2, male, 10
12
13 # 删除 dog_A 对象的 weight 属性
14 del(dog_A.weight)
15 print(dog_A.weight)    # 程序会提示"AttributeError"
```

例 6.3 程序的第 2 行首先访问了对象 dog_A 的 3 个属性 name、age 和 sex。程序的第 5～7 行修改了 dog_A 对象的实例变量 name 和 sex 的值，并将修改后的实例变量进行输出，显然，修改后的实例变量 name 的值变成了 honey，而 sex 的值变成了 male。

第 10 行代码演示了给对象 dog_A 增加一个新的实例变量的过程，只需给"对象. 新实例变量"赋值即可(dog_A 对象的新实例变量为 weight)。第 11 行代码中通过"对象. 新实例变量"可以访问新属性 weight 的值。

第 14 行代码展示了删除对象某个实例变量的方法(使用 del 函数)，可以直接删除对象的某个实例变量，在删除 weight 对象后，再通过 dog_A.weight 访问 weight 则会提示"AttributeError"错误，说明这个实例变量不存在了。

### 6.3.3  类变量

在 Python 中，类变量是指在类的定义中位于类内部、实例方法外部的变量。类变量是类级别的属性，即它们是由属于同一个类的所有实例(对象)共享的。相较于实例变量，类变量不属于任何特定的实例，而是直接属于类本身。如果把类当成类命名空间，那么该类变量其实就是定义在类命名空间内的变量。

在类内部、实例方法外部定义的变量就是类变量，Python 允许通过类名来访问和修改类变量。需要注意的是，在类外部、类内部的实例方法内，都无法直接通过类变量名来访问类变量，而必须通过类名来访问类变量。

例 6.2 的 Dog 类中有一个变量 hair="white"，这个 hair 变量定义在类内部、实例方法外部，该变量就是类变量。例 6.4 对例 6.2 的代码进行了修改。

**例 6.4**  类变量的操作示例代码如下：

```
1 # 类变量的定义与使用
2 class Dog():
3     # 定义一个类变量
4     hair = "white"
5     # 为 Dog 对象增加 3 个实例变量
6     def __init__(self, dog_name, dog_age = 2):
7         self.name = dog_name
8         self.age = dog_age
9         self.sex = "female"
10     # 为 Dog 对象定义一个"info"的实例方法
11     def info(self, hair):
12         # 实例方法内直接访问类变量会报错
13         # print(hair)
14         # 实例方法内也只能通过类名来访问类变量
15         print(Dog.hair)
16
17 dog_A = Dog("taidi")
18 # 类外部直接访问类变量会报错
```

```
19 # print(hair)          # 代码报错
20 # 类外部通过类名访问类变量
21 print(Dog.hair)
22 # 类外部通过调用实例对象的方法 info()来打印类变量
23 print(dog_A.info())
```

运行结果如下：

```
white
white
```

第 4 行代码为 Dog 类定义了一个类变量 hair。

对于类变量而言，它们就是属于在类命名空间内定义的变量，因此不管是在全局范围内还是函数空间内访问这些类变量，都必须使用类名进行访问。

第 19 行代码，在类外部若想直接访问类变量 hair，则程序会报错，提示 hair 未定义(hair 是类内变量，无法在全局范围内直接访问)。第 13 行，若在类内的实例方法中通过类变量名直接访问类变量，程序也会提示变量未定义。因此，只能通过类名来访问类变量，故 21 行代码和 15 行代码(类名.类变量)的访问方式都能成功输出"white"结果。

实际上，由于类变量也是实例(对象)的一个属性，因此 Python 在设计上也允许使用实例(对象)来访问该实例所属类的类变量。程序示例如下：

```
1 # 通过类的实例(对象)访问类变量
2 class Dog():
3     # 定义一个类变量
4     hair = "white"
5     def info(self):
6         print(self.hair)   # 打印对象的 hair 属性
7 dog_B = Dog()
8 print(dog_B.hair)   # 通过对象直接访问
9 print(dog_B.info())
```

运行结果如下：

```
white
white
```

上面程序的 Dog 中定义了 1 个类变量 hair，Python 允许通过 Dog 对象直接访问这个类变量。如果修改了 Dog 类的类变量 hair 的值，并再次通过对象 dog_B 调用 info 实例方法，则示例代码如下：

```
#修改 Dog 类的两个类变量
Dog.hair = "black"
#调用 info()方法
dog_B.info()
```

运行结果如下：

```
black
```

从输出结果看到，通过实例访问类变量的本质仍然是通过类名在访问。所有实例的类变量是共享的，一旦类变量的值发生改变，则所有访问类变量的方法所获取的类变量的值都将发生同步变化。

需要说明的是，Python 允许通过对象访问类变量，但如果程序通过对象尝试对类变量赋值，则此时情况就会发生改变，这是由于 Python 是动态语言，此时赋值语句意味着定义新变量。因此，如果程序通过对象对类变量赋值，则其实不是对"类变量赋值"，而是定义新的实例变量，程序代码如下：

```
dog_B.hair = "brown"
dog_B.info()            # 输出 brown
print(Dog.hair)         # 输出 black
```

运行结果如下：

```
brown
black
```

## 6.3.4　构造函数和析构函数

构造函数(Constructor)和析构函数(Destructor)是面向对象编程中两个重要的概念，它们分别用于对象的初始化和对象销毁时的清理工作。虽然这两个术语在 C++等语言中更为常见，但 Python 中也有类似的实现。

构造函数是一个特殊的成员函数，用于在创建类的对象时初始化对象、设置对象的初始状态，构造函数可以接收参数来指定不同的初始化方式。析构函数也是一个特殊的成员函数，用于在对象销毁之前执行一些清理工作。当对象的引用计数为 0 时，析构函数会自动被调用。析构函数通常用于释放对象在生命周期中分配的资源，如内存、文件句柄、数据库连接等。

在 Python 中，构造函数是通过定义名为__init__()的特殊方法来实现的，而析构函数则可以通过定义名为__del__()的特殊方法来实现。

**例 6.5**　类的构造函数、析构函数的示例代码如下：

```
1  class Person:
2      def __del__(self):
3          print('这是析构函数.')
4      def say(self):
5          print('这里是自定义方法.')
6      def __init__(self):
7          print("这里是构造函数.")
8
9  p = Person()
10 p.say()
```

11 del(p)

运行结果如下：

这里是构造函数.

这里是自定义方法.

这是析构函数.

例 6.5 创建一个类并初始化构造函数__init__()和析构函数__del__()的内容，并且将析构函数放在最前面定义，构造函数放在最后面定义。由于__init__()和__del__()都是实例方法，因此都需要一个参数 self。结果显示最先被调用的是构造函数__init__()，其次主动调用自定义方法 say()，最后在执行 del(p)时才调用析构函数。而且构造函数和析构函数是自动被调用的。

## 6.4    类的封装

类的封装是面向对象编程的三大基本特征之一。通过封装机制，类的内部状态只能通过公共接口进行访问和修改，这不仅增加了代码的安全性，也使得代码更加模块化，易于维护和理解。

### 6.4.1    封装的概念和意义

封装指的是将数据(变量)和与这些数据相关的操作(函数或方法)绑定在一起，作为一个独立的单元或对象。封装隐藏了对象的内部状态和实现细节，仅对外提供公共的访问接口。

封装的主要目的有：

(1) 信息隐藏：封装隐藏了类的内部细节，只提供对外的公共接口，使得类的使用者不需要关心其内部实现。这提高了代码的安全性和可维护性。

(2) 模块化：封装可以将一个复杂的系统分解为多个相对简单的模块，每个模块负责一部分功能，并通过接口与其他模块进行交互。这提高了代码的可读性和可重用性。

(3) 数据安全性：封装可以通过控制对内部数据的访问来保护数据不被随意修改，只有类的内部方法才能直接访问和修改私有数据。这保证了数据的一致性和安全性。

在 Python 中，封装主要通过以下方式实现：

(1) 使用__init__()方法初始化对象的属性(即数据)。

(2) 使用@property 装饰器定义 getter 方法，用于读取属性。

(3) 使用 setter 方法(通常是带有@<属性名>.setter 装饰器的方法)定义如何设置属性。

(4) 使用__前缀(双下画线)来表示私有属性或方法，虽然这并不能真正阻止外部访问，但作为一种约定俗成的表示方式，它告诉其他开发者这些属性或方法不应该被直接访问。

因此，实际上封装有两个方面的含义：把该隐藏的隐藏起来，把该暴露的暴露出来。在实际编程的环境中，很多时候会希望把某些属性或者方法隐藏在类内部，而限制外部使用者对这些属性和方法的使用。

### 6.4.2　类中使用私有属性

封装可以借助 \_\_init\_\_()、getter、setter、\_\_(双下画线)等方式来实现。但是，Python 中其实并没有提供类似于其他语言的 private 等修饰符，因此 Python 并不能真正支持隐藏。为了隐藏类中的成员，Python 设置了这样的规则：只要将 Python 类的成员命名为以双下画线开头的，那么这个成员就变成了一个私有成员，只有内部可以访问，外部不能访问。

**例 6.6**　使用双下画线定义类的私有属性，代码如下：

```
 1 class Person:
 2     def __init__(self, name, age):
 3         # 使用双下画线前缀定义私有属性
 4         self.__name = name
 5         self.__age = age
 6
 7     # 提供一个公共的 getter 方法来获取私有属性
 8     def get_name(self):
 9         return self.__name
10
11     # 提供一个公共的 setter 方法来设置私有属性
12     def set_name(self, name):
13         if isinstance(name, str):   # 当输入 name 是字符串时才进行赋值
14             self.__name = name
15
16     # 提供一个公共的 getter 方法来获取私有属性
17     def get_age(self):
18         return self.__age
19
20     # 由于年龄通常不应该被随意修改，因此可以不提供 setter 方法
21     # 或者提供一个受限制的 setter 方法
22
23     def introduce(self):
24         print(f"My name is {self.__name} and I am {self.__age} years old.")
25
26 # 创建 Person 类的实例
27 p = Person("Alice", 30)
28
29 # 通过公共方法访问私有属性
30 print(p.get_name())                # 输出: Alice
31 print(p.get_age())                 # 输出: 30
32
```

```
33 # 调用类的方法
34 p.introduce()   # 输出: My name is Alice and I am 30 years old.
35
36 # 尝试直接访问私有属性(会触发 AttributeError)
37 # print(p.__name)   # AttributeError: 'Person' object has no attribute '__name'
38 # Python 中没有真正的私有设定,可以通过特定的方法访问私有属性
39 print(p._Person__name)          # 输出:Alice
40
41 # 通过公共的 setter 方法修改私有属性
42 p.set_name("Bob")
43 print(p.get_name())             # 输出: Bob
```

例 6.6 的程序中定义了一个名为 Person 的类,该类通过封装隐藏了对象的内部状态,仅提供公共接口供外部访问。

Person 类中的 __name 和 __age 属性被定义为私有属性。在类外部,若通过对象访问私有属性执行 print(p.__name)(第 37 行代码),则会报错,提示"AttributeError: 'Person' object has no attribute '__name'"。但是,Python 其实提供了一种机制,允许用户在类外部访问私有属性,只需通过<对象._类名__私有属性名>的语法即可访问得到私有属性的值。因此,若执行代码 print(p._Person__name)(第 39 行代码),则可以得到正确的输出 Alice。

### 6.4.3   类中使用私有方法

类除了可以定义私有属性,也可以定义私有的实例方法。以双下画线__开头的属性和方法都被视为"私有的"。

例 6.7   使用双下画线定义类的私有方法,示例代码如下:

```
1 class Person:
2       # ... [省略上一小节的代码] ...
3
4       def __update_internal_state(self):
5           # 这是一个示例的 "私有" 方法,用于更新对象的内部状态
6           # 假设当年龄超过 50 时,需要对内部状态进行一些调整
7           if self.__age > 50:
8               # 执行某些操作,比如更新健康状态、调整保险费率等
9               print("Updating internal state for a senior person.")
10          else:
11              print("No need to update internal state.")
12
13 # 创建 Person 类的实例
14 p = Person("Alice", 30)
15 # 通过对象直接调用私有方法
```

16 p.\_\_update_internal_state() # 报错：AttributeError: 'Person' object has no attribute '\_\_update_internal_state'

17 # Python 提供了特殊的方法访问对象的私有方法

18 p.\_Person\_\_update_internal_state() # 输出 No need to update internal state.

在例 6.7 中，\_\_update_internal_state()方法是一个私有的方法，它封装了对象内部状态的更新逻辑。这种方法通常不应该在类的外部被直接调用，故上述代码在 16 行尝试通过对象直接访问私有方法时会产生报错提示"AttributeError: 'Person' object has no attribute '\_\_update_internal_state'"，意思是 Person 类没有\_\_update_internal_state()的方法，显示这是个错误的提示。Python 也提供了与访问私有属性一样的方法来访问私有方法，通过<对象.\_类名\_\_私有方法名>可以访问 Person 类的私有方法，故上述程序的第 18 行可以正确运行并得到结果。

总之，Python 类的封装是一种面向对象编程的重要特性，它允许将相关的属性和方法组合成一个单独的单元，即类。封装的主要目的是隐藏对象的内部实现细节，只提供必要的接口与外部交互。这增加了代码的安全性、可维护性和复用性。

## 6.5　类的继承

继承是面向对象编程的三大核心概念之一，它不仅是实现代码复用和减少冗余的重要手段，也是构建复杂软件系统的基础。通过继承，可以定义一个新的类(子类)，让它继承一个或多个已存在的类(父类)的特征和行为，从而达到代码复用的目的，方便用户构建更为复杂综合的项目。

### 6.5.1　类的单继承

在 Python 中，子类继承父类的语法非常直观和简洁。当定义子类时，只需在类名后面的圆括号中列出要继承的父类名称即可，示例代码如下：

```
class Subclass(Superclass):
    # 子类体定义部分
    pass
```

上述语法清晰地表明 Subclass 是 Superclass 的子类，它将继承 Superclass 的所有属性和方法(除非在子类中明确覆盖它们)。

如果在定义 Python 类时没有显式指定父类，那么这个类会默认继承自 Object 类。因此，Object 类是所有类的基类，无论是直接继承还是间接继承。这确保了 Python 中的所有类都遵循一种统一的继承结构。

在实现继承时，称继承其他类的类为子类或派生类，而被继承的类则称为父类、基类或超类。这种关系体现了从一般到特殊的层次结构。例如，如果有一个名为 Animal 的类，它描述了所有动物的通用特性，那么可以定义一个 Dog 类来继承 Animal 类，因为 Dog 类是 Animal 类的一个特殊的类别。在这个示例中，Dog 是 Animal 的子类，它继承了 Animal 类的属性和方法，并可能添加一些自己特有的属性和方法。下面通过例 6.8 来介绍类的继承。

例 6.8　在 Person 类的基础上，通过单继承构建 Employee 类，代码如下：

```
1 class Person:
2     def __init__(self, name, age):
3         self.name = name
4         self.age = age
5     def introduce(self):
6         print(f"Hello, my name is {self.name} and I am {self.age} years old.")
7     def greet(self, other_person):
8         print(f"Hello, {other_person.name}!")
9
10 class Employee(Person):
11     def __init__(self, name, age, job_title):
12         super().__init__(name, age)
13         self.job_title = job_title
14     def introduce_self_as_employee(self):
15         print(f"Hello, I am {self.name} and I work as a {self.job_title}.")
16
17 # 创建一个 Employee 类的实例
18 emp = Employee('Tom', 30, 'Software Engineer')
19 # 调用从 Person 类继承的 introduce 方法
20 emp.introduce()
21 # 调用 Employee 类特有的 introduce_self_as_employee 方法
22 emp.introduce_self_as_employee()
23
24 # 假设还有一个 Person 实例
25 person = Person('Alice', 25)
26 # 调用 Person 类的 greet 方法，传入 Employee 实例作为参数
27 emp.greet(person)
```

运行结果如下：

```
Hello, my name is Tom and I am 30 years old.
Hello, I am Tom and I work as a Software Engineer.
Hello, Alice!
```

例 6.8 代码的 1～8 行中定义了 Person 类，该类有两个实例变量 name 和 age，有两个实例方法 introduce 和 greet。10～15 行代码中定义了一个 Employee 类，该类继承自 Person

类，Employee 类具备 Person 类的所有属性和方法，并在此基础上增加了一个新的实例变量 job_title 和一个新的实例方法 introduce_self_as_employee。

在创建 Employee 类的实例时，通过 super().__init__(name, age)(super()函数的相关内容会在后文中详细介绍)来调用父类 Person 的__init__()方法，以确保 Employee 实例的 name 和 age 属性被正确初始化，除了 name 和 age 属性之外，在 Employee 的__init__()方法中新增了一个实例变量 job_title 属性。故 Employee 对象在创建时需要传入 3 个参数，即 name、age 和 job_title，其中的 name 和 age 会调用 Person 类的__init__()方法来初始化，而 job_title 则调用 Employee 中的__init__()方法中的初始化语句来初始化。

第 25 行创建了一个 Person 对象，第 27 行代码将 Person 对象 person 当作参数传递给 emp 的 greet()方法，greet()方法将 person 对象的 name 属性进行输出打印。

## 6.5.2　类的多继承

上面介绍了 Python 继承一个父类的情形。其实 Python 也支持多继承机制，即一个子类可以同时继承多个父类。Python 多继承的语法如下：

```
class Subclass(Superclass1, Superclass2, …):
    # 类体定义部分
```

即在定义子类时，将多个父类依次作为子类定义的参数。下面通过例 6.9 来学习 Python 的多继承。

**例 6.9**　多继承的示例代码如下：

```
1 class Father:
2     def describeFather(self):
3         print("我皮肤较黑. ")
4 class Mother:
5     def escribeMother(self):
6         print("我有双眼皮.")
7 class Child(Father, Mother):
8     pass
9
10 # 创建 Child 对象
11 c = Child()
12 # 调用 Child 对象的 describeFather()方法
13 c.describeFather()
14 #调用 Child 对象的 describeMother()方法
15 c.describeMother()
```

运行结果如下：

```
我皮肤较黑.
我有双眼皮.
```

例 6.9 的代码定义了 Father 类和 Mother 类，同时定义了一个 Child 类，Child 类继承了 Father 和 Mother 类，因此 Child 类继承了两个父类的所有方法，所以调用 Child 类的对象 c 的 describeFather()方法和 describeMother()方法时，会输出相应的结果。

Python 虽然支持多继承，但是通常不推荐使用多继承，这样可以降低编程的复杂度，也减少一些莫名其妙的程序错误。

### 6.5.3    继承的作用

类的继承的作用如下：

(1) 避免代码重用：继承允许子类继承父类的属性和方法，从而避免了在子类中重复编写相同的代码；而且用户可以在子类的基础上开发新的属性和方法，以扩充子类的功能。

(2) 减少代码维护工作量：当父类中的代码需要修改时，所有继承自该父类的子类都会自动更新，减少了维护工作量。继承有助于保持代码的一致性，因为所有的子类都遵循相同的结构。

(3) 方便层次建模：在许多情况下，现实世界中的事物之间存在层次结构关系(如动物与狗、猫之间的关系)。继承允许使用类来模拟这种层次结构，并定义类之间的父子关系。通过这种方式，可以更自然地表示现实世界中的事物和它们之间的关系。

(4) 助力多态性的实现：继承是实现多态性的基础之一。多态性允许使用父类类型的引用来引用子类对象，并调用子类重写的父类方法。这种灵活性使得 Python 程序可以在运行时动态地改变对象的行为，从而提高了代码的灵活性和可重用性。

### 6.5.4    子类重写父类方法

子类重写父类的方法(也称为方法覆盖或方法重写)在面向对象编程中是一个非常重要的概念，它允许子类根据自身的需求或特性来定制或扩展父类的行为。子类重写父类的方法具有以下 4 个意义：

(1) 适应特定需求。子类可能需要在某些情况下执行与父类不同的操作。通过重写父类的方法，子类可以提供自己的实现，以满足特定的需求或适应特定的上下文。

(2) 扩展功能。子类可以通过重写父类的方法来添加额外的功能或修改现有功能。这允许子类在继承父类的基础上，进一步扩展其行为，而无须完全重写整个类。

(3) 修正或修复错误。如果父类中的某个方法存在错误或不符合预期的行为，则子类可以通过重写该方法来修正或修复这些错误。这在维护和更新大型代码库时特别有用，因为它允许开发人员在不修改原始代码的情况下修复问题。

(4) 实现多态性。多态性是面向对象编程的三大特性之一，它允许不同的对象对同一消息作出不同的响应。子类通过重写父类的方法，可以实现多态性，即相同的方法调用可以在不同的对象上产生不同的结果。这增加了代码的灵活性和可重用性。

子类如何重写父类的方法呢？对于用户需要重写的方法，用户可在子类的定义中重新定义这个实例方法。当由子类创建的对象调用这个重写的方法时，会执行子类中的方法定义，而不是父类中的方法定义，如例 6.10 所示。

**例 6.10** 子类重定义父类的方法，代码如下：

```
1 class Person:
2     """此处省略例 6.8 中相应的代码"""
3
4 class Employee(Person):
5     def __init__(self, name, age, job_title):
6         super().__init__(name, age)
7         self.job_title = job_title
8     def introduce(self):
9         print(f"Hello, my name is {self.name}.")
10    def introduce_self_as_employee(self):
11        print(f"Hello, I am {self.name} and I work as a {self.job_title}.")
12 # 定义一个 Employee 对象，并调用这个对象的 introduce 方法
13 emp = Employee('Tom', 30, 'Software Engineer')
14 emp.introduce() # 输出 Hello, my name is Tom.
```

运行结果如下：

```
Hello, my name is Tom.
```

在例 6.10 的代码中，Employee 类是 Person 类的子类，在 Employee 中重新定义了 Person 类中已经定义过的 introduce 方法。Person 类中的 introduce 方法介绍了自己的 name 和 age，而 Employee 类中的 introduce 方法仅介绍了自己的 name，因此这是两个不同的方法。

可见，emp 对象执行的是 Employee 类中新定义的 introduce 方法，而不是 Person 类中的 introduce 方法。因此，Employee 类通过定义自己的 introduce 方法实现了对父类存在的 introduce 方法的重写。当子类中存在与父类同名的方法时，称这种现象为方法重写(Override)，有时也被称作方法覆盖。简而言之，子类重写了父类的方法，或者说子类覆盖了父类中的同名方法。

Python 中子类可以重写父类的实例方法，包括重写父类的构造方法(__init__()方法)，事实上，子类经常需要重写父类的__init__()方法以添加或修改初始化对象的属性。当子类重写父类的__init__()方法时，通常需要使用 super()函数来确保父类的__init__()方法也被正确调用，从而使子类能够继承父类的初始化逻辑。

使用 super()函数，子类可以在自己的__init__()方法中调用父类的__init__()方法，并传递必要的参数。这样，子类可以首先执行父类的初始化代码，然后添加自己的初始化逻辑。这有助于保持代码的清晰性和可维护性，因为子类只需要关注它自己的特定初始化需求，而不需要复制父类的整个初始化过程。

例如，在例 6.10 的 Employee 类中，__init__()方法使用 super().__init__(name, age)来调用 Person 类的__init__()方法初始化自己的 name 和 age，然后给 Employee 对象新增一个初始化的实例变量 job_title。这种方式确保了 Person 类的初始化逻辑被正确执行，同时允许

Employee 类添加自己的初始化逻辑。

## 6.6　类的多态

多态是一种编程概念，它允许不同的对象对同一消息或操作作出不同的响应。简单来说，可以在多个类中定义同名的实例方法，该实例方法能够适用于多个类创建的实例对象，并在运行时根据不同的实例对象表现出不同的行为。在 Python 中，多态性是隐式的，因为Python 是一种动态类型语言，不需要显式地声明变量或函数的类型。

多态性使得 Python 代码更加灵活和可重用。当有一个函数或方法，它接受一个参数，并且这个参数可以是多种类型时，就可以说这个函数或方法支持多态。例如，可以有一个函数，它接受一个列表或元组作为参数，并对它们执行相同的操作，尽管它们的类型不同。

Python 通过"鸭子类型"来实现多态。这意味着如果一个对象"走起路来像鸭子，叫起来也像鸭子"，那么就可以认为它是鸭子。换句话说，Python 不需要关心对象的实际类型，只要它拥有所需要的方法或属性，就可以像使用预期类型的对象一样使用它。

因此，在 Python 中，多态性允许编写更加通用和灵活的代码，这减少了代码的冗余，提高了代码的可读性和可维护性。Python 中的多态性通过继承和方法重写来实现。

例 6.11　通过继承和多态性来定义 Animal 类，代码如下：

```
1 class Animal:
2      def bark(self):
3          print("动物在叫")
4
5 class Dog(Animal):
6      def bark(self):
7          print("汪汪汪")
8
9 class Cat(Animal):
10     def bark(self):
11         # 猫是"喵喵喵"而不是"汪汪汪"，这里仍然使用 bark
12         print("喵喵喵")
13
14 # 创建对象并调用 bark 方法
15 dog = Dog()
16 dog.bark()      # 输出：汪汪汪
17
18 cat = Cat()
19 cat.bark()      # 输出：喵喵喵
```

```
20
21 # 示例多态性：虽然调用的都是 bark 方法，但行为因对象类型而异
22 def animal_sound(animal):
23     animal.bark()
24
25 animal_sound(dog)      # 输出：汪汪汪
26 animal_sound(cat)      # 输出：喵喵喵
```

该代码展示了如何通过继承和多态性来定义 Animal 类以及它的子类 Dog 和 Cat，并且为它们实现了一个通用的"叫"(bark)方法。当创建一个 Dog 对象并调用其 bark 方法时，会输出"汪汪汪"。同样地，当创建一个 Cat 对象并调用其 bark 方法时，会输出"喵喵喵"。

例 6.11 的最后定义了一个函数 animal_sound，它接受一个 Animal 类型的参数并调用其 bark 方法。由于 Python 的动态类型特性和多态性，因此可以将 Dog 或 Cat 的对象传递给这个函数，而函数会根据对象的实际类型来调用正确的 bark 方法。这就是多态性的一个简单示例。

## 6.7　类的导入

在计算机编程的实践中，随着项目复杂度的增加，代码量也随之增长，导致单个文件变得冗长且难以维护。即使运用了继承机制，代码长度的管理仍然是一个挑战。为了应对这一挑战，一种有效的策略是将类组织到模块中(模块将在第 10 章详细介绍)。通过在主程序中导入所需的模块，可以保持主文件的整洁，并增强代码的可管理性。

### 6.7.1　导入单个类

在 6.5.1 小节中定义了 Person 类，可以将这个类存入文件名为 Person.py 的 Python 文件中，这样这个 Person 类可以被其他的 Python 文件导入，这样的 Python 文件一般称为模块(Module)。Person.py 文件内容如下：

```
# Person.py
1 class Person:
2     def __init__(self, name, age):
3         self.name = name
4         self.age = age
5     def introduce(self):
6         print(f"Hello, my name is {self.name} and I am {self.age} years old.")
7     def greet(self, other_person):
8         print(f"Hello, {other_person.name}!")
```

有了 Person.py，再定义一个名为 main.py 的文件，通过导入 Person.py 来导入 Person.py 中定义好的 Person 类，main.py 的程序如下：

```
# main.py
1 # 导入 Person 类，这里假设 Person.py 和 main.py 在同一目录下
2 from Person import Person
3 # 创建 Person 对象
4 person1 = Person("Alice", 30)
5 # 调用 Person 对象的 introduce 方法
6 person1.introduce()
7 # 创建另一个 Person 对象
8 person2 = Person("Bob", 25)
9 # 调用另一个 Person 对象的 introduce 方法
10 person2.introduce()
```

运行结果如下：

```
Hello, my name is Alice and I'm 30 years old.
Hello, my name is Bob and I'm 25 years old.
```

在 main.py 文件中，首先使用 from Person import Person 语句从 Person.py 文件中导入了 Person 类。然后，创建了两个 Person 对象，并调用了它们的 introduce 方法。如果要运行这个示例，则需要确保 Person.py 和 main.py 文件在同一个目录下，并在命令行中导航到该目录，才能运行 python main.py。

## 6.7.2　从一个模块中导入多个类

可以根据需要，在同一个模块中定义任意数量的类，不过这些在同一个模块中的类最好是相关的。

在 Person.py 中增加 6.5.1 节中的 Employee 类的定义，更新后的代码如下：

```
# Person.py
1 class Person:
2     def __init__(self, name, age):
3         self.name = name
4         self.age = age
5     def introduce(self):
6         print(f"Hello, my name is {self.name} and I am {self.age} years old.")
7     def greet(self, other_person):
8         print(f"Hello, {other_person.name}!")
9
10 class Employee(Person):
11     def __init__(self, name, age, job_title):
12         super().__init__(name, age)
```

```
13        self.job_title = job_title
14    def introduce_self_as_employee(self):
15        print(f"Hello, I am {self.name} and I work as a {self.job_title}.")
```

然后在 main.py 文件中调用 Person 类和 Employee 类，代码如下：

```
# main.py
1 # 导入 Person 类和 Empoyee 类，Person.py 和 main.py 在同一目录下
2 from Person import Person, Employee
3 # 创建 Person 对象
4 person1 = Person("Alice", 30)
5 person1.introduce()
6 # 创建另一个 Employee 对象
7 person2 = Employee("Bob", 25)
8 # 调用另一个 Person 对象的 introduce 方法
9 person2.introduce()
```

运行结果如下：

```
Hello, my name is Alice and I'm 30 years old.
Hello, my name is Bob and I'm 25 years old.
```

可以在一个模块中导入多个类，用逗号分隔这些需要导入的类。导入后，就可以根据应用场景来创建任意数量的类实例。

## 6.7.3　导入模块中的所有类

当我们不记得需要使用的类的具体类名，或者某个模块中有很多个想要使用的类时，不需要使用 "from [module] import class1, class2, …" 一个个地导入每个类，可以用如下的方法导入某个模块中的所有类和函数：

```
1 from Person import *
2 # 创建 Person 对象
3 person1 = Person("Alice", 30)
4 person1.introduce()
5 # 创建另一个 Employee 对象
6 person2 = Employee("Bob", 25)
7 # 调用另一个 Person 对象的 introduce 方法
8 person2.introduce()
```

运行结果如下：

```
Hello, my name is Alice and I'm 30 years old.
Hello, my name is Bob and I'm 25 years old.
```

可以看到，通过 "from Person import *" 语句，在使用 Person.py 中的类时，可以直接引用类名，即可完成对象的创建。

# 6.8　拓展案例与思考

**案例:** 分别采用面向过程、面向对象编程实现五子棋游戏。

五子棋是一种传统的棋类游戏,由两名玩家轮流在棋盘上落子,先在横、竖、斜任意一方向上连成五子的一方获胜。

游戏规则如下:

(1) 棋盘大小为 15×15,共 225 个交叉点。

(2) 两名玩家轮流落子,一方执黑棋,另一方执白棋。

(3) 玩家依次输入坐标来落子,如(x,y),其中 x 为列数,y 为行数。

(4) 玩家不能在已经落子的位置落子。

(5) 当水平、竖直、斜方向有 5 个同色棋子连在一起时,判断该方获胜。

(6) 如果棋盘填满且没有一方获胜,则判定为平局。

下面采用面向过程编程实现五子棋游戏,部分函数省略。

```python
import sys

# 初始化二维列表(二维棋盘)
def init_chessboard(row, col):
    pass


# 打印棋盘
def print_chessboard(chessboard, row, col):
    pass


# 下棋,给定坐标,给定用户,执行下棋,判定是否有人获胜,更新棋盘
def chess(user, x, y, chessboard, row, col):
    pass


# 判定获胜
def is_anyone_win(L, row, col):
    pass


if __name__ == '__main__':

    row = 10
    col = 10
    sig1 = ' ○'
```

```
sig2 = ' ● '


chessboard = init_chessboard(row ,col)
print_chessboard(chessboard, row, col)


number = 1
while True:


    # 确定甲、乙下棋
    if number%2 == 1:
        user = 1
    else:
        user = 0
    number += 1


    # 确定下棋的坐标
    x, y = input('输入下棋的坐标').split(',')
    x = int(x)
    y = int(y)


    # 甲或者乙下棋
    chess(user, x, y, chessboard, row, col)
```

下面采用面向对象编程实现五子棋游戏，类的设计如表 6-1 所示。

表 6-1　类 的 设 计

| 类 | 属　　性 | 方　　法 |
|---|---|---|
| 棋子 | 棋子角色 | 无 |
| 棋盘 | 棋盘行数、棋盘列数、棋盘二维列表、棋盘的两种棋子 | 打印棋盘、更新棋盘、判定有无人获胜 |
| 玩家 | 玩家角色 | 玩家下棋（获取坐标） |
| 游戏 | 游戏状态、玩家、棋盘 | 游戏开始、游戏结束 |

参考代码框架如下，部分函数实现省略。

```
import sys


# 玩家类，实例属性为角色(甲或乙)，实例方法为获取下棋的坐标
class Player:
    def __init__(self, role):
        self.role = role
```

```python
    def get_corrds(self):
        x, y = input('请 %s 下棋：'%self.role).split(',')
        self.corrds_x = int(x)
        self.corrds_y = int(y)


# 五子棋类，实例属性为颜色(白、黑)，实例方法为无
class Gomoku:
    def __init__(self, color):
        if color=='黑':
            self.color = ' ●'
        elif color=='白':
            self.color = ' ○'


# 棋盘类
# 实例属性：棋盘行、棋盘列、棋盘两类棋子的图形、棋盘的二维列表
# 实例方法：根据角色和坐标更新棋盘、打印棋盘、判断有没有人获胜
class gomokuBoard:
    # 构造方法：初始化棋盘时的方法
    def __init__(self, row, col):
        pass


    # 根据指定坐标更新棋盘
    def updateGomokuBoard(self, role, corrds_x, corrds_y):
        pass


    # 打印棋盘
    def printGomokuBoard(self):
pass


    # 根据棋盘中的有色棋子判定有无人获胜
    def is_anyone_win(self):
        pass


# 游戏类
# 实例属性：游戏状态、游戏棋盘、游戏玩家
# 实例方法：游戏开始、游戏结束
class Game:
    def __init__(self, row, col):
```

```
        pass

    def start(self):
pass


    def stop(self):
pass


if __name__ == "__main__":
    # 创建游戏对象，初始化游戏的对象属性
    game = Game(10, 10)
    game.start()
```

**思考**：根据上面的案例，假设要开发一个医院信息管理系统，试分别阐述采用面向过程编程和采用面向对象编程的开发思路。

# 习　　题

**一、选择题**

1. 关于面向对象的程序设计，以下选项中描述错误的是(　　)。

A. 面向对象方法可重用性好

B. Python 3 解释器内部采用完全面向对象的方式实现

C. 用面向对象方法开发的软件不容易理解

D. 面向对象方法与人类习惯的思维方法一致

2.　Python 定义私有变量的方法为(　　)。

A. 使用__private 关键字

B. 使用 public 关键字

C. 使用__×××__定义变量名

D. 使用__×××定义变量名

3. Python 语言中，类的构造函数(或初始化方法)是(　　)。

A. test()　　　　　　　　　　　B. __str__()

C. __init__()　　　　　　　　　D. _init_()

4. 构造方法的作用是(　　)。

A. 一般成员方法　　　　　　　B. 类的初始化

C. 对象的初始化　　　　　　　D. 对象的建立

5. 关于面向对象的继承，以下选项中描述正确的是(　　)。

A. 继承是指一组对象所具有的相似性质

B. 继承是指类之间共享属性和操作的机制

C. 继承是指各对象之间的共同性质

D. 继承是指一个对象具有另一个对象的性质

**二、简答题**

1. 什么是类？什么是对象？类和对象的关系是什么？

2. Python 中的封装是如何实现的？为什么说 Python 的私有化是假的？

3. 什么是面向对象中的多态？多态有什么作用？

**三、编程题**

1. 编程实现：设计一个 Circle(圆)类，包括圆心位置、半径、颜色等属性。编写构造方法和其他方法，计算周长和面积。编写程序验证类的功能。

输出用例：

    62.800000000000004

    314.0

2. 编程实现：定义一个举重运动员类，要求如下：

(1) 举重运动员有身高、体重、正常举重能力(单位为 kg，该值小于举重上限)、举重上限的属性。

(2) 举重运动员有吃饭的方法，每吃一顿饭，体重增加 2 kg。

(3) 举重运动员有练习举重的方法，每练习举重一次，体重减少 0.2 kg，举重能力增加 1 kg，打印当前的举重能力；达到举重上限时，则不能增加。

(4) 创建对象，初始化身高 180、体重 80、举重能力 100、举重上限 105；调用对象方法，完成吃两顿饭、练习举重一次。

3. 定义两个类并调用所定义的类创建对象和调用实例方法，实现以下功能：

(1) 房子有面积的属性、已有家具的总面积的属性、家具数量的属性，房子还有添置家具的方法。

(2) 各种家具也都有名字和占地面积的属性。

(3) 可以往房子里添置各种家具，每添加一个家具时，都要判断房子还能不能放进去新的家具。如果能，则打印新增家具后家具的数量和所有的家具的名称；如果不能，则打印"房间已满，不能再添置家具"。

4. 设计一个"贪吃蛇"(Snake)的类，要求如下：

(1) 贪吃蛇有 3 个属性：贪吃蛇的长度 length、贪吃蛇的当前运动方向 current_direction 以及贪吃蛇在地图中头部的坐标(x，y)。x 和 y 都是正整数，且范围为 1～12，也就是说，所有 x = 1 或者 x = 12 或 y = 1 或 y = 12 的坐标都是地图边界。

(2) 贪吃蛇可以在地图上进行上下左右的移动，定义一个实例方法 move，每次朝着一个方向移动一个单元格(即 x 和 y 的坐标增加或减少 1)，move 方法接收一个参数，即运动方向(direction)。如果贪吃蛇可以朝着这个方向移动，则设置贪吃蛇当前运动方向的值为 direction，并打印"贪吃蛇朝着上/下/左/右移动了一个单元格"(当参数 direction 的值和当前运动方向相反时，则打印"输入的方向无效")；如果贪吃蛇朝着这个方向运动会碰到边界，则打印"GAME OVER"。

(3) 贪吃蛇可以吃食物，定义一个实例方法 eat，每次吃一个食物，本方法不接收额外参数。调用本方法时，将贪吃蛇长度增加 1。

(4) 创建一个贪吃蛇对象，初始化长度为 1，运动方向为"right"，贪吃蛇头部坐标为 (1，1)；向右运动 5 个单元格，吃 1 个食物，再向右运动 8 个单元格。

(5) 再创建一个贪吃蛇对象，初始化长度为 1，运动方向为"right"，贪吃蛇头部坐标为(6，6)；向右运动 3 个单元格、吃 1 个食物，向下运动 5 个单元格、吃 1 个食物，向左运动 2 个单元格、吃 1 个食物，向下运动 2 个单元格。

# 第 7 章　字　符　串

(1) 了解 Python 中字符串的基本概念、转义字符的用法；
(2) 掌握字符串基本操作和常用方法；
(3) 理解字符集、字符编码的概念，熟悉常用的字符串编码格式；
(4) 学会使用%运算符和 format()方法格式化字符串；
(5) 引入诗词元素，继承和弘扬传统文化。

## 7.1　字符串的基本概念

Python 中使用单引号或者双引号括起来的内容(中英文和各类字符)就是字符串。字符串是 Python 中最常用的数据类型。可以使用引号( '或" )来创建字符串，比如 "hello world"、' Artificial Intelligence'、"你好" 等都是字符串。

### 7.1.1　创建字符串

#### 1. 双引号/单引号创建字符串

双引号/单引号创建字符串的示例代码如下：

```
str1 = "hello"
str2 = 'Python'
# 单引号和双引号都可以引用一个字符串，它们之间没有区别
print(str1, str2)
```

运行结果如下：

hello Python

如果字符串的内容中本身带有引号，则直接表示可能会引发报错，示例代码如下：

str3 = " Beautiful is "better" than ugly."

运行结果如下：

str3 = " Beautiful is "better" than ugly."

             ^

SyntaxError: invalid syntax

这是由于 str3 中字符串内容中带了双引号，而引用字符串内容的也是双引号，因此会引起语法错误。需要采用以下两种方式来处理：

（1）使用不同的引号将字符串括起来，示例代码如下：

# 由于 str3 中字符串内容是用双引号括起来的，因此考虑引用字符串的引号为单引号

str3 = 'Beautiful is "better" than ugly.'

print(str3)

运行结果如下：

Beautiful is "better" than ugly.

或者，如果字符串内容中的引号可以用单引号，则示例代码如下：

str4 = "Explicit is 'better' than implicit."

print(str4)

运行结果如下：

Explicit is 'better' than implicit.

（2）使用转义字符来处理字符串内容中的引号，示例代码如下：

str5 = "Explicit is \"better\" than implicit."

print(str5)

运行结果如下：

Explicit is "better" than implicit.

### 2. 三单引号/三双引号创建字符串

当程序中有大段的文字需要定义为字符串时，考虑使用长字符串形式。使用三个引号对定义长字符串，该字符串中既可以包含单引号，也可以包含双引号。这种形式定义长字符串非常灵活且功能强大。

**例 7.1**  长字符串的使用方式，代码如下：

s = '''

这是个长字符串，

可以跨越多行

'''

print(s)

运行结果如下：

这是个长字符串，

可以跨越多行

## 7.1.2　转义字符

需要在字符中使用特殊字符时，Python 用反斜杠\表示转义字符，部分常用转义字符如表 7-1 所示。

**表 7-1　Python 常用转义字符**

| 转义字符 | 描　述 |
|---|---|
| \ (在行尾时) | 续行符 |
| \\ | 反斜杠符号 |
| \' | 单引号 |
| \" | 双引号 |
| \a | 响铃 |
| \n | 换行符 |
| \t | 制表符 |
| \r | 回车符 |
| \b | 退格符 |
| \0 | 空字符 |

**例 7.2**　续行符 \ 的使用，代码如下：

```
s = 'Simple is better \
than complex.'
print(s)
```

运行结果如下：

```
Simple is better than complex.
```

**例 7.3**　使用制表符 \t 排版，代码如下：

```
str1 = '网站\t\t 域名\t\t\t 年龄\t\t 并发'
str2 = '教育平台\thigher.smartedu.cn\t8\t\t 每秒数万'
str3 = '百度\t\twww.baidu.com\t\t24\t\t 每秒百万'
print(str1)
print(str2)
print(str3)
```

运行结果如下：

| 网站 | 域名 | 年龄 | 并发 |
|---|---|---|---|
| 教育平台 | higher.smartedu.cn | 8 | 每秒数万 |
| 百度 | www.baidu.com | 24 | 每秒百万 |

## 7.1.3　原始字符串

由于字符串中的反斜线有特殊作用，因此字符串中包含反斜线时，就需要对其进行转义。

比如针对 Windows 路径 C:\Users\renyong\Desktop，如果在程序中将其写成字符串 s = 'C:\Users\renyong\Desktop'，则它是错误的，因为 Python 会将路径中的\符号认为是转义字符，和后面的字母结合在一起翻译，这里 Python 会将\的字母翻译成 Unicode 的编码，从而报错。

可以使用两个\符号来还原路径中的\，程序如下：

```
s = 'C:\\Users\\renyong\\Desktop'
print(s)
```

运行结果如下：

```
C:\Users\renyong\Desktop
```

不过上述写法比较麻烦，可以借助原始字符串来解决这些问题。原始字符串以"r"字母开头引导一个字符串，原始字符串不会把反斜线 \ 当成特殊字符，示例代码如下：

```
s = r'C:\Users\renyong\Desktop'
```

## 7.2　字符串的基本操作

本节介绍字符串的基本操作，包括字符串引用、字符串运算符以及字符串转换，为读者理解和运用 Python 字符串打下基础。

### 7.2.1　字符串引用

#### 1. 索引法访问字符

索引法访问字符的示例代码如下：

```
s = "苏州大学应用技术学院"
print(s[2])
print(s[-2])
```

运行结果如下：

```
大
学
```

#### 2. 切片法访问字符序列

切片法访问字符序列的示例代码如下：

```
str1 = 'this is a test'
str2 = '这是一个测试'
print(str1[5: 7])
print(str2[-2: ])
print(str1[0: 10: 2])
```

运行结果如下：

is
测试
ti sa

## 7.2.2　字符串运算符

Python 中的字符串可以使用连接、重复、成员等运算符，常用运算符及说明如表 7-2 所示。

表 7-2　Python 字符串常用运算符及说明

| 运算符 | 说　　明 |
| --- | --- |
| + | 字符串连接 |
| * | 重复输出字符串 |
| in | 成员运算符，如果字符串中包含给定的字符，则返回 True |
| not in | 成员运算符，如果字符串中不包含给定的字符，则返回 True |
| % | 格式字符串 |

**例 7.4**　字符串常用运算符操作，代码如下：

```
a = "Hello"
b = "Python"

print("a + b 输出结果：", a + b)
print("a * 2 输出结果：", a * 2)

if ("H" in a) :
    print("H 在变量 a 中")
else :
    print("H 不在变量 a 中")

if ("M" not in a):
    print("M 不在变量 a 中")
else:
    print("M 在变量 a 中")
```

运行结果如下：

a + b 输出结果：HelloPython

a * 2 输出结果：HelloHello

H 在变量 a 中

M 不在变量 a 中

## 7.2.3　字符串转换

有时需要将数字和字符串进行拼接，而 Python 不允许直接拼接数字和字符串，程序必须先将数字转为字符串后才能拼接。为了将数字转为字符串，可以使用 str()和 repr()函数，示例代码如下：

```
str1 = "Errors should never pass silently."
str2 = 32
print(str1 + str(str2))
# 或 print(s1 + repr(s2))
```

运行结果如下：

```
Errors should never pass silently.32
```

repr()和 str()函数都可以将数字转为字符串，但两者之间存在一定的差异。repr()函数返回一个字符串，这个字符串是合法的 Python 表达式，主要用于开发和调试，旨在提供尽可能多的信息；而 str()函数用于将值转为人适于阅读的形式，主要用于显示对象。

**例 7.5**  repr()和 str()函数的使用，代码如下：

```
st = "Stay hungry, stay foolish."
print(st)
print(str(st))
print(repr(st))
```

运行结果如下：

```
Stay hungry, stay foolish.
Stay hungry, stay foolish.
'Stay hungry, stay foolish.'        # repr(st)的结果是带引号的
```

## 7.3  字符串的常用方法

Python 中提供了许多内置方法来执行字符串的各种操作，表 7-3 列出了 Python 字符串的常用方法，并按功能对常用方法进行了简单分类。

表 7-3  Python 字符串常用方法及分类

| 类型 | 字符串常用方法 |
|------|----------------|
| 大小写转换 | lower()、upper()、title()、capitalize() |
| 查找与替换 | startswith()、endswith()、find()、index()、replace() |
| 删除空白字符 | strip()、lstrip()、rstrip() |
| 字符串判断 | isalpha()、isalnum()、isnumeric()、isdigit() |
| 分割与连接 | split()、join() |
| 其他 | count()、help()、dir() |

### 7.3.1　字符串大小写转换

字符串大小写转换的方法如下：

(1) lower()：将整个字符串改为小写。

(2) upper()：将整个字符串改为大写。

(3) title()：将每个单词的首字母改为大写。

(4) capitalize()：将字符串的第一个字母变成大写，其他字母变成小写。

例 7.6　字符串大小写转换，代码如下：

```python
a = 'Flat is better than nested.'.upper()
b = 'Sparse is better than dense.'.lower()
c = 'this is a test'.title()
d = 'this is a test'.capitalize()
print(a)
print(b)
print(c)
print(d)
```

运行结果如下：

```
FLAT IS BETTER THAN NESTED.
sparse is better than dense.
'This Is A Test'
'This is a test'
```

### 7.3.2　字符串查找与替换

字符串查找与替换的相关方法如下：

(1) startswith()：判断字符串是否以指定子串作为开头。

(2) endswith()：判断字符串是否以指定子串作为结尾。

(3) find()：查找指定子串在字符串中出现的位置，如果没有找到指定子串，则返回 −1。

(4) index()：查找指定子串在字符中出现的位置，如果没有找到指定子串，则引发 ValueError 错误。

(5) replace()：使用指定子串替换字符串中的目标子串。

例 7.7　字符串查找与替换方法，代码如下：

```python
text = "Readability counts."
substring = "counts"
try:
    index = text.index(substring)
    print(f"Substring '{substring}' found at index {index}")
```

```
except ValueError:
print(f"Substring '{substring}' not found")
```

运行结果如下：

```
Substring 'counts' found at index 12
```

以下展示字符串的替换方式：

```
# replace()方法用于替换字符串中的字符
s = 'Although practicality beats purity.'
t = s.replace('Although', 'Though')
print(t)
```

运行结果如下：

```
Though practicality beats purity.
```

### 7.3.3　删除空白字符

删除空白字符的方法如下：

(1) strip()：删除字符串前后的空白字符。

(2) lstrip()：删除字符串前面的空白字符。

(3) rstrip()：删除字符串后面的空白字符。

**例 7.8**　字符串中删除空白字符，代码如下：

```
# Python 中的空白字符包括空格、制表符和换行符等
s1 = '   \tthis is a test \n\t'.strip()
s2 = '   \tthis is a test \n\t'.lstrip()
s3 = '\tthis is a test \n\t'.rstrip()
print(s1)
print(s2)
print(s3)
```

运行结果如下：

```
this is a test
this is a test

    this is a test
```

需要注意的是，Python 的字符串是不可变的(不可变的意思是字符串一旦形成，它所包含的字符序列就不能发生任何改变)，因此这 3 个方法只是返回字符串前面或者后面空白被删除之后的副本，并没有真正改变字符串本身。

### 7.3.4　字符串判断

字符串判断的方法如下：

(1) isalpha()：检查字符串是否只包含字母。

(2) isdigit()：检查字符串是否只包含数字，但仅识别十进制数字字符。

(3) isalnum()：检查字符串是否都由字母、数字构成。

(4) isnumeric()：检查字符串是否只由数字组成，包括特殊数字形式(如罗马数字)，适用于识别更广泛的数字表示形式。

例 7.9    检查字符串组成情况(是否包括字母、数字等)，代码如下：

```
# 字符串定义如下
string1 = "Hello"
string2 = "Hello123"
string3 = "12345"
string4 = "一二三四五"
# 输出字符串判断结果
print("string1 只包含字母:", string1.isalpha())
print("string2 只包含字母:", string2.isalpha())
print("string2 只包含数字:", string3.isdigit())
print("string3 只包含数字:", string4.isdigit())
print("string3 只包含数字:", string4.isnumeric())
```

运行结果如下：

```
string1 只包含字母: True
string2 只包含字母: False
string2 只包含数字: True
string3 只包含数字: False
string3 只包含数字: True
```

## 7.3.5   字符串分割与连接

以下方法用于字符串的分割与连接：

(1) split()：将字符串按照指定的分隔符分成多个短语，并以列表形式返回。

(2) join()：用指定字符将多个短语连接成字符串。

例 7.10    字符串分割、连接操作，代码如下：

```
# 原始字符串，包含名字和电话号码，由逗号分隔
info_string = "Alice,123-456-7890,Bob,987-654-3210 "

# 使用 split()方法分割字符串，指定逗号为分隔符(默认以空格分割)
names_and_numbers = info_string.split(',')
print("分割后的列表:", names_and_numbers)

# 先将列表中的元素分为名字和电话号码两部分
```

```
names = names_and_numbers[::2]                    # 提取名字
numbers = names_and_numbers[1::2]                 # 提取电话号码

# 使用 join()方法重新组合名字和电话号码
combined_names = '; '.join(names)                 # 将名字用分号连接
combined_numbers = ': '.join(numbers)             # 电话号码用冒号连接

print("重新组合后的名字:", combined_names)
print("重新组合后的电话号码:", combined_numbers)
```

输出结果如下：

```
分割后的列表: ['Alice', '123-456-7890', 'Bob', '987-654-3210 ']
重新组合后的名字: Alice; Bob
重新组合后的电话号码: 123-456-7890: 987-654-3210
```

## 7.3.6　其他字符串方法

其他字符串方法如下：

(1) count()：统计字符串中指定子字符串出现的次数。

(2) dir()：列出某个对象的所有属性和方法。

(3) help()：查看某个方法或类的帮助文档。

```
# 定义一个字符串
text = "hello world, hello universe, hello everyone"
# 统计 "hello" 出现的次数
count_hello = text.count("hello")

print(count_hello)
```

运行结果如下：

```
3
```

以下展示 dir()和 help()方法的使用：

```
# 使用 dir()方法列出 str 对象的所有属性和方法
dir(str)


# 使用 help()方法获取 str.lower()方法的帮助文档
help(str.lower)
```

**注意**：如果不给 help()提供任何参数，则它将进入交互式帮助模式，可以在这个模式下输入更多的查询。

此外，Python 还提供了很多字符串函数，可以实现字符串的拼接、去重、反转、字母花样排序、列表转字符串等操作。

## 7.4　字符串格式化

字符串格式化是将数据插入到字符串中的过程，用于创建格式化的字符串输出，可以通过 "%" 操作符、str.format() 方进行数字、字符串的格式化显示。

### 7.4.1　通过 "%" 进行字符串格式化

#### 1. % 使用介绍

在 Python 中，% 运算符可以用来进行字符串格式化。其基本语法如下：

```
"格式化字符串" % (值 1，值 2，……)
```

(1) 格式化字符串：一个包含 % 字符的字符串，% 后面跟着一个格式占位符，例如 %s 表示字符串，%d 表示整数，%f 表示浮点数等。

(2) 值：一个或多个值，将被插入到格式化字符串中相应的 % 指示符位置。

字符串格式化输出示例如下：

```
print('我叫%s，今年%d 岁；\n 我叫 Java，今天%d 岁；\n 我叫 C，今年%d 岁。'%("Python",30,40,50))
```

运行结果如下：

```
我叫 Python，今年 30 岁；
我叫 Java，今天 40 岁；
我叫 C，今年 50 岁。
```

Python 中的格式占位符也称为格式转换符，主要用于说明输出格式(参见第 2 章　表 2-2 Python 常用的格式占位符)。

#### 2. 指定最小输出宽度

在输出整数和字符串时，可以指定输出内容的宽度。如，%10d 表示输出的整数宽度至少为 10；%20s 表示输出的字符串宽度至少为 20。指定最小输出宽度的示例代码如下：

```
n = 1234567
print("n(10):%10d." % n)
print("n(5) :%5d." % n)
url = "http://c.biancheng.net/python/"
print("url(35):%35s." % url)
print("url(20):%20s." % url)
```

运行结果如下：

```
n(10):    1234567.
n(5) :  1234567.
url(35):     http://c.biancheng.net/python/.
url(20):    http://c.biancheng.net/python/.
```

### 3. 指定对齐方式

在 Python 格式字符串中，可用相应的标志来指定对齐方式，如表 7-4 所示。

**表 7-4  常用对齐方式说明**

| 标志 | 说　　明 |
|---|---|
| - | 指定左对齐 |
| + | 表示输出的数字总要带着符号；正数带+，负数带- |
| 0 | 表示宽度不足时补充 0，而不是补充空格。 |

对于整数，指定左对齐时，在右边补 0 是没有效果的，因为这样会改变整数的值。

对于小数，表 7-4 中的 3 个标志可以同时存在。

对于字符串，只能使用 "-" 标志，因为符号对于字符串没有意义，而补 0 会改变字符串的值。

指定对齐方式的示例代码如下：

```
n = 123456
# %09d 表示最小宽度为 9，左边补 0
print("n(09):%09d" % n)
# %+9d 表示最小宽度为 9，带上符号
print("n(+9):%+9d" % n)
f = 140.5
# %-+010f 表示最小宽度为 10，左对齐，带上符号
print("f(-+0):%-+010f" % f)
s = "Hello"
# %-10s 表示最小宽度为 10，左对齐
print("s(-10):%-10s." % s)
```

运行结果如下：

```
n(09):000123456
n(+9):  +123456
f(-+0):+140.500000
s(-10):Hello
```

### 4. 指定小数精度

在 Python 中，指定小数精度可以使用字符串格式化方法，具体是在格式化字符串中使用格式占位符%m.nf 来实现，m 表示数据的总宽度，n 表示小数后的精度，示例代码如下：

```
f = 3.141592653
# 最小宽度为 8，小数点后保留 3 位
print("%8.3f" % f)
# 最小宽度为 8，小数点后保留 3 位，左边补 0
print("%08.3f" % f)
```

```
# 最小宽度为 8, 小数点后保留 3 位, 左边补 0, 带符号
print("%+08.3f" % f)
```

运行结果如下:

```
   3.142
0003.142
+003.142
```

## 7.4.2    通过 "format" 进行字符串格式化

例 7.11 的代码展示了以下 3 种不同的字符串格式化方法:

(1) 使用 str.format()方法: 在字符串中使用{}占位符, 并调用 format()方法来填充实际的值。

(2) 使用格式说明符: 在{}占位符中加入格式说明符, 以指定输出值格式。

(3) 使用 f-strings: 在字符串前加上 f 前缀, 然后在字符串中直接插入变量或表达式, Python 解释器会自动将其替换为相应的值。

**例 7.11**    使用 str.format()方法进行字符串格式化, 代码如下:

```
name = "Alice"
age = 30
message = "My name is {} and I am {} years old.".format(name, age)
print(message)


# 使用格式说明符进行字符串格式化
price = 19.99
message = "The price is {:.2f} dollars.".format(price)
print(message)


# 使用 f-strings 进行字符串格式化
message = fumie name is {name} and I am {age} years old."
print(message)
```

程序运行输出如下:

```
My name is Alice and I am 30 years old.
The price is 19.99 dollars.
My name is Alice and I am 30 years old.
```

## 7.4.3    格式化数字

格式化数字的示例代码如下:

```
print("{:.2f}".format(3.1415926))
```

运行结果如下:

```
3.14
```

常见格式化数字输出情况如表 7-5 所示。

表 7-5　常见格式化数字输出情况

| 数 字 | 格 式 | 输 出 | 说 明 |
|---|---|---|---|
| 3.1415926 | {:.2f} | 3.14 | 保留小数点后两位 |
| 3.1415926 | {:+.2f} | +3.14 | 带符号保留小数点后两位 |
| -1 | {:+.2f} | -1.00 | 带符号保留小数点后两位 |
| 2.71828 | {:.0f} | 3 | 不带小数 |
| 5 | {:0>2d} | 05 | 数字补零(填充左边，宽度为 2) |
| 5 | {:x<4d} | 5xxx | 数字补 x (填充右边，宽度为 4) |
| 10 | {:x<4d} | 10xx | 数字补 x (填充右边，宽度为 4) |
| 1000000 | {:,} | 1,000,000 | 以逗号分隔的数字格式 |
| 0.25 | {:.2%} | 25.00% | 百分比格式 |
| 1000000000 | {:.2e} | 1.00e+09 | 指数记法 |
| 13 | {:>10d} | 13 | 右对齐(默认，宽度为 10) |
| 13 | {:<10d} | 13 | 左对齐(宽度为 10) |
| 13 | {:^10d} | 13 | 中间对齐(宽度为 10) |

## 7.5　编码格式

在涉及读写文本文件、电子表格、Word 文档等文件时，很多初学者往往会遇到"文件无法打开""文件显示乱码""所用编码无法打开该文件"等错误，其中的原因往往是打开文件时没有选择正确的编码格式。因此学习字符串时，了解其底层的编码格式非常有必要，下面将逐一介绍字符集、字符编码及其关系。

### 7.5.1　字符集

字符集(Character Set)是一个定义了数字代码与字符之间映射关系的集合。在计算机发展早期，美国人为了能在计算机中表示各类字符，制定了一套编码标准，解决了 128 个字符与二进制数据的对应关系，这个标准就是 ASCII 字符集。这套字符编码集只能显示英文、数字及一些常用的符号。随着计算机网络的发展，各国都接入了互联网，ASCII 字符集不能表示各国文字(中文、阿拉伯文、德文、西班牙文等)，因此国际组织开发了一套可以兼容各国字符的新的字符集——Unicode 字符集(也称为统一码、万国码、单一码)。

简单来说，字符集就是一套规则，它规定了计算机系统中每个字符对应的数字代码，以及这些数字代码如何被转换成二进制形式以便计算机存储、处理和交换文本数据，如表 7-6 所示。

表 7-6    字符与字符的编码

| 字符 | 字符编码(十进制) | 字符编码(十六进制) | 字符编码(二进制) |
|---|---|---|---|
| '严' | 20005 | 4E25 | 01001110 00100101 |
| 'a' | 97 | 61 | 01100001 |
| '苏' | 33487 | 82CF | 10000010 11001111 |

以下简单展示字符与字符编码转换的操作：

```
print(ord('苏'))
print('%x'% 33487)
print(bin(33487))
```

运行结果如下：

```
33487
82cf
0b1000001011001111
```

### 7.5.2    字符编码

有了字符集概念之后，再来介绍如何将字符集存储到计算机中的方案，即字符编码方案。

#### 1. Unicode 字符集的编码方案

Unicode 字符集的编码方案有 3 种(UTF-8、UTF-32 和 UTF-16)。字符集定义了每个字符与其对应的二进制编码之间的映射关系。字符编码则规定了如何用字节来存储这些二进制数据。字符编码不仅仅是简单地使用多个字节来存储数据，它还涉及一些算法的设计，这些算法用于确定某个字符的具体编码方式。

(1) UTF-8：一种变长的编码方案，使用 1~4 个字节来存储一个字符的二进制数据。

(2) UTF-32：一种固定长度的编码方案，不管字符编号大小，始终使用 4 个字节存储一个字符的二进制数据。

(3) UTF-16：介于 UTF-8 和 UTF-32 之间，使用 2 个或 4 个字节来存储一个字符的二进制数据，长度既固定又可变。

目前，UTF-8 是使用最为广泛的编码方案。

国际组织开发了 Unicode 字符集，兼容了世界各国的字符，同时提出了 UTF-8、UTF-32、UTF-16 等编码方案。我国也先后开发了多个字符编码标准(采用不同的字节数表示同一个二进制数)。

1980 年，我国出台了适用于简体中文的 GB2312 编码。

1995 年，由于 GB2312 支持的汉字较少，将 GB2312 扩展为 GBK 编码。

2000 年，GB18030 编码取代 GBK 成为正式的国家标准。

需要强调的是：UTF-8、UTF-32、UTF-16、GBK、GB2312、GB18030 等都是字符编码的方式，而非字符集。

### 2. 查看当前环境下的编码格式

查看当前环境下的编码格式的示例代码如下:

```
import sys
sys.getdefaultencoding()
```

运行结果如下:

```
'UTF-8'
```

### 3. 字符集与字符编码的关系

字符集描述的是每个字符和二进制的对应关系;字符编码规定的是用几个字节来存储二进制数据,以表示某个字符的方案。

在 Python 中,可以使用 ord()和 chr()函数实现字符和编码数字之间的转换,示例代码如下:

```
ord('网')
chr(32593)
ord("苏")
chr(33487)
```

运行结果如下:

```
32593
'网'
33487
'苏'
```

## 7.6 编码解码

编码和解码是处理字符与字节序列之间相互转换的过程。Python 提供了内置的方法 encode()和 decode(),它们分别用于实现编码和解码。

### 7.6.1 编码

编码是指将字符按照某种编码方案(如 UTF-8 或 GB18030 等)转换为对应的二进制字节数据。同一个字符使用不同的编码方案转换后得到的二进制数据不同。编码方法为 encode(),其语法如下:

```
str.encode([encoding='UTF-8'][,errors="strict"])
```

命令含义如下:

(1) str:表示要进行转换的字符串。

(2) encoding = "UTF-8":指定进行编码时采用的编码方案,该选项默认采用 UTF-8 编码。例如使用简体中文,可以设置为 gb18030。当方法中只使用这一个参数时,可以省略

encoding 参数，直接写编码格式，例如 str.encode("UTF-8")。

(3) errors = "strict"：指定错误处理方式，选择值可以是 strict(遇到非法字符就抛出异常)、ignore(忽略非法字符)或 replace(用"?"替换非法字符)。

例 7.12　使用 encode()方法进行字符编码，代码如下：

```
print("严".encode(encoding='UTF8'))
print("苏".encode(encoding='UTF8'))
print("苏".encode(encoding='gb18030'))
print("苏州".encode(encoding='UTF8'))
print("苏州大学".encode(encoding='UTF8'))
print("a".encode(encoding="UTF8"))
print("a".encode(encoding="gb18030"))
```

运行结果如下：

```
b'\xe4\xb8\xa5'
b'\xe8\x8b\x8f'
b'\xcb\xd5'
b'\xe8\x8b\x8f\xe5\xb7\x9e'
b'\xe8\x8b\x8f\xe5\xb7\x9e\xe5\xa4\xa7\xe5\xad\xa6'
b'a'
b'a'
```

### 7.6.2　解码

解码是指将二进制数据通过某种解码方案(UTF-8 或 GB18030 等)转换为字符的编码数字。解码方法为 decode()，其语法如下：

```
bytes.decode([decoding='UTF-8'][,errors="strict"])
```

命令含义如下：

(1) bytes：表示要进行转换的二进制数据。

(2) encoding="UTF-8"：指定解码时采用的字符编码，默认采用 UTF-8 格式。当方法中只使用这一个参数时，可以省略"encoding="，直接写编码方式即可。注意，对 bytes 类型数据解码时，要选择和当初编码时一样的格式。

(3) errors = "strict"：指定错误处理方式，选择值可以是 strict(遇到非法字符就抛出异常)、ignore(忽略非法字符)或 replace(用"?"替换非法字符)。

### 7.6.3　编码解码示例

"苏"这个字的 Unicode 是编码数字 33487，下面分别用 UTF-8 或 GB18030 编码方案进行编码、解码：

(1) 用 UTF-8 编码后，编码数字 33487(二进制 1000001011001111)变成了 3 字节十六进制数据 b'\xe8\x8b\x8f'(11101000 10001011 10001111)。

(2) 用 GB18030 编码后,编码数字 33487(二进制 1000001011001111)变成了 2 字节十六进制数据 b'\xcb\xd5'(1100101111010101)。

因为 Unicode 是中间跳板,所以任何的编码结果必须先转为 Unicode 编码数字之后,再编码为需要的字符编码(二进制数据),如图 7-1 所示。

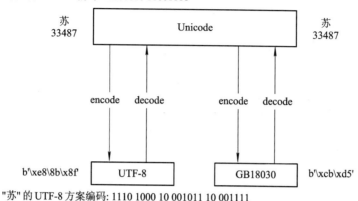

图 7-1　字符编码解码示意图

**例 7.13**　使用 UTF-8、GB18030 进行编码、解码,代码如下:

```
s1 = "苏"
print("字符:",s1)
print("编码数字:",ord(s1))

# 使用 UTF-8 编码
utf_code= s1.encode(encoding='UTF-8')
print("UTF-8 编码:",utf_code)              # 输出编码后的二进制数据
s2 = utf_code.decode('UTF-8')              # 使用 UTF-8 解码
print("字符:",s2)

# 使用 GB18030 编码
gb18030_code = s2.encode(encoding='gb18030')
print("GB18030 编码:",utf_code)            # 输出编码后的二进制数据
s3=gb18030_code.decode('gb18030')          # 使用 GB18030 解码
print("字符:",s3)
```

运行结果如下:

```
字符: 苏
编码数字: 33487
UTF-8 编码: b'\xe8\x8b\x8f'
字符: 苏
GB18030 编码: b'\xe8\x8b\x8f'
字符: 苏
```

## 7.7 应用案例

**例 7.14** 打印字符进度条，代码如下：

```
import time
scale=50
print("执行开始".center(scale//2,"-"))
start=time.perf_counter()

for i in range(scale+1):
    a='*'*i
    b='.'*(scale-i)
    c=(i/scale)*100
    dur=time.perf_counter()-start
    print("\r{:^3.0f}%[{}->{}]{:.2f}s".format(c,a,b,dur),end="")
    time.sleep(0.1)
print("\n"+"执行结束".center(scale//2,'-'))
```

运行结果如下：

```
----------执行开始----------
100%[*************************************************->]5.46s
----------执行结束----------
```

**例 7.15** 字符加密。

输入若干个小写英文字符串 a 和一个非负数 b(0≤b<26)，将 a 中的每个小写字符替换成字母表中比它大 b 的字母。这里将字母表的 z 和 a 相连，如果超过了 z，就回到了 a。示例代码如下：

```
# 输入：a="abc", b=3
a="abc"
b=3
c = ""

for j in a:                          # 遍历字符串 a 中的每一个英文小写字母
    if ord(j)+b < 124:               # 判断加密后是否超过 z
        c += chr(ord(j)+b)           # 如果不超过，则直接添加
    else:
        c += chr(ord(j)+b-26)        # 否则添加回到开头的字母
```

```
print(c)          #打印加密后的字符串
```

运行结果如下：

```
def
```

# 7.8　拓展案例与思考

**案例**：中文诗句的排版输出。

编写代码，将"春眠不觉晓，处处闻啼鸟。夜来风雨声，花落知多少。"这首古诗，分 4 行输出显示(不带标点符号文字居中显示)，每行显示宽度为 30 字符，宽度不足时用汉字空格填充。

编程思路分析：

(1) 诗句以字符串形式存储，不带标点，分 4 行输出，所以先要将标点符号去掉，可以用 replace()函数来实现。

(2) 字符串分 4 部分，可用切片函数 split()来实现。

(3) 汉字空格的 Unicode 编码为 12288，输出汉字空格可将编码转字符，可用 chr()函数来实现。

(4) 居中指定宽度，可用 center()函数来实现。如 str.center(30)表示将 str 字符串居中，宽度为 30 字符，宽度不足时用空格填充；如 str.center(30,"x") center 可带第二个参数，指定填充用的字符，此处用"x"进行填充。

**思考**：

(1) 在计算机中存储一个汉字需要几个字节？请考虑不同的字符编码情况。

(2) 如果打开的文件出现乱码，则分析乱码的主要原因并列出解决方法。

# 习　　题

## 一、选择题

1. 获得字符串 s 长度的方法是(　　　)。

A. s.len()　　　　　　　　　　　　B. s.length()

C. len(s)　　　　　　　　　　　　D. length(s)

2. 执行以下两条语句后，lst 的结果是(　　　)。

```
lst = [3, 2, 1]
lst.append(lst)
```

A. [3,2,1,[3,2,1]]　　　　　　　　B. [3, 2, 1, [...]]，其中"..."表示无穷递归

C. 抛出异常                                          D.   [3, 2, 1, lst]

3. 字符串 s 从右侧向左第 2 个字符用(      )访问。

A. s[:-2]                    B. s[-2]                    C. s[0:-2]                D. s[2]

4. 设 str = 'python'，若把字符串的第一个字母大写，其他字母还是小写，则正确的选项是(      )。

A. print(str[0].upper()+str[1:])                    B. print(str[1].upper()+str[-1:1])

C. print(str[0].upper()+str[1:-1])                 D. print(str[1].upper()+str[2:])

5. 下列语句的执行结果是(      )。

    tstr = 'Baidu Translation is an online translation service'

    print(len(tstr.split('a')))

A. 9                        B. 6                        C. 7                        D. 8

6. 以下关于字符串类型的操作的描述中错误的是(      )。

A.   str.replace(x,y)方法把字符串 str 中所有的 x 子串都替换成 y

B.   想把一个字符串 str 所有的字符都大写，可用 str.upper()来实现

C.   想获取字符串 str 的长度，可用字符串处理函数 str.len()来实现

D.   设 x = 'aa'，则执行 x*3 的结果是'aaaaaa'

7. 能够同时去掉字符串左边和右边空格的函数是(      )。

A. center()              B. count()              C. format()              D. strip()

8. Python 语句 print("{:.2f}".format(20-2**3+10/3**2*5))的输出结果是(      )。

A. 17.55                  B. 67.56                  C. 12.22                  D. 17.56

9. 执行以下程序，输入"93python22"，输出的结果是(      )。

    w = input("请输入数字和字母构成的字符串：")

    for x in w:

        if '0'<= x <= '9':

            continue

        else:

            w.replace(x,'')

    print(w)

A. python9322          B. python          C. 93python22          D. 9322

10. 若 a = 'abcd'，想将 a 变为'ebcd'，则下列语句中正确的是(      )。

A. a[0] = 'e'                                          B. replace('a', 'e')

C. a = 'e' + a[1:]                                    D. a[1] = 'e'

## 二、编程题

1. 输入以英文逗号分隔的 7 个整数，依此代表某一时间的年、月、日、时、分、秒、微秒，返回格式化字符串时间(比如 Thursday, 15. September 2016 04:14PM)。

2. 将一段 C 语言代码定义成长字符串，具体如下：

```
"int main(int argc, char* argv[]}

{
```

```
    char str[] = "hello,lyshark,welcome";
    char *ptr;

    ptr = strtok(str, ",");
    while (ptr != NULL)
    {
        printf("切割元素: %s\n", ptr);
        ptr = strtok(NULL, ",");
    }
    system("pause");
    return 0;
}"
```

要求对该字符串完成下述操作：

(1) 将字符串中的 char 都改为 int。

(2) 将字符串处理为列表：['int main(int argc, char* argv[]}', '{', 'char str[] = "hello, lyshark, welcome";', 'char *ptr;', 'ptr = strtok(str, ",");' ...]。

# 第 8 章　异 常 处 理

## 学习目标

(1) 理解异常处理的概念与表现形式；

(2) 掌握 Python 异常处理的基本语法；

(3) 熟悉常用的内置异常类及其含义；

(4) 通过实际案例了解异常处理的重要性，使读者学会未雨绸缪地思考问题，培养读者精益求精的工匠精神。

## 8.1　异常处理的概念与表现形式

在 Python 中，异常处理是一种处理程序运行期间可能发生的错误或异常的机制。这种处理机制允许程序在遇到问题时稳定可控地处理，而不是立即崩溃或停止执行。通过捕获和处理异常，程序可以继续执行其他任务，或者采取适当的措施来处理错误。

程序出现异常是因为在程序执行过程中遇到了预期之外的情况，这些情况可能源于外部环境的干扰、程序本身的错误或疏漏，以及程序员在编程时遇到的难以预见的复杂、多样的问题。例如：程序员的疏忽导致的错误包括语法错误、逻辑错误、试图除以零等；由环境引发的问题，如文件不存在、网络连接失败、内存不足等；或者是由输入数据引发的问题，如无效的输入值等。为了确保程序的稳定性和可靠性，程序员需要在编写程序时尽可能考虑到各种可能的情况，并编写适当的异常处理逻辑来处理这些异常情况。

## 8.2　异常处理语法及异常类

### 8.2.1　异常处理基本语法

Python 中的异常处理主要通过 try、except、else 和 finally 4 个语句实现。

(1) try：try 块包含可能会引发异常的代码。当 try 块中的代码运行时，如果发生异常，则控制流将立即转移到 except 块。

(2) except：except 块包含处理特定异常的代码。当 try 块中的代码引发异常时，Python 会搜索与该异常匹配的 except 块，并执行该块中的代码。如果没有找到匹配的 except 块，那么异常将继续传递到调用栈的上一层，直到找到匹配的块，或者如果最终没有找到匹配的块，则程序将终止。可以有多个 except 块来处理不同的异常。

(3) else：else 块是可选的，它包含的代码块会在 try 块成功执行(即没有引发异常)时运行。

(4) finally：finally 块也是可选的，它包含的代码块无论是否引发异常都会执行。它通常用于清理资源，如关闭文件或网络连接。

虽然异常处理通常使用 try、except 和 finally 语句，但条件语句(如 if)也可以用来处理某些特定的异常情况。尽管条件语句不是处理异常的推荐方法(因为异常处理机制为异常提供了专门的框架)，但在某些情况下，使用条件语句来处理特定条件或异常可能是合理的。

### 8.2.2　内置异常类和自定义异常类

在程序运行过程中，如果出现错误，则 Python 解释器会创建一个异常对象，并抛出给系统运行时(runtime)处理。即程序终止正常执行流程，转而执行异常处理流程。Python 提供了许多内置异常类，这些类均派生于 BaseException。常见的异常类包括 NameError、ValueError、SyntaxError、AttributeError、TypeError、IndexError、KeyError 等。在应用程序开发过程中，有时需要定义特定于应用程序的异常类来表示应用程序的一些错误类型。

常见异常类型如下：

(1) NameError：尝试访问一个未申明的变量。

```
Noname
# 报错信息：NameError: name 'noname' is not defined
```

(2) ValueError：数值错误。

```
int('abc')
# 报错信息：ValueError: invalid literal for int() with base 10: 'abc'
```

(3) SyntaxError：语法错误。

```
int a
```

```
# 报错信息：SyntaxError: invalid syntax
```

(4) AttributeError：访问未知对象属性。

```
a=1
a.show()
# 报错信息：AttributeError: 'int' object has no attribute 'show'
```

(5) TypeError：类型错误。

```
11+'abc'
# 报错信息：TypeError: unsupported operand type(s) for +: 'int' and 'str'
```

(6) IndexError：索引超出范围。

```
a=[10,11,12]
a[3]
报错信息：IndexError: list index out of range
```

(7) KeyError：字典关键字不存在。

```
m={'1':'yes','2':'no'}
m['3']
报错信息：KeyError: '3'
```

### 8.2.3　引发异常

Python 程序中出现的错误和异常一般是由 Python 虚拟机自动抛出的。此外，当程序检测到特定错误条件时，开发者也可以通过创建异常类对象并使用 raise 语句主动抛出异常。

**例 8.1**　Python 虚拟机自动抛出异常，代码如下：

```
1/0
# 报错信息：ZeroDivisionError: division by zero
```

**例 8.2**　程序代码中通过 raise 语句抛出异常，示例代码如下：

```
if a<0:
raise ValueError("数值不能为负数")
# 如果 a 小于 0，将显示"ValueError：数值不能为负数"的报错信息
```

## 8.3　捕获和处理异常

当程序中引发异常后，Python 虚拟机通过堆栈查找相应的异常捕获程序。如果找到匹配的异常捕获程序(即调用堆栈中某函数使用 try……except 语句捕获处理)，则执行相应的处理程序(try……except 语句中匹配的 except 语句块)。如果堆栈中没有匹配的异常捕获程序，则该异常最后会传递给 Python 虚拟机，Python 虚拟机通用异常处理程序在控制台打印出异常的错误信息和调用堆栈，并中止程序的执行。

除了基本的 try 和 except 语句，还可以使用 else 和 finally 子句来进一步控制异常处理流程。else 子句允许指定在 try 块中没有发生异常时应该执行的代码。else 子句可以用来处理没有发生异常时的正常流程。finally 子句则无论是否发生异常都会被执行，通常用于清理操作，如关闭文件、释放资源等。

Python 中使用异常处理机制，具体包括以下几种情况。

(1) 未遇到异常。

**例 8.3**　没有遇到异常情况的处理流程，代码如下：

```
try:
    print("Enter try.")
#尝试执行一些可能会引发异常的代码
    x = 1 / 1                          # 不会引发异常的除法操作
except ZeroDivisionError:
    # 如果发生了 ZeroDivisionError 异常，则这里的代码将被执行
    print("Enter except.")
else:
    # 如果没有异常发生，则执行这个块中的代码
    print("Enter else.")
finally:
    # 无论是否发生异常，都会执行这个块中的代码
    print("Enter finally.")
```

运行结果如下：

```
Enter try.
Enter else.
Enter finally.
```

在例 8.3 中，首先执行 try 语句块，输出 "Enter try."。try 块中的代码 x = 1 / 1 没有引发任何异常。因此，except 块中的代码不会被执行。由于没有异常发生，因此 else 块中的代码会被执行，输出 "Enter else."。无论是否发生异常，finally 块中的代码总是会被执行，因此输出 "Enter finally."。

(2) 捕获全部异常。在 Python 中，如果想要捕获所有的异常，可以使用 except 子句而不指定具体的异常类型。这将会捕获所有类型的异常，无论是内置的，还是自定义的。

**例 8.4**　捕获全部异常的处理流程，代码如下：

```
try:
    print("Enter try.")
# 尝试执行一些可能会引发异常的代码
    x = 1 / 0                          # 这将引发 ZeroDivisionError
except:
    # 捕获所有类型的异常
    print("Enter except.")
else:
```

```
    # 如果没有异常发生，则执行这个块中的代码
    print("Enter else.")
finally:
    # 无论是否发生异常，都会执行这个块中的代码
    print("Enter finally.")
```

运行结果如下：

```
Enter try.
Enter except.
Enter finally.
```

在例 8.4 中，由于 x = 1 / 0 会引发 ZeroDivisionError 异常，因此 except 块中的代码将被执行，输出"Enter except."。else 块中的代码将不会被执行，因为发生了异常。然而，无论是否发生异常，finally 块中的代码总是会被执行，因此输出"Enter finally."。

（3）捕获指定异常。如果想在程序中分别处理 ZeroDivisionError 和 ArithmeticError，而不是使用单个 except 子句同时捕获它们，则可以编写两个单独的 except 子句，每个子句处理一个特定的异常类型。

**例 8.5**　捕获不同异常的处理流程，代码如下：

```
try:
    print("Enter try.")
# 尝试执行一些可能会引发异常的代码
    x = 1 / 0                        # 这将引发 ZeroDivisionError
except ZeroDivisionError:
    print("Enter except ZeroDivisionError.")
except ArithmeticError:
    print("Enter except ArithmeticError.")
else:
    # 如果没有异常发生，则执行这个块中的代码
    print("Enter else.")
finally:
    # 无论是否发生异常，都会执行这个块中的代码
    print("Enter finally.")
```

运行结果如下：

```
Enter try.
Enter except ZeroDivisionError.
Enter finally.
```

在例 8.5 中，ZeroDivisionError 会被第一个 except 块捕获，而 ArithmeticError 会被第二个 except 块捕获。这样可以为每种异常类型提供不同的处理逻辑。

（4）捕获异常后仍抛出。如果希望程序在捕获异常后仍然抛出异常，那么可以在 except 块中使用 raise 语句。在 raise 语句之前，可以执行一些调试操作，如打印堆栈跟踪信息。

例 8.6　捕获异常后仍抛出异常，代码如下：

```
MODE =    "DEBUG"
try:
    print("Enter try.")
    1 / 0
except:
    print("Enter except.")
    if MODE == "DEBUG":
        raise
    else:
        print("Enter else.")
finally:
    print("Enter finally.")
```

运行结果如下：

```
Enter try.
Enter except.
Enter finally.
Traceback (most recent call last):
File "Exception-1.py", line 5, in <module>
1 / 0
ZeroDivisionError: division by zero
```

在例 8.6 中，首先设置了一个 MODE 变量来确定是否处于调试模式。在 try 块中，故意引发了一个 ZeroDivisionError。在 except 块中检查 MODE 的值，如果它是"DEBUG"，则打印异常的堆栈跟踪信息并使用 raise 语句重新抛出异常。如果 MODE 不是"DEBUG"，则只打印异常的类型和消息，而不重新抛出异常。无论如何，finally 块总是会被执行，因此它会打印"Enter finally."。

(5) 捕获异常后显示异常信息但不抛出异常。在 Python 中如果想捕获异常并显示异常信息，但不希望异常继续向上抛出，则可以在 except 块中处理异常。

例 8.7　捕获异常后显示异常信息但不抛出异常，代码如下：

```
MODE="WARN"
try:
    print("Enter try.")
    1 / 0
except Exception as e:
    print("Enter except.")
    if MODE == "DEBUG":
        raise
    elif MODE == "WARN":
```

```
        print(e)
    else:
        print("Enter else.")
finally:
    print("Enter finally.")
```

运行结果如下：

```
Enter try.
Enter except.
division by zero
Enter finally.
```

在例 8.7 中，MODE 的值为"WARN"，except 块将打印异常信息"division by zero"，但由于没有 raise 语句，程序会继续执行，finally 块将被执行，因此它会打印"Enter finally."。如果 MODE 设置为"DEBUG"，则当异常发生时，raise 语句会重新抛出异常，这样程序就会中断并显示完整的错误信息和堆栈跟踪。

## 8.4    异常的传播

在 Python 中，异常是具有传播性的，该特性是 Python 中的一个重要特性，它使代码更加健壮可靠。异常的传播指的是在代码中捕获一个异常，并在另一个地方处理它的过程。如果在 try 块中抛出了一个指定类型的异常，则程序会立即跳回到最内层的 except 块中寻找能够处理这个异常的代码。如果找到了相应的 except 块，那么该块将会处理这个异常；如果没有找到相应的 except 块，则异常将会被传递到外层的 try 块中。该过程会一直持续，直到找到能够处理该异常的代码或者程序终止。

**例 8.8**    异常的传播过程，代码如下：

```
def f1():
    try:
        return 1 / 0
    except Exception as e:
        print("This is f1.")
        print(e)


def f2():
    try:
        f1()
    except Exception as e:
        print("This is f2.")
        print(e)
```

```
def f3():
    try:
        f2()
    except Exception as e:
        print("This is f3.")
        print(e)


def main():
    try:
        f3()
    except Exception as e:
        print("This is main.")
        print(e)


if __name__ == "__main__":
    try:
        main()
    except Exception as e:
        print("This is __main__.")
        print(e)
```

运行结果如下：

```
This is f1.
division by zero
```

在例 8.8 中，当调用 mian()方法时，会向上调用 f3()方法，然后调用 f2()方法，以此类推到 f1()方法。当执行到 f1()方法中的"return 1/0"语句时，会引发 ZeroDivisionError 异常，except 块中的代码将被执行，输出"This is f1."并打印异常信息"division by zero"。

如果修改 f1()函数，则使用 raise 抛出异常，并不在 f1()函数内部处理。异常随后传播到 f2()函数，在 f2()的 except 块中捕获并处理该异常，输出"This is f2."并打印异常信息"division by zero"，示例代码如下：

```
def f1():
    try:
        return 1 / 0
    except Exception as e:
        print("This is f1.")
        print(e)
        raise
```

运行结果如下：

```
This is f1.
division by zero
This is f2.
division by zero
```

以此类推，用下面的程序继续修改 f2()、f3()和 main()函数，在这 3 个函数中分别都增加 raise 语句抛出异常。ZeroDivisionError 异常按照如下顺序进行传播：f1() -> f2() -> f3() -> main() -> __main__。

```python
def f2():
    try:
        f1()
    except Exception as e:
        print("This is f2.")
        print(e)
        raise


def f3():
    try:
        f2()
    except Exception as e:
        print("This is f3.")
        print(e)
        raise


def main():
    try:
        f3()
    except Exception as e:
        print("This is main.")
        print(e)
        raise


if __name__ == "__main__":
    try:
        main()
    except Exception as e:
        print("This is __main__.")
        print(e)
        raise
```

运行结果如下：

```
This is f1.
division by zero
This is f2.
division by zero
This is f3.
division by zero
This is main.
division by zero
This is __main__.
division by zero
Traceback (most recent call last):
File "C:\Users\Administrator\pythonProject4\main.py", line 35, in <module>
    main()
  File "C:\Users\Administrator\pythonProject4\main.py", line 27, in main
    f3()
  File "C:\Users\Administrator\pythonProject4\main.py", line 19, in f3
    f2()
  File "C:\Users\Administrator\pythonProject4\main.py", line 11, in f2
    f1()
  File "C:\Users\Administrator\pythonProject4\main.py", line 3, in f1
    return 1 / 0
ZeroDivisionError: division by zero
```

通过上述示例，可以看到异常是如何在函数调用栈中向上传播的。每一层函数调用都有机会处理从其内部函数传递上来的异常。如果某一层没有处理，则异常就会继续向上传播，直到找到适当的处理代码或达到程序的顶层。

## 8.5　拓展案例与思考

**案例 1：** 1980 年，北美防空联合司令部曾报告称美国遭受导弹袭击。后来证实，这是反馈系统的电路故障问题，但反馈系统软件没有考虑故障问题引发的误报。1983 年，苏联卫星报告有美国导弹入侵，但主管官员的直觉告诉他这是误报。后来事实证明的确是误报。幸亏这些误报没有激活"核按钮"。在上述两个案例中，如果对方真的发起反击，那么核战争将全面爆发，后果不堪设想。

**案例 2：** 丰田(Toyota)的意外加速问题(Unintended Acceleration，UA)。这一事件是软件异常处理不当导致灾难性后果的典型案例。早在 1992 年，就有驾驶员报告他们的丰田汽车出现了意外加速的情况。然而，由于软件设计中的缺陷(如任务调度问题、堆栈溢出以及缺乏故障保护机制)，加上硬件问题的共同作用，最终导致 52 人在事故中丧生。2013 年，在事故受害者家属与丰田的诉讼中，专家证人 Michael Barr 和 Philip Koopman 教授指出，丰田的软件未能有效检测和处理异常情况，导致系统在关键任务中失效。如果丰田的软件系统能够像 Python 中的 try-except 机制一样，有效地捕获和处理这些异常，那么许多悲剧或许可以避免。这一案例深刻警示我们：软件中的异常处理不仅仅是技术问题，更关乎生命安全。

**案例 3**：1997 年 9 月 21 日，约克城号航空母舰(USS Yorktown)上的"远程数据库管理器"中的零除错误使网络上的所有计算机瘫痪，导致船舶的推进系统出现故障。这是由于一名乘务员在数据库中输入了一个空白字段，空白被视为零，因此导致数据库程序无法处理的"除以零"异常。它中止了 Microsoft Windows NT 4.0 操作系统，该系统崩溃了，所有舰船的 LAN 控制台和远程终端都崩溃了。

**案例 4**：1996 年 6 月，阿丽亚娜 5 号火箭，航班 501(Ariane 5 Rocket，Flight 501)进行了首次飞行。火箭发射后 37 s 自毁，导致任务失败，损失约 3.7 亿美元。失败是由于数据从 64 位浮点值转换为 16 位带符号整数值而导致整数溢出。

**思考**：从上述案例中可以发现，如果程序缺乏合理的异常处理机制，则某些问题在特定情况下会造成严重的危害。可以说，异常处理是提高程序健壮性的关键手段之一，如果你是某个开发软件产品的技术负责人，那么应该如何在开发规范中制定对于异常处理的相关要求？

# 习　题

**一、选择题**

1. 以下关于异常处理的描述中错误的是(　　)。

A. 异常语句可以与 else 和 finally 语句配合使用

B. Python 通过 try、except 等保留字提供异常处理功能

C. ZeroDivisionError 是一个变量未命名错误

D. NameError 是一种异常类型

2. 用户输入整数时，不合规的输入会导致程序出错，为了不让程序异常中断，需要用到的语句是(　　)。

A. try-except 语句　　　　　　　　　B. 循环语句

C. eval 语句　　　　　　　　　　　　D. if 语句

3. 自定义异常类应该继承自(　　)基类。

A. SystemExit　　　　　　　　　　　B. Exception

C. KeyboardInterrupt　　　　　　　　D. GeneratorExit

4. 关于异常处理机制，以下说法最合理的是(　　)。

A. 将所有代码放到一个 try 句块中避免程序报错

B. 应当大量使用以避免任何可能的错误

C. 用 if 判断代替所有的 try-except 结构

D. 在输入判断及关键代码中使用，但不能滥用

5. 关于异常处理 try-except-else-finally，以下说法中错误的是(    )。

A. 没有异常执行：try→else→finally

B. 没有异常执行：try→expect→finally

C. 有异常执行：try→expect→finally

D. finally 之后的代码无论如何都会执行

## 二、编程题

1. 编写程序模拟实现一个简单的银行账户系统，允许用户进行存款和取款操作。要求如下：

(1) 提示用户输入存款金额，该金额必须是一个正数。如果用户输入的不是正数，则程序应捕获异常并提示"存款金额必须是正数，请重新输入！"。

(2) 存款成功后，提示用户输入取款金额。如果用户输入的取款金额大于账户余额，则程序应捕获异常并提示"取款金额不能超过账户余额，请重新输入！"。

(3) 程序应能够处理用户输入非数字的情况，并在这种情况下提示用户"输入无效，请输入一个数字！"。

分析程序可能出现的异常情况，并在代码中添加适当的异常处理逻辑。

2. 以下 Python 代码片段用于处理一个特殊的任务。仔细阅读代码，并回答问题。

```python
class CustomError(Exception):
    pass


def process_data(data):
    try:
        if not isinstance(data, list):
            raise CustomError("Data must be a list.")
        for item in data:
            if not isinstance(item, int):
                raise CustomError("All items must be integers.")
            if item < 0:
                raise CustomError("Negative numbers are not allowed.")
        result = sum(data) / len(data)
        print(f"Processed data result: {result}")
    except CustomError as e:
        print(f"CustomError: {e}")
    finally:
        print("Data processing completed.")


# 主程序
```

```
def main():
    datasets = [
        [10, 20, 30, 40],
        "not a list",
        [15, -5, 10],
        [5, 10, 15, '25']
    ]
    for dataset in datasets:
        process_data(dataset)


if __name__ == "__main__":
    main()
```

问题如下:

(1) 在 process_data 函数中,如果输入的数据不是一个列表,那么将会抛出什么异常?

(2) 如果列表中的某个元素是负数,那么将会抛出什么异常?

(3) 如果列表中的某个元素不是整数,那么将会抛出什么异常?

(4) 对于 datasets 中的每个数据集,程序将打印出什么结果?

(5) 为什么在 process_data 函数的末尾总是打印出 "Data processing completed."?

# 第 9 章　文件与文件夹

## 学习目标

(1) 理解文件的基本概念与分类；

(2) 掌握文本文件、二进制文件的访问方法与读写操作，以及上下文管理器的使用方法；

(3) 学会使用 os 模块、os.path 模块、shutil 模块等进行文件与文件夹的操作；

(4) 了解 Excel、Word 等常见类型文件的操作；

(5) 通过自主查阅技术资料、开发文档，培养读者自主学习的能力，使读者能选择适当的扩展库解决实际问题。

## 9.1　文件的概念与分类

Python 中的文件是存储在存储设备(如硬盘、固态硬盘、闪存驱动器或网络存储)上的数据集合，这些数据被组织成一种特定的格式，以便计算机程序可以轻松地访问、修改或执行。实际开发中常常会遇到对数据进行持久化操作的场景，而实现数据持久化最简单的方式就是将数据保存到文件中。

Python 文件可以包含文本、图像、音频、视频、可执行代码等多种类型的数据。程序开发中，主要按文件中数据的组织形式，将文件分为文本文件和二进制文件两大类：

(1) 文本文件：一种包含可读字符序列的文件，通常用于存储文本信息，如程序代码、文档内容等。文本文件一般使用特定的字符编码，如 ASCII、UTF-8 等。文本文件可以被文本编辑器直接打开和编辑。

(2) 二进制文件：存储为字节序列的文件，这些字节不直接对应于可打印的字符。二进制文件可能包含任何类型的数据，如图像、音频、视频或可执行代码。二进制文件不是人类可读的，它需要特定的程序或库来解析和处理。

## 9.2　文件的操作

无论是文本文件，还是二进制文件，文件操作的一般流程包括这几个步骤：打开文件(检查文件状态)、读取或写入数据、关闭文件等。另外，在文件操作中也经常使用异常处理机制(try-except 块)来捕获并处理可能发生的文件操作错误。

### 9.2.1　文件操作函数

#### 1. 打开文件

打开文件使用 open 函数，命令语法如下：

```
open(file, mode='r', buffering=-1, encoding=None, errors=None, \
newline=None, closefd=True, opener=None)
```

open 函数参数说明如下：

(1) file 参数指定了被打开的文件名称，需要给出文件的相对路径或者绝对路径，建议给文件添加后缀名。

(2) mode 参数指定了打开文件后的处理方式。

(3) buffering 参数用于指定文件的缓冲模式：buffering = 0 表示不缓存；buffering = 1 表示启用行缓冲(line buffering)，每次写入一行数据时立即刷新到文件中；buffering > 1 表示使用指定大小的缓冲区(以字节为单位)，例如，buffering = 4096 表示使用 4096 字节的缓冲区；buffering = −1(默认值)表示使用系统默认的缓冲模式，对于二进制文件，通常使用固定大小的缓冲区，而对于文本文件，通常使用行缓冲。

(4) encoding 参数指定对文本进行编码和解码的方式，只适用于文本模式，可以使用 Python 支持的任何格式，如 GBK、UTF-8、CP936 等。

#### 2. 文件读写模式

在进行文件读写时，需要了解不同的读写模式，以便正确地操作文件。Python 中常见的文件读写模式如表 9-1 所示。

**表 9-1　文件读写模式一览表**

| 模　式 | 说　　明 |
| --- | --- |
| r | 读模式(默认模式，可省略)，如果文件不存在，则抛出异常 |
| w | 写模式，如果文件已存在，则先清空原有内容 |
| x | 写模式，创建新文件，如果文件已存在，则抛出异常 |
| a | 追加模式，不覆盖文件中原有内容 |
| b | 二进制模式(可与其他模式组合使用) |
| t | 文本模式(默认模式，可省略) |
| + | 读、写模式(可与其他模式组合使用) |

打开文件示例如下：

```
f1 = open( 'data1.txt', 'r' )          # 以读模式打开文件
f2 = open( 'data2.txt', 'w')           # 以写模式打开文件
f3 = open( 'data3.txt', 'a')           # 以追加模式打开文件
```

如果上述代码执行正常，则 open()函数返回 1 个文件对象，通过该文件对象可以对文件进行读写操作。如果指定文件不存在、访问权限不够、磁盘空间不足或其他原因导致创建文件对象失败，则抛出异常。

### 3. 关闭文件

当对文件内容操作完以后，一定要关闭文件对象，这样才能保证所做的任何修改都确实被保存到文件中，关闭文件使用 close()函数。

关闭文件示例如下：

```
f1.close()        # 关闭文件对象 f1
f2.close()        # 关闭文件对象 f2
f3.close()        # 关闭文件对象 f3
```

## 9.2.2　上下文管理器

在实际开发中，读写文件应优先考虑使用上下文管理器 with，with 语句可以自动管理资源。无论什么原因跳出 with 语句块，它总能保证文件被正确关闭。此外，with 语句还会确保在代码块执行完毕后，自动释放资源并恢复到进入该代码块之前的状态。这种方式特别适用于文件操作、数据库连接、网络连接、多线程同步等容易发生异常的场合。

上下文管理器 with 命令语法如下：

```
with open(filename, mode, encoding) as fp:     # 创建文件对象 fp
# 通过 fp 读写文件内容的语句
```

**例 9.1**　向文本文件中写入内容，然后再读出，代码如下：

```
s = 'Hello world\n 文本文件的读取方法\n 文本文件的写入方法\n'

# 使用 with 语句不再需要使用 close()手动关闭文件对象
with open('./data/sample.txt', 'w') as fp:
    fp.write(s)

with open('./data/sample.txt', 'r') as fp:
    print(fp.read())
```

程序运行结果如下：

```
Hello world
文本文件的读取方法
文本文件的写入方法
```

**例 9.2**　遍历并输出文本文件的所有行内容，代码如下：

```
with open('./data/sample.txt',encoding='UTF-8') as fp:
```

```
        for line in fp:                    #文件对象可以直接迭代
            print(line)
```

程序运行结果如下：

Hello world

文本文件的读取方法

文本文件的写入方法

**例 9.3**    往文本文件中写入员工的信息，代码如下：

```
# 员工数据列表
employees = [
    [1001, 'Alice', 7500],
    [1002, 'Bob', 6800],
    [1003, 'Cindy', 8200]
]


# 打开文件用于写入
with open('employees.txt', 'w') as f:
    # 写入表头
    f.write('工号\t 姓名\t 工资\n')
    # 使用列表推导式和字符串格式化写入员工数据
    entries = ["%d\t%s\t%d\n" % (emp[0], emp[1], emp[2]) \
for emp in employees]
    print(entries)          # 打印查看写入的内容
    f.writelines(entries)    # 将格式化后的字符串列表写入文件
```

程序运行结果如下：

['1001\tAlice\t7500\n', '1002\tBob\t6800\n', '1003\tCindy\t8200\n']

**例 9.4**    使用上下文管理器打开文件，并添加异常处理机制，代码如下：

```
def main():
    try:
        with open('./data/exercise.txt', 'r') as f:
            print(f.read())


    except FileNotFoundError:
        print('无法打开指定的文件!')
    except LookupError:
        print('指定了未知的编码!')
    except UnicodeDecodeError:
        print('读取文件时解码错误!')


if __name__ == '__main__':
```

```
main()
```

程序运行结果如下：

The Zen of Python, by Tim Peters

Beautiful is better than ugly.

Explicit is better than implicit.

Simple is better than complex.

优美胜于丑陋(Python 以编写优美的代码为目标)

明了胜于晦涩(优美的代码应当是明了的，其命名规范、风格相似)

简洁胜于复杂(优美的代码应当是简洁的，不要有复杂的内部实现)

## 9.2.3　文本文件读写操作

### 1. 读文件操作

**例 9.5**　假设文件 data.txt 中有若干整数，每行一个整数，编写程序读取所有整数，并将其按降序排序后再写入文本文件 data_desc.txt 中，代码如下：

```
with open('./data/data.txt', 'r') as fp:
    data = fp.readlines()                    #读取所有行，存入列表
print(data)

data = [int(item) for item in data]          #列表推导式，转换为数字
print(data)

data.sort(reverse=True)                      #降序排序
print(data)

data = [str(item)+'\n' for item in data]     #将结果转换为字符串
# data.sort(key=int,reverse=True)            #如果改成这样，则会更简洁
print(data)

with open('./data/data_desc.txt', 'w') as fp:   #将结果写入文件
    fp.writelines(data)
    # fp.write()
```

程序运行结果如下：

['3\n', '5\n', '7\n', '9\n', '-2\n', '5\n', '8\n']

[3, 5, 7, 9, -2, 5, 8]

[9, 8, 7, 5, 5, 3, -2]

['9\n', '8\n', '7\n', '5\n', '5\n', '3\n', '-2\n']

**例 9.6**　统计文本文件中最长行的长度和该行的内容，代码如下：

```
f = open('./data/test2.txt', 'r')
```

```
info = f.readlines()

index = 0
max_length = 0

for i, line in enumerate(info):
    if len(line.strip()) > max_length:
        index = i
        max_length = len(line.strip())

f.close()

print(max_length)
print(info[index])
```

程序运行结果如下：

```
24
Now is better than never.
```

### 2. 写文件操作

在使用 open 函数时指定好文件名并将文件模式设置为 'w'。如果需要对文件内容进行追加模式写入，则应该将模式设置为 'a'。这样如果写入的文件不存在，则会自动创建文件而不是引发异常。

**例 9.7**　使用文件追加模式来写文件，代码如下：

```
def append_score(filename, score):
    """将学生的成绩追加到指定的文件中"""
    try:
        with open(filename, 'a', encoding='UTF-8') as file:
            file.write(f'{score}\n')
        print(f'成绩 {score} 已成功追加到文件 {filename} 中。')
    except IOError as ex:
        print(ex)
        print("追加成绩到文件时发生错误！")

def main():
    # 假设已有一个成绩记录文件
    score_filename = 'scores.txt'

    # 模拟学生成绩
    scores = [85, 92, 78, 90, 76]
```

```
    # 将每个成绩追加到成绩记录文件中
    for score in scores:
        append_score(score_filename, score)


if __name__ == '__main__':
    main()
```

例 9.7 展示了如何使用追加模式在文件中添加内容，而不是覆盖原有内容。这对于记录日志、成绩或其他需要持续添加信息的场景非常有用。

## 9.2.4　二进制文件读写操作

二进制文件(如数据库、图像、可执行文件等)存储为字节序列，不同于文本文件，它们不能直接用文本编辑器打开。要正确读写二进制文件，必须理解其结构和序列化规则。序列化是将内存中的数据转换为二进制形式的过程，在该过程中保留了类型信息，以确保数据的完整性和准确性。

对于特定类型的二进制文件，可以使用专门的库，如 Pillow 用于图像处理，pandas 用于 Office 文档。此外，pickle 模块和 struct 模块分别用于对象的序列化与反序列化，以及结构化二进制数据的打包和解包。

Python 中常用的序列化模块有 struct、pickle、shelve 等，具体示例如下。

例 9.8　使用 struct 模块读写二进制文件，代码如下：

```
import struct
# 定义数据格式，这里是两个整数，每个整数 4 字节，使用大端模式
format = 'ii'
# 要写入文件的数据
data_to_write = (1024, 2048)


# 写入二进制文件
with open('data.bin', 'wb') as f:
    # 计算数据需要的字节数
    size = struct.calcsize(format)
    # 将数据打包并写入文件
    f.write(struct.pack(format, *data_to_write))


# 读取二进制文件
with open('data.bin', 'rb') as f:
    # 读取指定字节数的数据
    data_read = struct.unpack(format, f.read(size))
```

```
print("写入的数据:", data_to_write)
print("读取的数据:", data_read)
```

**例 9.9**　使用 pickle 模块读写二进制文件，代码如下：

```python
import pickle

# 要序列化的数据
data_to_serialize = {'key1': 'value1', 'key2': 3.14, 'key3': [1, 2, 3]}

# 使用 pickle 序列化数据到二进制文件中
with open('data.pkl', 'wb') as file:
    pickle.dump(data_to_serialize, file)

# 从二进制文件中使用 pickle 反序列化数据
with open('data.pkl', 'rb') as file:
    deserialized_data = pickle.load(file)

print("序列化后写入的数据:", data_to_serialize)
print("从文件反序列化读取的数据:", deserialized_data)
```

**例 9.10**　使用 shelve 模块读写二进制文件，代码如下：

```python
import shelve
# 定义要保存的数据
data = {
    'name': 'Alice',
    'age': 30,
    'email': 'alice@example.com'
}

# 将数据保存到 shelve 文件中
with shelve.open('data.shelf') as db:
    # 将字典保存到 shelf 文件中，使用 key 'user'
    db['user'] = data
    print("Data saved to 'data.shelf'.")

# 从 shelve 文件中读取数据
with shelve.open('data.shelf') as db:
    # 读取保存的数据
    user_data = db['user']
    print("Data retrieved from 'data.shelf':")
    print(f"Name: {user_data['name']}")
```

```
print(f"Age: {user_data['age']}")
print(f"Email: {user_data['email']}")
```

## 9.2.5　JSON 文件读写操作

### 1. JSON 基础

JSON(JavaScript Object Notation)是一种轻量级的数据交换格式，既易于人类阅读和编写，也易于机器解析和生成。JSON 是基于 JavaScript 的对象字面量语法，但是它独立于语言，几乎所有现代编程语言都支持 JSON，这使得 JSON 成为跨语言交换数据的理想格式。

1) JSON 格式

JSON 格式支持这几种类型的值：① 字符串，它必须用双引号包围，例如"Hello, JSON"；② 数字，它可以是整数或浮点数，例如 100、20.5；③ 对象，它由键值对组成，键名必须是字符串，值可以是任意类型，对象用大括号{}包围，例如{"name": "Alice", "age": 30}；④ 数组，它是值的有序集合，用方括号[]包围，例如["apple", "banana", "cherry"]；⑤布尔值，它为 true 或 false；⑥null，它表示空值。

2) Python 中的 json 库

Python 标准库中的 json 模块提供了一系列函数来解析 JSON 字符串，以及将 Python 对象编码成 JSON 字符串。这个模块主要提供了 4 个方法：dump、dumps、load 和 loads。

(1) json.dump(obj, fp)：将 Python 对象编码成 JSON 格式的字符串，并将其写入到一个文件类对象 fp 中。

(2) json.dumps(obj)：将 Python 对象编码成 JSON 格式的字符串。

(3) json.load(fp)：从一个文件类对象 fp 中读取 JSON 格式的数据，并将其解码成 Python 对象。

(4) json.loads(s)：将 JSON 格式的字符串 s 解码成 Python 对象。

下面将通过代码示例详细介绍如何使用这些方法来读取和写入 JSON 数据。

### 2. 读取 JSON 数据

在 Python 中读取 JSON 数据是一个非常简单的过程，主要依赖于 json 模块的 load()和 loads()函数。以下分别介绍如何从文件和字符串中读取 JSON 数据。

1) 从文件中读取 JSON 数据

例 9.11　有一个名为 data.json 的文件，包含以下 JSON 数据：

```
{
  "name": "John Doe",
  "age": 30,
  "is_employee": true,
  "addresses": [
    {
      "type": "home",
      "city": "New York",
```

```
            "country": "USA"
        },
        {
            "type": "work",
            "city": "San Francisco",
            "country": "USA"
        }
    ]}
```

要从这个文件中读取 JSON 数据并将其转换为 Python 对象，可以使用以下代码：

```
import json

with open('data.json', 'r') as file:
    data = json.load(file)


print(data)
```

这段代码首先导入了 json 模块，然后使用 open()函数以读取模式打开 data.json 文件，使用 with 语句确保文件在操作完成后会被正确关闭，最后使用 json.load(file)函数读取文件中的内容，并将其从 JSON 格式转换为 Python 对象(在这个示例中是一个字典)。

2) 从字符串中读取 JSON 数据

如果有一个包含 JSON 数据的字符串，则可以使用 json.loads()函数将其转换为 Python对象。

**例 9.12**　从字符串中读取 JSON 数据的示例，代码如下：

```
import json
# JSON 格式的字符串
json_string = '{"name": "Jane Doe", "age": 25, "is_employee": false}'
data = json.loads(json_string)        # 将字符串转换为 Python 字典
print(data)
```

这段代码演示了如何将一个 JSON 格式的字符串转换为一个 Python 字典。json.loads()函数接受一个 JSON 字符串作为参数，并返回相应的 Python 对象。

通过这两种方式，可以轻松地将 JSON 数据读入 Python 程序中，接下来将探讨如何将Python 对象写入 JSON 格式的文件。

**3. 写入 JSON 数据**

将 Python 对象写入 JSON 格式的数据主要依赖于 json 模块的 dump()和 dumps()函数。以下分别介绍如何向文件和字符串写入 JSON 数据。

1) 向文件写入 JSON 数据

要将 Python 对象保存为 JSON 格式的文件，可以使用 json.dump()方法。

**例 9.13**　将一个 Python 字典保存为 JSON 文件，代码如下：

```
import json
```

```
# Python 字典 data = {
    "name": "Pan Le",
    "age": 24,
    "is_employee": True,
    "addresses": [
        {"type": "home", "city": "Su Zhou", "country": "China"},
        {"type": "work", "city": "Shang Hai", "country": " China"}
    ]}
# 打开一个文件用于写入，将字典保存为 JSON 格式
with open('output_data.json', 'w') as file:
    json.dump(data, file, indent=4)
```

这段代码首先创建一个 Python 字典 data，然后使用 open()函数以写入模式打开 output_data.json 文件。json.dump(data, file, indent=4)函数将 data 字典转换为 JSON 格式，并将其写入到文件中。参数 indent=4 指定了输出的格式化方式，使得生成的 JSON 文件易于阅读。

2) 向字符串写入 JSON 数据

如果要将 Python 对象转换为 JSON 格式的字符串(例如，用于发送 HTTP 响应)，则可以使用 json.dumps()方法。

例 9.14  向字符串写入 JSON 数据的示例，代码如下：

```
import json
# Python 字典 data = {
    "name": "Jane Doe",
    "age": 25,
    "is_employee": False}
# 将字典转换为 JSON 格式的字符串
json_string = json.dumps(data, indent=4)
# 输出 JSON 字符串
print(json_string)
```

这段代码将一个 Python 字典转换为一个格式化的 JSON 字符串。与 json.dump()相似，json.dumps()函数也支持用 indent 参数来控制输出的格式。

## 9.3  文件夹操作

### 9.3.1  os 模块

Python 中的 os 模块提供了大量操作文件和目录的方法，如表 9-2 所示。

表 9-2    os 模块常用方法及功能说明

| 方　法 | 功　能　说　明 |
|---|---|
| chdir(path) | 把 path 设为当前工作目录 |
| curdir | 当前文件夹 |
| environ | 包含系统环境变量和值的字典 |
| extsep | 当前操作系统所使用的文件扩展名分隔符 |
| get_exec_path() | 返回可执行文件的搜索路径 |
| getcwd() | 返回当前工作目录 |
| listdir(path) | 返回 path 目录下的文件和目录列表 |
| mkdir() | 创建 path 对应的目录 |
| mkdirs() | 类似于 mkdir()，但 mkdirs 可以递归创建目录 |
| rmdir() | 删除 path 对应的目录 |
| removedirs() | 类似于 rmdir()，但 removedirs 可以递归删除目录 |
| remove(path) | 删除指定的文件，要求用户拥有删除文件的权限，并且文件没有只读或其他特殊属性 |
| rename(src,dst) | 重命名文件或目录，可以实现文件的移动，若目标文件已存在，则抛出异常，不能跨越磁盘或分区 |
| startfile(filepath[, operation]) | 使用关联的应用程序打开指定文件或启动指定应用程序 |
| system() | 启动外部程序 |

例 9.15    os 模块常用方法的使用，代码如下：

```
import os
print(os.getcwd())                        # 返回当前工作目录

os.chdir(os.getcwd()+'\\temp')            # 改变当前工作目录
print(os.getcwd())

os.mkdir(os.getcwd()+'/test')             # 创建目录
os.listdir('.')                           # 获取当前目录中的内容

# 文件的重命名和移动
os.rename(r'D:\test1\guido1.jpg','D:\test2\guido2.jpg')
os.rmdir('test')                          # 删除目录
os.environ.get('path')                    # 获取系统变量 path 的值
os.startfile('notepad.exe')               # 启动记事本程序

# 列出并打印当前目录中所有以 .jpg 或 .txt 为扩展名的文件名
ls=[fname for fname in os.listdir('.') if fname.endswith(('.jpg','.txt'))]
print(ls)
```

运行结果如下：

'D:\Workspaces\PythonDemo'

'D:\Workspaces\PythonDemo\temp'

[ 'data', 'download', 'img', 'pic', 'shelve_test.dat.bak']

['guido.jpg', 'TheZenofPython.txt']

## 9.3.2 os.path 模块

os.path 模块可以访问底层的文件系统，包括判断 path 对应的路径是否存在，获取 path 对应路径的各种属性(如是否只读，是文件还是文件夹等)，还可以对文件进行读写。os.path 模块常用方法及功能说明如表 9-3 所示。

表 9-3 os.path 模块常用方法及功能说明

| 方 法 | 功 能 说 明 |
|---|---|
| isabs(path) | 判断 path 是否为绝对路径 |
| isdir(path) | 判断 path 是否为文件夹 |
| isfile(path) | 判断 path 是否为文件 |
| join(path, *paths) | 连接两个或多个 path |
| realpath(path) | 返回给定路径的绝对路径 |
| relpath(path) | 返回给定路径的相对路径，不能跨越磁盘驱动器或分区 |
| samefile(f1,f2) | 测试 f1 和 f2 这两个路径是否引用的是同一个文件 |
| split(path) | 以路径中的最后一个斜线为分隔符把路径分隔成两部分，以元组形式返回 |
| splitext (path) | 从路径中分隔文件的扩展名 |
| splitdrive (path) | 从路径中分隔驱动器的名称 |
| abspath(path) | 返回给定路径的绝对路径 |
| basename(path) | 返回指定路径的最后一个组成部分 |
| dirname(p) | 返回给定路径的文件夹部分 |
| exists(path) | 判断文件是否存在 |

例 9.16 os.path 模块常用方法的使用，代码如下：

```
path='D:\\mypython_exp\\new_test.txt'
os.path.dirname(path)                    #返回路径的文件夹名
#   'D:\\mypython_exp'

os.path.basename(path)                   #返回路径的最后一个组成部分
#   'new_test.txt'

os.path.split(path)                      #切分文件路径和文件名
#   ('D:\\mypython_exp', 'new_test.txt')

os.path.split('')                        #切分结果为空字符串
#   ('', '')
```

```
os.path.split('C:\\windows')              #以最后一个斜线为分隔符
#   ('C:\\', 'windows')
os.path.split('C:\\windows\\')
#   ('C:\\windows', '')

os.path.splitdrive(path)                  #切分驱动器符号
#   ('D:', '\\mypython_exp\\new_test.txt')

os.path.splitext(path)                    #切分文件扩展名
#   ('D:\\mypython_exp\\new_test', '.txt')
```

### 9.3.3  shutil 模块

Python 的 shutil 模块可以看作是 os 模块的重要补充，它提供了许多用于文件操作和文件夹操作的功能，包括创建、复制、移动、重命名、删除以及压缩等。shutil 模块常用方法及功能说明如表 9-4 所示。

表 9-4    shutil 模块常用方法及功能说明

| 方　　法 | 功　能　说　明 |
| --- | --- |
| copy(src, dst) | 复制文件，新文件具有与原文件同样的文件属性，如果目标文件已存在，则抛出异常 |
| copy2(src, dst) | 复制文件内容，新文件不具有原文件的属性，如果目标文件已存在，则直接覆盖 |
| copyfile(src, dst) | 在两个文件对象之间复制数据，不涉及文件属性，如果目标文件已存在，则直接覆盖 |
| copyfileobj(fsrc, fdst) | 在两个文件对象之间复制数据，仅复制文件内容，不涉及文件属性或元数据 |
| copymode (src, dst) | 复制源文件的权限模式（如读、写、执行权限）到目标文件，不复制文件内容或其他元数据 |
| copystat (src, dst) | 复制源文件的元数据（如权限、修改时间、访问时间等）到目标文件，不复制文件内容 |
| copytree (src, dst) | 递归复制整个目录树（包括所有子目录和文件），如果目标文件已存在，则抛出异常 |
| disk usage(path) | 查看磁盘使用情况 |
| move(src,dst) | 移动文件或递归移动文件夹，也可以给文件和文件夹重命名 |
| rmtree (path) | 递归删除文件夹 |
| make_archive(base_name, format, base_dir) | 创建 tar 或 zip 格式的压缩文件 |
| unpack_archive (filename, extract_dir, format) | 解压缩压缩文件 |

例 9.17　shutil 模块常用操作示例，代码如下：

```
# 使用标准库 shutil 的 copyfile()方法复制文件
import shutil                        #导入 shutil 模块
shutil.copyfile('C:\\dir.txt', 'C:\\dir1.txt')   #复制文件


# 将 C:\Python38\Dlls 文件夹以及该文件夹中所有文件压缩至 D:\a.zip 文件
print(shutil.make_archive('D:\\a', 'zip', 'C:\\Python38', 'Dlls'))


# 将刚压缩得到的文件 D:\a.zip 解压缩至 D:\a_unpack 文件夹
shutil.unpack_archive('D:\\a.zip', 'D:\\a_unpack')


# 使用 shutil 模块的方法删除刚刚解压缩得到的文件夹
shutil.rmtree('D:\\a_unpack')


# 使用 shutil 的 copytree()函数递归复制文件夹
# 并忽略扩展名为 pyc 的文件和以"新"字开头的文件和子文件夹
from shutil import copytree, ignore_patterns
copytree('C:\\python38\\test', 'D:\\des_test', ignore=ignore_patterns('*.pyc', '新*'))
```

## 9.4　拓展案例与思考

**案例**：读取 Excel 文件内容，将其写到 Word 中。

本案例需要使用 docx 和 xlrd 两个第三方库，读者需要在运行后续代码之前，在开发环境中安装这两个第三方库，安装命令如下：

```
pip install python-docx xlrd
```

案例代码如下：

```
from docx import Document
import xlrd


# 打开 Excel 文件
excel_path = 'example.xlsx'
workbook = xlrd.open_workbook(excel_path)


# 选择第一个工作表
sheet = workbook.sheet_by_index(0)
```

```
# 创建一个新的 Word 文档
doc = Document()
doc.add_heading('Excel 内容到 Word 的转换', 0)


# 遍历 Excel 文件中的每一行
for row_idx in range(sheet.nrows):
    # 创建一个 Word 文档中的段落
    paragraph = doc.add_paragraph()

    # 遍历 Excel 文件中的每一列
    for col_idx in range(sheet.ncols):
        # 获取单元格数据
        cell_value = sheet.cell(row_idx, col_idx).value
        # 将单元格数据添加到段落中
        paragraph.add_run(str(cell_value)).bold = True
        # 添加一个空格作为分隔符
        paragraph.add_run(' ')

# 保存 Word 文档
doc_path = 'output.docx'
doc.save(doc_path)
print(f'Word 文档已保存到 {doc_path}')
```

思考：

(1) 对文件内容完成操作后，为什么一定要关闭文件对象?

(2) 如果要设计一个 Python 程序来清理计算机中重复的文件或垃圾文件，则简述设计思路和需要考虑的问题。

# 习    题

## 一、选择题

1. 在读写文件之前，必须通过(      )方法创建文件对象。

A. create          B. folder          C. File          D. open

2. 下列选项中不是 Python 中对文件进行读取操作的是(      )。

A. read          B. readall          C. readlines          D. readline

3. 在 Python 语言中，文件操作的一般步骤是(      )。

A. 打开文件→操作文件→关闭文件

B. 操作文件→修改文件→关闭文件

C. 读写文件→打开文件→关闭文件

D. 读文件→写文件→关闭文件

4. 以下叙述中错误的是(　　)。

A. 程序结束时，应当用 close()方法关闭已经打开的文件

B. 向文本文件追加内容时，可以用 'w' 模式打开

C. 使用 open 函数时，明确指定使用 'r' 模式和不指定任何模式的参数的效果是一样的

D. 使用 open 函数时，"+"参数可以与其他模式的参数一起使用

5. 已知 D 盘根目录下有一个文件"file.txt"，若程序需要先从"new.txt"文件中读出数据，修改后再写入"file.txt"文件中，则最合适的打开文件方式是(　　)。

A. fp=open('d:\\new.txt')

B. fp.open('d:\\new.txt','r+')

C. fp=open('d:\new.txt','r+')

D. fp= open('d:\new.txt','a+')

**二、编程题**

1. 编程实现：打开任意的文本文件，在指定的位置产生一个相同文件的副本，即实现文件的复制功能。

2. 编程实现：打开党的二十大报告全文(文件格式为 .txt)，读入所有的文本数据，使用字符串操作进行处理(字符替换、分词、去除停用词等)，最后借助 wordcloud 模块生成词云图并保存图片文件(文件格式为.png)。

# 第 10 章  模 块 与 包

**学习目标**

　(1) 理解模块与包的基本概念与分类；

　(2) 学会使用模块与包进行 Python 代码的组织；

　(3) 能根据需要选择最合适的模块和包的导入方式；

　(4) 学会包的使用，因为包提供了一种组织相关模块的方式，使得代码结构更加清晰，有助于实现大型项目的模块化。

## 10.1　模块

　　模块化指将一个完整的程序分解为一个一个小的模块，通过将模块进行组合，来搭建出一个完整的程序。

### 10.1.1　模块的概念

　　在计算机程序的开发过程中，随着程序代码越写越多，如果把代码都写在一个文件中，代码就会越来越长，维护起来就越困难。为了编写可维护的代码，可以将代码按功能分组，分别放到不同的文件里，这样每个文件包含的代码就相对较少，比较容易维护。很多编程语言都采用这种组织代码的方式。

　　在 Python 中，模块(Module)(注意：模块名要符合标识符的规范)就是一个 Python 文件，以.py 结尾，包含了 Python 对象定义和 Python 语句。模块可以有逻辑地组织 Python 代码段，模块可让代码更好用，更易懂。模块内部可以定义变量、函数和类，模块里也能包含可执行的代码。

```
# 查看所有 Python 自带模块列表
# help('modules')
```

模块化的优点包括：① 方便开发；② 方便维护；③ 模块可以复用。此外，使用模块还可以避免函数名和变量名冲突。因为每个模块有独立的命名空间，所以相同名字的函数和变量完全可以分别存在不同的模块中。

## 10.1.2  模块的分类

Python 中的模块可以按照不同的标准进行分类，以下是常见的分类方法。

### 1. 按照模块的来源分类

按照来源，模块可以分为以下几类：

(1) 内置模块(标准库)：Python 自带的模块，如 sys、os 等。

(2) 第三方模块：由第三方开发者提供的模块，需要单独安装，如 requests、NumPy 等。

(3) 自定义模块：用户自己编写的模块。

### 2. 按照模块的用途分类

按照用途，模块可以分为以下几类：

(1) 标准模块：遵循 Python 官方标准的模块。

(2) 扩展模块：使用 C/C++ 等其他语言编写并编译的模块，以 C 扩展的形式提供，如 sqlite3。

(3) 脚本模块：独立的 Python 文件，可作为模块导入。

(4) 包：一个包含 __init__.py 文件的目录，可以包含多个模块。

### 3. 按照模块的加载方式分类

按照加载方式，模块可以分为以下几类：

(1) 静态模块：在导入时即被加载，其内容在运行时不会改变。

(2) 动态模块：在运行时才被加载，根据不同的条件可能加载不同的内容。

### 4. 按照模块的层次结构分类

按照层次结构，模块可以分为以下几类：

(1) 顶层模块：直接位于顶层的模块，如 math、os.path。

(2) 子模块：位于顶层模块之下的子模块，如 os.path.commonprefix。

许多时候开发人员需要经常调用自己定义的函数，这时开发人员可以定义一个文件，将常用函数写入到该文件中，下次要使用这些常用函数时直接导入文件，就可以使用这些函数了。这里创建一个 .py 文件，称之为模块，它可以在另外一个程序文件中导入使用。

模块定义好后，使用 import 语句来引入模块，语法如下：

```
import module1[, module2[,... moduleN]
```

例 10.1  模块定义与引入示例，代码如下：

```
def print_func(name):
print("Hello:", name)
return
```

将以上函数定义代码存入文件 hello.py 中，那么此时 hello.py 即为一个模块。采用模块化可以将程序分别编写到多个文件中。

## 10.2    包

在 Python 中，包(Package)是一种用于组织和管理模块的方式，它是一个包含多个模块的目录。包的主要目的是避免模块命名冲突并提供更加模块化的代码结构。关于 Python 中包的关键信息说明如下：

(1) 目录结构：一个包是一个包含特殊文件 __init__.py 的目录。这个文件可以为空，但必须存在，以便 Python 将目录识别为一个包。

(2) 命名空间：包为模块提供了一个命名空间。这意味着在不同的包中可以有同名模块，而不会发生冲突。

(3) 模块化：通过将相关的模块组织到同一个包中，可以使得代码更加模块化和易于管理。

(4) 导入方式：可以使用点操作符( . )来导入包中的模块。例如，如果有一个名为 mypackage 的包，其中有一个名为 mymodule 的模块，则可以这样导入：import mypackage.mymodule。

(5) 层次结构：包可以嵌套，即一个包内可以包含另一个包，从而形成层次结构。

如果项目较复杂，包含很多文件，那么为了方便管理，就需要使用包来管理；一个包其实就是一个文件目录，可以把属于同一个业务的代码文件都放在同一个包里。

例如，在工作目录里，将模块放在了一个名为 ecommerce 的包里，这个目录同样包含一个名为 main.py 的文件用来启动程序。在 ecommerce 包里再添加一个名为 payments 的包用来管理不同的付款方式，文件夹的层次结构如下：

```
parent_directory/
    main.py
    ecommerce/
        __init__.py
        database.py
        products.py
        payments/
            __init__.py
            paypal.py
            authorizenet.py
```

包首次导入的工作机制如下：

(1) 运行执行文件，产生执行文件的全局名称空间。

(2) 产生包的全局名称空间，执行包里面的 __init__.py 文件，产生的名字都存在包的全局名称空间中。

(3) 执行文件的全局名称空间中有一个变量名为包的名字指向包的全局名称空间。

## 10.3　模块的使用

在 Python 中使用模块时，需要先导入它，模块的导入可以通过 import 语句以及 from…import 语句完成。

### 10.3.1　import 语句导入模块

使用 import 语句导入模块有两种情况，具体如下：

(1) 使用 import 语句导入模块，语法如下：

```
import 模块名
```

比如，要引用 math 模块，就可以在文件最开始的地方用 import math 来导入。在调用 math 模块中的函数时，使用 "模块名.函数名" 引用，代码如下：

```
#导入 math 模块
import math
 # 使用模块中的函数
result = math.sqrt(16)
print(result)
```

运行结果如下：

```
4.0
```

注意：不管程序执行了多少次 import，一个模块只会被导入一次，以防导入模块被一遍又一遍地执行。

(2) 使用 from…import 语句导入模块。在 Python 中使用 from 语句，可以从模块中导入一个指定的部分到当前命名空间中，语法如下：

```
from  模块名  import name1[, name2[, ... nameN]]
```

例如，要导入模块 math 的 sqrt 函数，可以使用如下语句：

```
from math import sqrt
 # 直接使用函数
result = sqrt(16)
print(result)
```

运行结果如下：

```
4.0
```

此声明不会把整个 math 模块导入到当前的命名空间中，而只会将 math 里的 sqrt 单个引入到执行这个声明的模块的全局符号表中。

当然，也可以使用 from 语句把一个模块的所有内容全都导入到当前的命名空间中，只需使用如下声明：

from 模块名 import *

还可以为函数或对象起别名，以便于使用，示例代码如下：

```
from math import sqrt as math_sqrt
# 使用别名
result = math_sqrt(16)
print(result)
```

运行结果如下：

```
4.0
```

导入多个函数或对象，可以用逗号分隔它们，示例代码如下：

```
from math import sqrt, pi
# 使用多个函数
print(sqrt(16))
print(pi)
```

运行结果如下：

```
4.0
3.141592653589793
```

在 Python 中，当导入一个模块时，Python 解析器对模块位置的搜索路径的规则如下：

(1) 搜索当前目录。

(2) 搜索环境变量 PYTHONPATH 中的目录列表。

(3) 搜索安装 Python 时默认的路径(通常在 lib/site-packages 目录下)。

模块搜索路径存储在 system 模块的 sys.path 变量中。变量里包含当前目录、PYTHONPATH 和由安装过程决定的默认目录。如果模块在这些位置都找不到，那么将会抛出一个 ModuleNotFoundError 异常。

### 10.3.2　使用 as 给函数指定别名

在 Python 中，使用 as 关键字可以给函数指定别名。这通常用于在局部作用域内简化函数的引用时，或者当需要调用多个具有相同名称但参数不同的函数时。使用 as 给函数指定别名的语法形式如下：

```
from 模块名 import 函数名 as 别名
别名(实参)
```

适用的场景：当要导入的函数的名称与程序中现有的名称冲突时，或者函数的名称太长时。

**例 10.2**　给函数指定别名，代码如下：

```
#有两个模块 module1 和 module2，它们都有一个名为 function 的函数
#可以给这两个模块中的 function 函数指定不同的别名
#假设 module1.py 有一个函数如下
def function(a, b):
    return a + b
```

```
#假设 module2.py 有一个函数如下
def function(a, b, c):
        return a * b * c


#可以使用 as 给它们指定别名
from module1 import function as add
from module2 import function as multiply


result1 = add(2, 3)              #调用 module1.function(2, 3)
result2 = multiply(2, 3, 4)      #调用 module2.function(2, 3, 4)
```

在这个示例中，add 和 multiply 是 function 函数的别名，它们分别代表模块 module1 和 module2 中的函数。这样可以通过别名来区分不同参数列表的函数，从而避免名称冲突。

### 10.3.3　使用 as 给模块指定别名

在 Python 中，使用 as 关键字可以给模块指定别名，这样可以在导入模块时使用更简短的名称，从而避免名称冲突、提高代码的可读性。使用 as 给模块指定别名的语法形式如下：

```
import 模块名 as 别名
```

**例 10.3**　给模块指定别名，代码如下：

```
#两个模块 module1 和 module2，都定义了一个名为 function1 的函数
#给两个模块分别指定不同的别名
import module1 as mod1
import module2 as mod2


#在导入模块中的特定部分时使用别名
#使用模块别名调用函数
mod1.function1()
mod2.function1()
from module1 import function1 as func1


#使用函数别名调用函数
func1()
```

使用模块别名可以使代码更加简洁和清晰，从而提高代码的可维护性。

### 10.3.4　导入模块中的所有函数

在 Python 中，可以使用 from module_name import *语法来导入模块中的所有函数。但是，这种做法并不推荐，因为它可能导致命名冲突和可读性问题。更好的做法是使用 from module_name import function_name1 和 function_name2 来导入特定的函数，或者使用 import module_name，然后通过模块名访问函数。

如果模块设计合理，则它应该提供一个__all__变量，该变量列出了模块导出的公共函数名。这样，当使用 from module_name import *时，只有__all__列表中指定的函数会被导入。

例 10.4  设计模块，导入其所有函数，代码如下：

```python
#math_functions.py 模块
def add(a, b):
    return a + b
 def subtract(a, b):
    return a - b
 def multiply(a, b):
    return a * b
def divide(a, b):
    return a / b


#这个列表定义了可以被导入的函数
all= ['add', 'subtract', 'multiply', 'divide']

#导入模块中的所有函数
from math_functions import *
result = add(3, 5)
print(result)
```

运行结果如下：

8

## 10.4  拓展案例与思考

**案例**：requests 库的模块化设计。

模块化编程起源于 20 世纪 60 年代的软件工程实践，其核心思想是将复杂的软件系统分解成一系列独立、可组合的单元——模块。Python 的很多标准库或第三方库都采用了模块化设计，如 os、requests、Pytorch 等。

requests 库是 Python 中的一个优秀的用于网络请求的第三方库，其模块化设计堪称典范。它将 HTTP 请求的各种功能分解为多个模块，如 requests.get、requests.post 等，同时还提供了响应对象(Response)、会话(Session)等功能模块。requests 库提供了一个简单易用的 API 来发送 HTTP 请求，下面介绍一些基本的请求方法。

(1)  get(url, **kwargs)：发送一个 GET 请求。

(2) post(url, data=None, **kwargs)：发送一个 POST 请求，data 可以是字典、字节或文件对象。

(3) put(url, data=None, **kwargs)：发送一个 PUT 请求。

(4) delete(url, **kwargs)：发送一个 DELETE 请求。

(5) head(url, **kwargs)：发送一个 HEAD 请求，只获取页面的 HTTP 头信息。

(6) options(url, **kwargs)：发送一个 OPTIONS 请求，获取服务器支持的 HTTP 方法。

(7) patch(url, data=None, **kwargs)：发送一个 PATCH 请求。

requests 库导入与调用的示例代码如下：

```
import requests    # 引入 requests 库

payload = {'key1': 'value1', 'key2': 'value2'}

response = requests.get('http://example.com')
response = requests.post('http://example.com/submit', data=payload)
response = requests.put('http://example.com/put', data={'key': 'value'})
response = requests.delete('http://example.com/delete')
response = requests.head('http://example.com/get')
```

**思考：**

(1) 当导入某个模块文件时，Python 解释器是如何寻找到这个文件的？

(2) 如何设计一个自定义的 Python 第三方库，并发布给其他用户使用？

# 习　　题

**一、选择题**

1. 下面不属于软件设计原则的是(　　)。

A. 抽象　　　　　　B. 模块化　　　　　　C. 信息隐蔽　　　D. 自底向上

2. 下列关于 Python 包的说法中正确的是(　　)。

A. Python 包是一个包含 Python 模块的目录

B. Python 包是一个包含 Python 包的目录

C. Python 包是一个包含__init__.py 文件的目录

D. Python 包是一个包含 Python 语句的目录

3. 下面关于 time 库引用不正确的是(　　)。

A. from time import *　　　　　　　B. import time

C. from * import time　　　　　　　D. from time import strftime

4. 以下语句的执行结果是(　　)。

```
import random
print(type(random.random()))
```

A. <class 'int'>　　　　　　　　　　　　B. <class 'str'>

C. None　　　　　　　　　　　　　　　D. <class 'float'>

5. 关于 Python 导入类，下列描述正确的是(　　)。

A. 一次性导入所有类，这样方便后续处理

B. 不能在一个模块中导入多个类

C. 导入类可以把大部分逻辑存储在独立的文件中，然后在主程序中编写高级逻辑

D. 同一个模块中的类，即使完全不相关，也没有关系

## 二、编程题

1. 打印输出模块或其函数的__doc__或__name__属性。

自定义的模块，命名为 mymodule01.py，代码如下：

```
"""
本模块用于计算公司员工的薪资
"""
company = " "


def yearsalary(monthsalary):
    """根据传入的月薪，计算出年薪"""
    return monthsalary*12
```

测试模块，命名为 main.py，代码如下：

```
import mymodule01
import math


#测试自定义的模块中的信息
print(mymodule01.__doc__)

print(mymodule01.yearsalary.__doc__)

print(mymodule01.yearsalary.__name__)


#测试第三方库模块中的信息
print(math.cos.__doc__)

print(math.cos.__name__)


#可以调用自定义模块中的函数
print(yearsalary(10000))
```

写出测试模块的输出结果，并简要分析原因。

2. 编程实现模块的定义与使用，要求如下：

(1) 定义一个模块 tools.py，创建一个函数求两个数的最大公约数 gcd(a,b)。

(2) 新定义另一个代码文件 testTools.py，对 gcd(a,b)函数进行测试调用，并在控制台打印结果。

# 案　例　篇

案例篇共4章，精心设计了4个典型案例——游戏设计与开发、网络爬虫、数据分析和机器学习，每个案例均将理论与实践有机结合，展示了完整的设计思路、工作原理、功能框架及代码实现，并启发读者在本书案例的基础上做进一步的改进与优化。通过这些案例的学习，不仅可以提升读者的实践开发能力，更重要的是，能让读者深刻体会 Python 语言在人工智能时代的强大潜力和广泛应用，从而激发读者对技术进行探索的热情和动力。

# 第 11 章  游戏设计与开发

## 11.1    Python 语言与 Pygame 库

Python 简洁的语法和丰富的标准库使得编写游戏逻辑变得更加容易，而 Pygame 提供的丰富功能和工具则可以帮助开发者处理游戏中的图像、声音、输入等方面的需求。Python 语言与 Pygame 游戏开发库是一对非常强大的组合，适用于游戏开发、图形化界面设计以及多媒体应用的开发。

### 11.1.1    Pygame 库模块及功能

Pygame 是一个基于 Python 的游戏开发库，它提供了丰富的功能和工具，以帮助开发者轻松地创建 2D 游戏和多媒体应用。Pygame 建立在 SDL(Simple DirectMedia Layer)的基础上，通过 Python 的简洁和易用性，为游戏开发提供了一种简单而又强大的方式。它包含了处理图像、声音、输入设备等方面的模块，使得开发者可以专注于游戏的逻辑和交互，而无须过多关注底层细节。

Pygame 库常用的模块和功能如表 11-1 所示。

表 11-1    Pygame 库常用的模块和功能

| 模　块 | 功　能 | 模　块 | 功　能 |
|---|---|---|---|
| pygame.cdrom | 访问光驱 | pygame.movie | 播放视频 |
| pygame.cursors | 加载光标 | pygame.music | 流式播放背景音乐 |
| pygame.display | 访问显示设备 | pygame.overlay | 访问高级视频叠加 |
| pygame.draw | 绘制形状、线和点 | pygame.rect | 管理矩形区域 |
| pygame.event | 管理事件 | pygame.sndarray | 操作声音数据 |
| pygame.font | 使用字体 | pygame.sprite | 操作游戏对象 |
| pygame.image | 加载和存储图片 | pygame.surface | 管理图像和屏幕 |
| pygame.joystick | 使用游戏手柄或者类似设备 | pygame.surfarray | 管理点阵图像数据 |
| pygame.key | 读取键盘按键 | pygame.time | 管理时间和帧信息 |
| pygame.mixer | 加载和播放音效及音乐 | pygame.transform | 缩放和移动图像 |
| pygame.mouse | 管理鼠标 | | |

## 11.1.2 Pygame 库的特点和优势

### 1. Pygame 库的特点

Pygame 库有以下特点：

(1) 简单易用：Pygame 提供了简洁明了的 API，易于学习和上手，即使是初学者也能够快速入门游戏开发。

(2) 跨平台性：Pygame 基于 SDL 库开发，因此具有跨平台性，可以在多个操作系统上运行，包括 Windows、Linux、Mac 等。

(3) 丰富的功能：Pygame 提供了丰富的功能和工具，包括图像处理、声音播放、事件处理、碰撞检测等，方便开发者实现各种游戏特效和功能。

(4) 开源免费：Pygame 是开源项目，完全免费使用，开发者可以自由地修改和发布代码，同时也能够从活跃的社区中获取支持和帮助。

(5) 轻量级：尽管功能强大，但 Pygame 库本身相对轻量级，不会给项目增加过多的负担，适合用于开发各种规模的游戏项目。

(6) 适用范围广泛：Pygame 不仅仅适用于游戏开发，还可以用于创建各种图形化界面和多媒体应用，例如屏幕保护程序、交互式演示等。

### 2. Pygame 库的优势

Pygame 库有以下优势：

(1) Python 语言支持：Pygame 库基于 Python 语言开发，与 Python 的语法和特性完全兼容，使得开发者可以利用 Python 的优势(如简洁的语法、丰富的标准库等)快速地创建游戏和应用。

(2) 底层硬件访问：Pygame 提供了对底层硬件的访问接口，使得开发者可以直接操作图形、声音等硬件资源，实现更高级别的游戏功能和效果。

(3) 活跃的社区支持：Pygame 拥有一个活跃的社区，开发者可以在社区中获取各种教程、示例代码和技术支持，从而帮助他们解决开发中遇到的问题。

(4) 可扩展性强：Pygame 库支持各种扩展和插件，开发者可以根据自己的需求进行定制和扩展，以满足各种复杂的游戏开发需求。

(5) 与其他 Python 库兼容：由于 Pygame 基于 Python 开发，因此与其他 Python 库兼容性良好，开发者可以轻松地集成各种其他库和工具，拓展游戏的功能和特效。

## 11.1.3 安装 Pygame 及其依赖库

使用 Pygame 开发游戏前，首先要安装 Pygame 库，下面介绍在不同平台下安装 Pygame 库的方式。

### 1. 在 Windows 上安装 Pygame

在 Windows 上安装 Pygame 的方法如下：

(1) 使用 pip 安装，步骤如下：

① 打开命令提示符(Command Prompt)或 PowerShell。

② 输入命令 pip install pygame 并按下回车键。

③ 等待安装完成即可。

(2) 通过预编译的二进制安装，步骤如下：

① 访问 Pygame 的官方网站(https://www.pygame.org/download.shtml)。

② 下载与 Python 版本和系统架构(32 位或 64 位)对应的预编译二进制文件。

③ 双击下载的安装程序并按照提示完成安装。

### 2. 在 macOS 上安装 Pygame

在 macOS 上安装 Pygame 的方法如下：

(1) 使用 pip 安装，步骤如下：

① 打开终端。

② 输入命令 pip3 install pygame 并按下回车键。

③ 等待安装完成即可。

(2) 通过 Homebrew 安装，步骤如下：

① 如果已经安装了 Homebrew，则可以使用命令 brew install pygame 安装 Pygame。

② 如果尚未安装 Homebrew，则先按照官方文档(https://brew.sh/)进行安装。

### 3. 在 Linux 上安装 Pygame

在 Linux 上安装 Pygame 的方法如下：

(1) 使用 pip 安装，步骤如下：

① 打开终端。

② 输入命令 pip3 install pygame 并按下回车键。

③ 等待安装完成即可。

(2) 通过包管理器安装，步骤如下：

不同的 Linux 发行版可能会使用不同的包管理器，可以使用适合自己系统的包管理器来安装 Pygame，示例如下：

① Ubuntu/Debian 用 sudo apt-get install python3-pygame 来安装 Pygame。

② Fedora 用 sudo dnf install python3-pygame 来安装 Pygame。

③ Arch Linux 用 sudo pacman -S python-pygame 来安装 Pygame。

安装完成后，就可以在 Python 程序中导入 Pygame 库并使用相关功能了。需要注意的是，需要确保所使用的 Python 版本与安装的 Pygame 版本兼容，这样才能顺利运行程序。

## 11.2　Pygame 游戏开发基础

使用 Pygame 开发游戏的主要流程包括：初始化游戏和创建窗口、设置游戏循环、处理事件、更新游戏状态以及绘制游戏画面等。

## 11.2.1　初始化 Pygame 和设置游戏窗口

### 1. 初始化 Pygame

在 Python 代码中，首先需要导入 Pygame 库并进行初始化，初始化 Pygame 将设置所需的基本环境以供游戏运行，示例代码如下：

```
# 初始化 Pygame
import pygame
pygame.init()
```

### 2. 设置游戏窗口

在创建游戏窗口之前，可能想要设置一些游戏窗口的基本参数，例如设置窗口的大小、标题等，示例代码如下：

```
# 设置窗口大小
window_width = 800
window_height = 600
# 创建游戏窗口
screen = pygame.display.set_mode((window_width, window_height))
# 设置窗口标题
pygame.display.set_caption("My Pygame Game")
```

## 11.2.2　游戏循环和事件处理机制

### 1. 游戏循环

游戏循环是一个持续运行的循环结构，它负责不断地更新游戏的状态并绘制游戏界面，以及响应用户的输入。通常，游戏循环会重复执行以下步骤：

(1) 处理事件(Event Handling)：检查并处理用户输入事件，如键盘按键、鼠标移动等。

(2) 更新游戏状态(Update Game State)：根据用户的输入和当前的游戏状态，更新游戏中的各种元素的状态，包括游戏角色的位置、游戏物体的状态等。

(3) 绘制游戏界面(Render)：使用更新后的游戏状态，重新绘制游戏界面，以反映最新的游戏状态。

(4) 重复循环：回到第(1)步，持续循环执行以上步骤，实现游戏的持续运行。

### 2. 事件处理机制

Pygame 提供了一个事件处理机制，用于检测和响应用户的输入事件，例如键盘按键、鼠标移动、窗口关闭等。在游戏循环的事件处理阶段，可以使用 pygame.event.get()函数获取当前发生的所有事件，并对其进行逐个处理。

常见的事件类型包括：

(1) pygame.QUIT：窗口关闭事件，用户单击了窗口中的关闭按钮。

(2) pygame.KEYDOWN 和 pygame.KEYUP：键盘按键按下和释放事件。

(3) pygame.MOUSEBUTTONDOWN 和 pygame.MOUSEBUTTONUP：鼠标按键按下和释放事件。

(4) pygame.MOUSEMOTION：鼠标移动事件。

游戏循环和事件处理机制的示例代码如下：

```python
import pygame
pygame.init()
# 设置窗口尺寸
window_width = 800
window_height = 600
screen = pygame.display.set_mode((window_width, window_height))
pygame.display.set_caption("My Pygame Game")
# 游戏主循环
running = True
while running:
    for event in pygame.event.get():
        if event.type == pygame.QUIT:
            running = False
        elif event.type == pygame.KEYDOWN:
            # 处理键盘按键按下事件
            if event.key == pygame.K_SPACE:
                print("Space key pressed")
        elif event.type == pygame.MOUSEBUTTONDOWN:
            # 处理鼠标按键按下事件
            if event.button == 1:
                print("Left mouse button pressed")
    # 更新游戏状态
    # 绘制游戏界面
    pygame.display.flip()
pygame.quit()
```

### 11.2.3  绘制图形和图像

在 Pygame 中，绘制图形和图像是创建游戏界面的关键部分之一。通过绘制不同形状的图形和加载图像文件，可以实现丰富多样的游戏界面效果。下面介绍如何在 Pygame 中绘制图形和图像。

#### 1. 绘制基本图形

Pygame 提供了一系列函数来绘制基本的几何图形，如矩形、圆形、线条等。表 11-2 所示是一些常用的绘制函数。

表 11-2　Pygame 常用绘制函数

| 绘　制　函　数 | 功　　能 |
| --- | --- |
| pygame.draw.rect(surface, color, rect) | 绘制矩形 |
| pygame.draw.circle(surface, color, center, radius) | 绘制圆形 |
| pygame.draw.line(surface,color,start_pos,end_pos,width) | 绘制线条 |
| pygame.draw.polygon(surface, color, pointlist) | 绘制多边形 |

这些函数的参数包括绘制的目标 surface(通常是游戏窗口)、颜色以及具体的形状参数。

### 2. 加载和绘制图像

Pygame 提供了 pygame.image.load()函数来加载图像文件,并可以使用 blit()函数将图像绘制到指定的位置,示例代码如下:

```
import pygame
# 加载图像
image = pygame.image.load('example.png')
# 绘制图像
screen.blit(image, (x, y))
```

在上面的代码中,pygame.image.load()函数加载了一个名为 example.png 的图像文件,然后使用 blit()函数将图像绘制到了屏幕上指定的位置(x, y)处。

## 11.2.4　响应用户输入

响应用户输入是游戏开发中至关重要的一部分,它能够使玩家与游戏世界进行交互。在 Pygame 游戏程序中,可以轻松地捕获和处理来自键盘和鼠标的输入事件。

### 1. 响应键盘输入

Pygame 提供了键盘事件来响应键盘的按键操作。在游戏循环的事件处理阶段,可以使用 pygame.event.get()函数来获取事件列表,并遍历其中的键盘事件。常用的键盘事件类型是 pygame.KEYDOWN 和 pygame.KEYUP。响应键盘输入的示例代码如下:

```
for event in pygame.event.get():
    if event.type == pygame.KEYDOWN:
        if event.key == pygame.K_LEFT:
            # 处理左箭头键按下事件
            pass
        elif event.key == pygame.K_RIGHT:
            # 处理右箭头键按下事件
            pass
        # 其他键盘按键的处理
```

### 2. 响应鼠标输入

同样地,Pygame 库也提供了鼠标事件来响应鼠标的操作。在游戏循环的事件处理阶段,可以检测鼠标按键的按下和释放事件,并获取鼠标的当前位置。响应鼠标输入的示例代码如下:

```
for event in pygame.event.get():
    if event.type == pygame.MOUSEBUTTONDOWN:
        if event.button == 1:
            # 处理鼠标左键按下事件
            pass
        elif event.button == 3:
            # 处理鼠标右键按下事件
            pass
        # 其他鼠标按键的处理
    if event.type == pygame.MOUSEMOTION:
        # 处理鼠标移动事件
        mouse_x, mouse_y = event.pos
```

## 11.3　构建游戏框架

本节介绍构建 Pygame 游戏框架的过程，包括设计游戏流程和架构，使用游戏对象和精灵系统来管理游戏元素，通过游戏状态管理来控制游戏流程，以及用碰撞检测和响应机制来处理游戏逻辑。

### 11.3.1　设计游戏流程和架构

#### 1. 游戏程序最小开发框架

基于 Pygame 库的游戏程序最小开发框架包括导入 pygame 和 sys 库、初始化 init() 及设置、获取事件并逐类响应以及刷新屏幕，如图 11-1 所示。

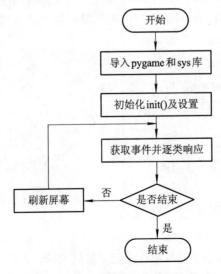

图 11-1　Pygame 最小开发框架

基于 Pygame 库的游戏程序最小开发框架的参考代码如下：

```
import pygame, sys                          # 导入 pygame 和 sys 库
pygame.init()                               # 初始化 pygame


screen = pygame.display.set_mode((1200, 400))        # 设置一个窗口
pygame.display.set_caption("我的第一个 game")          # 设置窗口标题


# 执行游戏循环(无穷循环)，确保窗口一直显示
while True:
    for event in pygame.event.get():        # 遍历获取事件
        if event.type == pygame.QUIT:       # 如果单击关闭窗口，则触发退出
            sys.exit()
    # 执行业务逻辑代码
    pygame.display.update()                 # 刷新屏幕


pygame.quit()                               # 退出 pygame
```

Pygame 最小开发框架说明：

(1) 游戏循环(Game Loop)：游戏循环是 Pygame 游戏开发的核心，它负责不断地更新游戏状态、处理用户输入和渲染游戏界面。正确实现游戏循环能够保证游戏的流畅运行。

(2) 事件处理：Pygame 通过事件处理来响应用户输入，包括键盘输入、鼠标操作等。在游戏循环中，需要使用 pygame.event.get()来获取事件并进行相应的处理。

### 2. 基于最小开发框架的壁球小游戏

下面介绍基于最小开发框架的壁球小游戏的游戏规则和参考代码。

(1) 游戏规则说明：

① 通过图片引入一个壁球；

② 壁球能够上下左右运动；

③ 壁球能够在上下左右边缘反弹；

④ 通过键盘的上下左右键控制壁球的运动速度：上(纵向加速)、下(纵向减速)、左(横向减速)、右(横向加速)。

(2) 参考代码如下：

```
# 导入 pygame 和 sys
import pygame,sys
reload(sys)
sys.setdefaultencoding('UTF-8')


# 初始化 init()及参数设置
pygame.init()
size = width, height = 1000, 600            # 窗口大小
```

```python
speed = [1,1]
BLACK = 0, 0, 0                              # 窗口背景色 RGB 值
screen = pygame.display.set_mode(size)
pygame.display.set_caption("Pygame 游戏之旅")
ball = pygame.image.load("flower.PNG")       # 引入壁球
ballrect = ball.get_rect()                   # 获取壁球大小
fps = 300
fclock = pygame.time.Clock()


# 获取事件并逐类响应
while True:
    for event in pygame.event.get():
        if event.type == pygame.QUIT:
            sys.exit()
        elif event.type == pygame.KEYDOWN:
            if event.key == pygame.K_LEFT:          # 横向减速
                if speed[0] <= 0 : speed[0] = speed[0]
                else : speed[0] = speed[0] -1       # 负号表示方向
            elif event.key == pygame.K_RIGHT:
                if speed[0] > 0 : speed[0] = speed[0] + 1
                else : speed[0] = speed[0] -1
            elif event.key == pygame.K_UP:
                if speed[1] > 0 : speed[1] = speed[1]    + 1
                else : speed[1] = speed[1] -1
            elif event.key == pygame.K_DOWN:
                if speed[1] <= 0 : speed[1] = speed[1]
                else : speed[1] = speed[1] -1
    ballrect = ballrect.move(speed)
    if ballrect.left < 0 or ballrect.right > width
        speed[0] = -speed[0]
    if ballrect.top < 0 or ballrect.bottom > height:
        speed[1] = -speed[1]
    screen.fill(BLACK)
    screen.blit(ball, ballrect)


# 刷新屏幕
    pygame.display.update()
    fclock.tick(fps)
```

## 11.3.2　游戏对象和精灵系统

游戏对象和精灵系统在游戏开发中扮演着重要的角色，它们是游戏中各种角色、物体和动画的基本组成部分。下面介绍游戏对象和精灵系统的概念以及如何在 Pygame 中使用精灵系统。

### 1. 游戏对象(Game Objects)

游戏对象是游戏中的各种实体，如玩家、敌人、障碍物等。每个游戏对象都具有自己的属性和行为，如位置、速度、碰撞检测等。在 Pygame 中，可以使用类来定义游戏对象，并在游戏循环中更新它们的状态和绘制它们的图像。

### 2. 精灵系统(Sprite System)

精灵是游戏中可视化的实体，通常用来表示游戏中的角色、物体或动画。精灵系统是一种组织和管理游戏中精灵的方法，它提供了方便的方法来创建、更新和绘制精灵，并处理精灵之间的碰撞和交互。

### 3. 在 Pygame 中使用精灵系统

Pygame 提供了 pygame.sprite.Sprite 类来定义精灵对象，可以通过继承 pygame.sprite.Sprite 类来创建自定义的精灵类，并在其中定义精灵的属性和方法。Pygame 还提供了 pygame.sprite.Group 类来管理多个精灵对象，方便进行碰撞检测和统一绘制。

在下面这个示例代码中，定义了一个名为 Player 的玩家精灵类，并创建了一个玩家精灵对象。然后，创建了一个精灵组 all_sprites，将玩家精灵对象添加到其中。在游戏循环中，更新了所有精灵对象的状态，并将所有精灵对象绘制到屏幕上。通过使用精灵系统，游戏开发者可以轻松地管理游戏中的各种实体，并实现复杂的游戏逻辑和交互。

```
import pygame
pygame.init()
# 定义玩家精灵类
class Player(pygame.sprite.Sprite):
    def __init__(self):
        super().__init__()
        # 创建一个矩形作为玩家精灵的图像
        self.image = pygame.Surface((50, 50))
        self.image.fill((255, 0, 0))          # 填充图像为红色
        self.rect = self.image.get_rect()      # 获取图像的矩形边界
        self.rect.center = (400, 300)          # 设置玩家精灵的初始位置
    def update(self):
        # 更新玩家精灵的状态，如移动、碰撞检测等
        pass

# 创建玩家精灵对象
player = Player()
```

```
# 创建精灵组
all_sprites = pygame.sprite.Group()
all_sprites.add(player)
# 设置窗口尺寸
window_width = 800
window_height = 600
screen = pygame.display.set_mode((window_width, window_height))
pygame.display.set_caption("Sprite System")


# 游戏主循环
running = True
while running:
    for event in pygame.event.get():
        if event.type == pygame.QUIT:
            running = False
    # 更新所有精灵对象的状态
    all_sprites.update()
    # 清空屏幕
    screen.fill((255, 255, 255))
    # 绘制所有精灵对象
    all_sprites.draw(screen)
    # 更新屏幕
    pygame.display.flip()
pygame.quit()
```

### 11.3.3　游戏状态管理

　　游戏状态管理是游戏开发中的重要概念，它负责管理游戏在不同阶段的状态，如菜单、游戏进行中、游戏结束等。通过有效的状态管理，可以使游戏逻辑清晰、易于维护，并提供更好的用户体验。下面具体介绍如何利用 Pygame 库进行游戏状态管理。

#### 1. 游戏状态表示

　　在 Pygame 中，游戏状态通常用不同的场景(Scene)或状态(State)来表示。每个场景或状态都有其特定的逻辑和界面，如菜单界面、游戏界面、结束界面等。可以使用不同的类来表示不同的游戏状态，并在游戏循环中根据当前状态来更新和绘制相应的内容。

#### 2. 游戏状态切换

　　游戏状态之间可能会发生切换，例如从菜单状态切换到游戏状态，或从游戏状态切换到结束状态。为了实现状态切换，可以在游戏循环中根据特定的条件或事件来切换游戏状态，并更新相应的逻辑和界面。游戏状态切换的示例代码如下：

```
import pygame
```

```python
pygame.init()

# 定义菜单状态类
class MenuState:
    def __init__(self):
        self.title_font = pygame.font.Font(None, 48)
        self.title_text = self.title_font.render("Menu", True, (255, 255, 255))
        self.title_rect = self.title_text.get_rect(center=(400, 100))
    def handle_events(self, events):
        for event in events:
            if event.type == pygame.KEYDOWN:
                if event.key == pygame.K_RETURN:
                    return "game"
    def update(self):
        pass
    def draw(self, screen):
        screen.fill((0, 0, 0))
        screen.blit(self.title_text, self.title_rect)
# 定义游戏状态类
class GameState:
    def __init__(self):
        pass
    def handle_events(self, events):
        for event in events:
            if event.type == pygame.KEYDOWN:
                if event.key == pygame.K_ESCAPE:
                    return "menu"
    def update(self):
        pass
    def draw(self, screen):
        screen.fill((255, 0, 0))
# 定义结束状态类
class EndState:
    def __init__(self):
        self.end_font = pygame.font.Font(None, 48)
        self.end_text = self.end_font.render("Game Over", True,(255, 255, 255))
        self.end_rect = self.end_text.get_rect(center=(400, 300))
    def handle_events(self, events):
        for event in events:
            if event.type == pygame.KEYDOWN:
```

```
                    if event.key == pygame.K_RETURN:
                        return "menu"
        def update(self):
            pass
        def draw(self, screen):
            screen.fill((0, 0, 255))
            screen.blit(self.end_text, self.end_rect)
# 创建游戏状态对象
menu_state = MenuState()
game_state = GameState()
end_state = EndState()
current_state = "menu"
# 设置窗口尺寸
window_width = 800
window_height = 600
screen = pygame.display.set_mode((window_width, window_height))
pygame.display.set_caption("Game State Management")
# 游戏主循环
running = True
while running:
    events = pygame.event.get()
    for event in events:
        if event.type == pygame.QUIT:
            running = False
    if current_state == "menu":
        next_state = menu_state.handle_events(events)
        if next_state:
            current_state = next_state
    elif current_state == "game":
        next_state = game_state.handle_events(events)
        if next_state:
            current_state = next_state
    elif current_state == "end":
        next_state = end_state.handle_events(events)
        if next_state:
            current_state = next_state
    if current_state == "menu":
        menu_state.draw(screen)
    elif current_state == "game":
```

```
        game_state.draw(screen)
    elif current_state == "end":
        end_state.draw(screen)
    pygame.display.flip()
pygame.quit()
```

在这个示例代码中，定义了 3 个游戏状态类：菜单状态(MenuState)、游戏状态(GameState)和结束状态(EndState)。在游戏循环中，根据当前状态的不同，分别调用相应状态的事件处理方法、更新方法和绘制方法。通过这种方式，就可以在不同的游戏状态之间进行切换，并更新和绘制相应的内容。

### 11.3.4　碰撞检测和响应

#### 1. 碰撞检测

Pymage 中的 pygame.sprite.spritecollide()函数和 pygame.sprite.collide_rect()函数用于碰撞检测，示例如下：

(1) 检测一个精灵对象与一个精灵组中的其他精灵对象是否发生碰撞：

pygame.sprite.spritecollide(sprite, group, dokill, collided=None)。

(2) 检测两个精灵对象是否发生矩形区域的碰撞：

pygame.sprite.collide_rect(sprite1, sprite2) 。

#### 2. 碰撞响应

当发生碰撞时，可以根据游戏的逻辑和规则定义相应的碰撞响应。常见的碰撞响应包括：

(1) 改变对象的速度或方向。

(2) 减少对象的生命值或能量。

(3) 触发特定的动画效果。

(4) 触发游戏事件，如得分、游戏结束等。

## 11.4　游戏元素设计

本节聚焦于游戏元素设计，涵盖了图像和动画的创建与控制，音效和背景音乐的集成，用户界面(UI)的设计，以及游戏 AI 和敌人行为的设计。

### 11.4.1　图像和动画的创建与控制

创建和控制图像与动画是游戏开发中的重要部分，它们赋予游戏世界生命和动态。在 Pygame 游戏程序中，可以加载图像文件，并使用适当的技术实现动画效果。下面介绍如何在 Pygame 游戏程序中创建和控制图像与动画。

### 1. 图像的创建与加载

在 Pygame 中，可以使用 pygame.image.load()函数加载图像文件，该函数返回一个 Surface 对象，表示图像在内存中的表现形式，示例代码如下：

```python
import pygame
# 加载图像
image = pygame.image.load('example.png')
```

### 2. 控制图像的显示

加载图像后，可以使用 blit()方法将图像绘制到游戏窗口上的指定位置，示例代码如下：

```python
# 创建游戏窗口
screen = pygame.display.set_mode((800, 600))
# 加载图像
image = pygame.image.load('example.png')
# 绘制图像到屏幕上指定位置
screen.blit(image, (100, 100))
# 更新屏幕显示
pygame.display.flip()
```

### 3. 动画的实现

动画可以通过在游戏循环中不断地更新显示的图像来实现。通常，需要维护一个图像列表或图像序列，并在每一帧更新显示的图像，示例代码如下：

```python
import pygame
# 创建游戏窗口
screen = pygame.display.set_mode((800, 600))
# 加载图像序列
frames = [pygame.image.load('frame1.png'),
          pygame.image.load('frame2.png'),
          pygame.image.load('frame3.png')]
# 游戏主循环
running = True
frame_index = 0
while running:
    for event in pygame.event.get():
        if event.type == pygame.QUIT:
            running = False
    # 清空屏幕
    screen.fill((255, 255, 255))
    # 绘制当前帧图像到屏幕上指定位置
    screen.blit(frames[frame_index], (100, 100))
    # 更新帧索引，实现动画效果
```

```
        frame_index = (frame_index + 1) % len(frames)
        # 更新屏幕显示
        pygame.display.flip()
        # 控制帧率
        pygame.time.delay(100)
pygame.quit()
```

在这个示例中，加载了一个包含 3 帧图像的图像序列，并在游戏循环中循环显示这 3 帧图像，从而实现了简单的动画效果。可以根据实际需求扩展这些方法，以实现更加复杂和精彩的图像与动画效果。

## 11.4.2 音效和背景音乐的集成

### 1. 音效的播放

在 Pygame 中，可以使用 pygame.mixer.Sound 类来加载和播放音效。首先，需要使用 pygame.mixer.init()初始化音频模块，然后使用 pygame.mixer.Sound()加载音效文件，并调用 play()方法来播放音效，示例代码如下：

```
import pygame
# 初始化音频模块
pygame.mixer.init()
# 加载音效文件
sound_effect = pygame.mixer.Sound('sound_effect.wav')
# 播放音效
sound_effect.play()
```

### 2. 背景音乐的播放

Pygame 也支持播放背景音乐，可以使用 pygame.mixer.music 模块来加载和播放背景音乐。同样地，需要使用 pygame.mixer.init()初始化音频模块，然后使用 pygame.mixer.music.load()和 pygame.mixer.music.play()方法加载、播放背景音乐。此外，还可以使用 pygame.mixer.music.stop()方法来停止背景音乐的播放。背景音乐播放的示例代码如下：

```
import pygame
# 初始化音频模块
pygame.mixer.init()
# 加载背景音乐文件
pygame.mixer.music.load('background_music.mp3')
# 播放背景音乐
pygame.mixer.music.play()
# 停止背景音乐
# pygame.mixer.music.stop()
```

### 11.4.3　用户界面设计

用户界面(UI)设计是游戏开发中至关重要的一环，它直接影响到玩家的游戏体验和交互方式。一个设计良好的用户界面可以使游戏更加吸引人、更易于操作、更友好。在 Pygame 中，可以通过绘制图形、文本和按钮等元素来创建用户界面。下面介绍如何在 Pygame 中进行用户界面设计。

#### 1. 绘制文本

Pygame 提供了 pygame.font.Font 类来创建字体对象，然后可以使用字体对象的 render() 方法将文本渲染到 Surface 对象上，可以设置字体、大小、颜色等属性。绘制文本的示例代码如下：

```python
import pygame
# 初始化 Pygame
pygame.init()
# 创建字体对象
font = pygame.font.Font(None, 36)
# 渲染文本到 Surface 对象上
text_surface = font.render("Hello, Pygame!", True, (255, 255, 255))
```

#### 2. 绘制按钮

按钮通常是游戏界面中常见的交互元素，它们可以响应鼠标点击事件。可以绘制一个矩形作为按钮的外观，并在按钮上绘制文本，以及检测鼠标是否与按钮发生碰撞来实现按钮的点击效果。绘制按钮的示例代码如下：

```python
import pygame
# 初始化 Pygame
pygame.init()
# 绘制按钮
def draw_button(screen, x, y, width, height, text, text_color, button_color):
    pygame.draw.rect(screen, button_color, (x, y, width, height))
    font = pygame.font.Font(None, 24)
    text_surface = font.render(text, True, text_color)
    text_rect = text_surface.get_rect(center=(x + width / 2, y + height / 2))
    screen.blit(text_surface, text_rect)
# 在游戏循环中调用 draw_button()来绘制按钮
```

#### 3. 响应鼠标事件

在游戏循环中，可以监听鼠标事件，并根据鼠标的位置和点击事件来实现用户界面的交互。响应鼠标事件的示例代码如下：

```python
for event in pygame.event.get():
    if event.type == pygame.MOUSEBUTTONDOWN:
        mouse_x, mouse_y = pygame.mouse.get_pos()
```

```
# 判断鼠标点击位置是否在按钮范围内
if button_rect.collidepoint(mouse_x, mouse_y):
    # 执行按钮点击操作
```

## 11.4.4　游戏 AI 和敌人行为的设计

游戏 AI 和敌人行为的设计对于游戏的乐趣和挑战性至关重要。在 Pygame 中,可以通过编写算法来控制敌人的行为,使它们能够模拟智能的移动、攻击和躲避等动作。下面介绍如何在 Pygame 中实现游戏 AI 和敌人行为:

(1) 移动算法:敌人的移动可以通过简单的随机移动、追踪玩家、巡逻或避开障碍物等算法来实现。例如,可以使用简单的移动向量来控制敌人的移动方向和速度。

(2) 攻击算法:敌人的攻击行为可以根据玩家的位置和状态来决定。例如,当玩家进入敌人的攻击范围时,敌人会发动攻击;当玩家逃离敌人的攻击范围时,敌人会停止攻击。

(3) 躲避算法:敌人可以通过检测周围的障碍物或其他敌人来避开碰撞,以避免与障碍物或其他敌人发生碰撞。

```
#以下为示例代码
import pygame
import random
# 初始化 Pygame
pygame.init()
# 设置窗口尺寸
window_width = 800
window_height = 600
screen = pygame.display.set_mode((window_width, window_height))
pygame.display.set_caption("Game AI and Enemy Behavior")
# 定义敌人类
class Enemy(pygame.sprite.Sprite):
    def __init__(self, x, y):
        super().__init__()
        self.image = pygame.Surface((30, 30))
        self.image.fill((255, 0, 0))
        self.rect = self.image.get_rect(center=(x, y))
        self.speed = 2
        self.target = None

    def update(self):
        if self.target:
            dx = self.target.rect.centerx - self.rect.centerx
            dy = self.target.rect.centery - self.rect.centery
```

```python
            dist = (dx - 2 + dy - 2) - 0.5
            if dist > 0:
                self.rect.x += self.speed * dx / dist
                self.rect.y += self.speed * dy / dist
# 创建敌人精灵组
enemies = pygame.sprite.Group()
# 创建敌人对象
enemy1 = Enemy(200, 200)
enemy2 = Enemy(600, 400)
# 将敌人对象添加到精灵组
enemies.add(enemy1, enemy2)
# 创建玩家对象
player = pygame.sprite.Sprite()
player.image = pygame.Surface((30, 30))
player.image.fill((0, 0, 255))
player.rect=player.image.get_rect(center=(window_width//2,window_height//2))
# 游戏主循环
running = True
while running:
    for event in pygame.event.get():
        if event.type == pygame.QUIT:
            running = False
    # 更新敌人对象
    for enemy in enemies:
        enemy.target = player
        enemy.update()
    # 清空屏幕
    screen.fill((255, 255, 255))
    # 绘制敌人对象
    enemies.draw(screen)
    # 绘制玩家对象
    screen.blit(player.image, player.rect)
    # 更新屏幕
    pygame.display.flip()
# 退出 Pygame
pygame.quit()
```

在这个示例代码中，定义了一个简单的敌人类 Enemy，敌人对象会追踪玩家对象的位置，并朝着玩家移动。可以根据实际需求扩展这个示例，从而设计出更复杂的敌人行为，增加游戏的挑战性和乐趣。

## 11.5　贪吃蛇游戏开发

本节通过贪吃蛇游戏开发示例，为读者展示从编写游戏设计到游戏原型实现，以及游戏测试与调试的全过程。

### 11.5.1　游戏设计文档的编写

#### 1．游戏概述

贪吃蛇是经典的游戏之一，玩家通过控制蛇的移动来吃食物，每吃一个食物，蛇的长度就会增加，游戏的目标是使贪吃蛇尽可能地吃到更多的食物并延长蛇的长度，直到蛇撞到边界或自己时游戏结束。

#### 2．游戏规则

游戏规则如下：

(1) 蛇初始长度为 1，每吃到一个食物长度加 1。

(2) 每次蛇移动一步，长度不变。

(3) 当蛇撞到边界或自己时，游戏结束。

(4) 食物会随机出现在游戏界面上。

(5) 玩家通过上下左右键来控制蛇的移动。

#### 3．游戏界面设计

游戏界面设计的要求如下：

(1) 游戏界面采用黑色背景。

(2) 蛇和食物的图形采用预先准备好的图像。

(3) 蛇的每个节点和食物都是一个方形，并且方形的大小相同。

#### 4．游戏代码结构

游戏代码结构如下：

(1) Snake 类表示贪吃蛇，包括贪吃蛇的移动、长度、方向等属性和方法。

(2) Food 类表示食物，包括食物的位置等属性和方法。

(3) SnakeGame 类是游戏主类，负责初始化游戏界面、监听键盘事件、更新游戏状态、渲染游戏界面等。

```python
class Snake():
    # 贪吃蛇类
    pass
class Food():
    # 食物类
```

```
        pass
class SnakeGame():
    # 游戏主类
    pass
```

**5. 游戏测试**

游戏测试包括以下内容：

(1) 测试贪吃蛇的移动和长度增长功能。

(2) 测试食物随机生成和被吃掉后重新生成的功能。

(3) 测试游戏结束条件，包括撞到边界和吃到自己。

(4) 测试游戏界面的渲染是否正常，包括蛇、食物和背景的显示。

(5) 测试玩家通过上下左右键来控制蛇的移动是否正常。

以上是贪吃蛇游戏的设计文档，通过这个文档可以清晰地了解游戏的规则、界面设计和代码结构，有助于更好地理解和开发游戏。

## 11.5.2　游戏原型实现及参考代码

```python
from pygame.locals import *
import pygame
import time
import random


STEP = 44


class Snake():
    def __init__(self, x, y, surface):
        self.x = [x*STEP]
        self.y = [y*STEP]    # 用两个列表来存储贪吃蛇每个节点的位置
        self.length = 1      # 贪吃蛇的长度
# direction 变量：0 表示向右，1 表示向下，2 表示向左，3 表示向上
        self.direction = 0
        self.image = pygame.image.load("snake.png").convert()    # 加载蛇
        self.surface = surface
        self.step = 44            # 运动步长
        self.updateCount = 0      # 更新次数

        # 使用 length 来控制界面上画出多少个贪吃蛇的节点
        for i in range(1, 100):
            self.x.append(-100)
            self.y.append(-100)
```

```python
    def draw(self):
        for i in range(self.length):
            self.surface.blit(self.image, (self.x[i],self.y[i]))

    def update(self):
        self.updateCount += 1
        if self.updateCount > 2:
            for i in range(self.length-1, 0, -1):
                self.x[i] = self.x[i-1]
                self.y[i] = self.y[i-1]

            if self.direction == 0:
                self.x[0] = self.x[0] + self.step        # 向右
            if self.direction == 1:
                self.y[0] = self.y[0] + self.step        # 向下
            if self.direction == 2:
                self.x[0] = self.x[0] - self.step        # 向左
            if self.direction == 3:
                self.y[0] = self.y[0] - self.step        # 向上

            self.updateCount = 0

    def moveRight(self):
        self.direction = 0
    def moveLeft(self):
        self.direction = 2
    def moveUp(self):
        self.direction = 3
    def moveDown(self):
        self.direction = 1

class Food():
    def __init__(self, x, y, surface):
        self.x = x*STEP
        self.y = y*STEP
        self.surface = surface
        self.image = pygame.image.load("food.png").convert()
```

```python
        def draw(self):
            self.surface.blit(self.image, (self.x, self.y))


class SnakeGame():
    def __init__(self):
        self.width = 800
        self.height = 600
        self._running = False


    def init(self):
        pygame.init()                   #初始化所有导入的 pygame 模块
        # 初始化一个准备显示的窗口或屏幕
        self._display_surf = pygame.display.set_mode((self.width,self.height), pygame.HWSURFACE)
        self._running = True
        self.food = Food(5, 5, self._display_surf)
        self.snake = Snake(1, 1, self._display_surf)


    def run(self):
        self.init()
        while self._running:
            pygame.event.pump()         # 内部处理 pygame 事件处理程序
            self.listen_keybord()       # 监听键盘上下左右键
            self.loop()
            self.render()
            time.sleep(0.05)


    def listen_keybord(self):
        keys = pygame.key.get_pressed()

        if (keys[K_RIGHT]):
            self.snake.moveRight()
        if (keys[K_LEFT]):
            self.snake.moveLeft()
        if (keys[K_UP]):
            self.snake.moveUp()
        if (keys[K_DOWN]):
            self.snake.moveDown()
        if (keys[K_ESCAPE]):
            self._running = False
```

```python
    def loop(self):
        self.snake.update()
        self.eat()
        self.faild_check()

    def faild_check(self):
        # 检查是否吃到了自己
        for i in range(2,self.snake.length):
            if self.isCollision(self.snake.x[0], self.snake.y[0], self.snake.x[i], self.snake.y[i],40):
                print('吃到自己了')
                exit(0)

        if self.snake.x[0] < 0 or self.snake.x[0] > self.width \
                or self.snake.y[0] < 0 or self.snake.y[0] > self.height:
            print('出边界了')
            exit(0)

    def eat(self):
        if self.isCollision(self.food.x, self.food.y, self.snake.x[0], self.snake.y[0], 40):
            self.food.x = random.randint(2, 9)*STEP
            self.food.y = random.randint(2, 9)*STEP
            self.snake.length += 1          # 蛇的长度加 1

    @staticmethod
    def isCollision(x1, y1, x2, y2, bsize):
        if x2 <= x1 <= x2 + bsize:
            if y2 <= y1 <= y2 + bsize:
                return True
        return False

    def render(self):
        self._display_surf.fill((0, 0, 0))      # 游戏界面填充为黑色
        self.food.draw()                        # 画出食物
        self.snake.draw()                       # 画出蛇
        pygame.display.flip()                   # 刷新屏幕

if __name__ == '__main__':
    snake = SnakeGame()
    snake.run()
```

### 11.5.3　游戏设计拓展

增加游戏特性和复杂性可以让游戏更加有趣和具有挑战性。以下是一些可以增加游戏特性和复杂性的建议：

(1) 分数系统：添加分数系统，根据吃到的食物数量来计算分数，并在界面上显示玩家的当前分数。

(2) 速度增加：随着游戏的进行，贪吃蛇的移动速度逐渐加快，从而会增加游戏的挑战性。

(3) 障碍物：在游戏界面上添加障碍物，贪吃蛇撞到障碍物时游戏结束，这样会增加游戏的难度。

(4) 特殊食物：添加特殊食物，吃到特殊食物时可以获得额外的加分或者特殊能力，如暂时加速、变长等。

(5) 多种食物：不同种类的食物有不同的分值，吃到不同种类的食物可以获得不同数量的分数。

(6) 关卡系统：设计多个关卡，每个关卡的难度和特性不同，完成一个关卡后可以解锁下一个关卡。

(7) 音效和背景音乐：添加游戏音效和背景音乐，以增强游戏的氛围和乐趣。

(8) 画面特效：添加画面特效，如闪烁、颜色变化等，以增加游戏的视觉效果。

(9) 排行榜：记录玩家的最高分数，并在游戏界面上显示排行榜，以激励玩家挑战自己的最高分。

(10) 多人模式：添加多人模式，允许多个玩家同时参与游戏，可以是合作模式或对战模式。

通过增加这些游戏特性和复杂性，可以使贪吃蛇游戏变得更加丰富和有趣，吸引更多的玩家并提升游戏的可玩性。

### 11.5.4　游戏测试与调试

下面进行贪吃蛇游戏的测试和调试，按照以下步骤进行测试：

(1) 贪吃蛇移动测试：测试贪吃蛇的移动是否正常，包括向上、向下、向左、向右 4 个方向的移动，以及边界情况的处理。

(2) 食物生成测试：测试食物是否能够在游戏界面上随机生成，并且是否能够在被贪吃蛇吃到后重新生成。

(3) 碰撞检测测试：测试贪吃蛇是否能够正确地检测到自身碰撞和边界碰撞，以及在碰撞发生时游戏是否能够正确地结束。

(4) 分数计算测试：测试吃到食物后分数是否能够正确计算，并在界面上显示。

(5) 游戏速度测试：测试游戏随着时间的推移是否能够加快贪吃蛇的移动速度，以增加游戏的难度。

(6) 其他特性测试：测试其他新增的游戏特性，如障碍物、特殊食物、多种食物等，以确保它们能够正常工作并扩充游戏的玩法。

通过逐个进行这些测试，以确保游戏在各种情况下都能够正常运行。如果发现任何问题，则需要对代码进行调试并修复。

# 习　　题

设计一个完整的打字游戏，玩家需要通过键盘输入对应的字母来消除屏幕上飞行的字母。游戏的主要玩法包括：

(1) 字母飞行：游戏界面上会随机生成若干个字母，这些字母会不断地在屏幕上飞行。

(2) 键盘输入：玩家需要根据屏幕上飞行的字母，通过键盘输入相应的字母来进行击打。

(3) 消除字母：当玩家输入的字母与屏幕上某个字母相匹配时，该字母会消失，玩家得到一定的分数。

(4) 分数计算：玩家的分数会根据消除的字母数量进行计算，分数越高表示游戏表现越好。

(5) 难度递增：随着游戏的进行，字母飞行的速度可能会逐渐增加，使得游戏变得更具挑战性。

# 第 12 章 网 络 爬 虫

## 12.1 网络爬虫简介

网络爬虫也称为网络蜘蛛或网络机器人，它是一种用于自动化浏览和提取互联网信息的程序或脚本。其主要功能是模拟人工浏览网页的行为，按照预设的规则，从网页中提取所需的数据，这个数据可以是文本型数据、数值型数据、图片数据、音频数据及视频数据等。

### 12.1.1 网络爬虫的应用场景

网络爬虫在互联网中的应用非常广泛。搜索引擎是网络爬虫最典型的应用例子，谷歌、百度等搜索引擎利用网络爬虫爬取网页内容，建立索引库，快速地为用户提供相关搜索结果。此外，网络爬虫还被用于数据采集，如市场分析、价格监控、竞争情报收集等；在学术研究中，网络爬虫用于大规模数据收集，帮助研究人员获取文献资料和数据集；在社交媒体分析中，网络爬虫则用于跟踪和分析用户行为与情感趋势。有数据显示，网络爬虫产生的数据流量可能占整个网络流量的 40%以上，可以说网络爬虫的用途遍布信息生活中的各个角落。

图 12-1 和图 12-2 分别展示了网络爬虫从学术会议网站爬取得到的文本数据和从某二手车网站爬取得到的文本数据和数值数据。

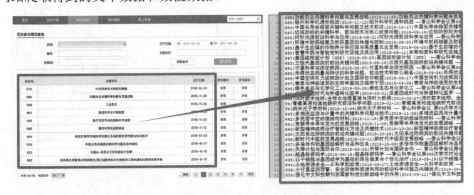

图 12-1　爬取学术会议网站得到的文本数据

图 12-2　爬取某二手车网站得到的文本数据和数值数据

## 12.1.2　网络爬虫与法律规范

网络爬虫作为数据获取的重要工具，其功能和应用范围随着技术的进步而日益扩展。理解其原理和应用，尤其是在合法和道德框架内使用爬虫技术，对于开发者和企业都极具价值。特别要强调的是，网络爬虫的使用必须遵守国家法律、社会道德以及职业规范，以确保其不会对国家、社会公众或其他人造成不良影响、利益损害等。我国也非常重视网络信息安全，陆续出台了《中华人民共和国计算机信息系统安全保护条例》《中华人民共和国网络安全法》《中华人民共和国个人信息保护法》《中华人民共和国数据安全法》等，这些法律共同构建了中国信息安全的法律框架，使得中国网络空间安全、个人信息和数据资源的保护有了明确的法律依据。

首先，网络爬虫工程师必须遵循不同国家和地区对数据爬取的规定。其次，各大网站都有自己的使用条款和隐私政策用于规定数据使用的范围和限制。违反这些条款使用爬虫爬取数据可能会面临法律责任。最后，在爬取特定网页时，程序员应当遵循该网站的 robots 协议(Robots Exclusion Protocol)，程序员可通过"域名+/robots.txt"的方式来查看某网站的 robots 协议，以确定哪些域名可以被爬取而哪些域名不允许被爬取。例如，"必应中国"网站的 robots 协议可以通过新域名 https://cn.bing.com/robots.txt 来获取，"必应中国"网站的 robots 协议如图 12-3 所示。其中"Disallow"后跟的子域名是不允许被爬取的域名(如 https://cn.bing.com/account)，而"Allow"后跟的子域名则允许用户通过爬虫来爬取数据(如 https://cn.bing.com/api/maps)。

```
User-agent: msnbot-media
Disallow: /
Allow: /th?

User-agent: Twitterbot
Disallow:

User-agent: *
Disallow: /account/
Disallow: /aclick
Disallow: /alink
Disallow: /amp/
Allow: /api/maps/
Disallow: /api/
Disallow: /bfp/search
Disallow: /bing-site-safety
Disallow: /blogs/search/
```

图 12-3　"必应中国"网站的 robots 协议

需要说明的是，并不是每个网站都有 robots 协议，但用户在爬取数据的过程中务必注意可能存在的、隐含的 robots 协议。另外，robots 协议不是法律强制的协议，但大多数爬虫都应该遵守这个规定，以避免爬取不允许被爬取的数据。尊重 robots.txt 协议是使用网络爬虫时需要注意的基本规范。

网络爬虫除了需要遵循合法性之外，也有一些约定俗成的规定。首先，应当合理设置爬虫的爬取频率，避免对目标网站服务器造成过大压力，从而影响该服务器的正常运行。其次，应避免爬取涉及个人隐私的数据，如姓名、地址、电话号码等，除非获得明确的授权或数据是公开可访问的。最后，爬虫爬取的数据应当用于合法和正当的用途，非法使用爬取的数据，如进行商业利益的窃取、恶意传播虚假信息或实施网络攻击等，都是不可取的行为。

爬虫技术在互联网数据获取中发挥着重要作用，但其使用必须在法律和道德的框架内进行。理解并遵守相关法律法规、尊重网站的使用条款和隐私政策、合理管理爬取负载、保护数据隐私以及确保使用数据的正当性都是爬虫操作的基本准则。只有在遵守法律和道德的框架下，爬虫技术才能发挥其最大价值，并维护互联网生态的健康与稳定。

## 12.2    网络爬虫的原理

开发网络爬虫程序之前，需要深入了解其相关工作原理，包括网络请求过程、网络爬虫工作步骤等。

### 12.2.1    网络请求的过程

网络请求是用户设备(如计算机、手机等)通过互联网向服务器发送请求以获取资源(如网页、图片、视频等)的过程。例如，在谷歌浏览器中输入 https://www.baidu.com 来获取百度的搜索引擎服务，或者输入 https://v.qq.com 来访问腾讯视频有趣的视频，这些都是网络请求的形式。网络请求的过程涉及多个步骤和技术，包括域名解析、HTTP 请求与响应、数据传输等。网络请求的原理如图 12-4 所示。

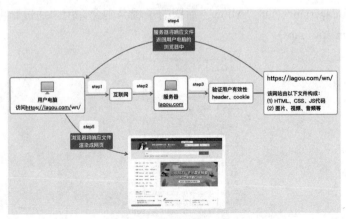

图 12-4 网络请求的原理图

　　例如，当用户在浏览器中输入一个域名(如 https://www.lagou.com/wn/)并按下回车键(如图 12-5 所示)时，浏览器即开始向服务器发起一个网络请求。在网络中，DNS 服务器会首先将用户需要访问的域名(如 https://www.lagou.com/wn/)转换成对应的 IP 地址，此时网络会根据这个 IP 地址找到对应的服务器并与之进行网络通信，浏览器就把网络请求发送到了指定的服务器上。

图 12-5　在浏览器中输入域名

　　服务器接收到浏览器的网络请求之后，会根据浏览器发送请求时携带的资源路径和请求头来处理这个请求。在这个过程中，服务器可能需要验证用户身份(通过 Cookie、Session 等)是否为合法的自然人，而不是计算机爬虫程序。验证通过后，服务器会查找指定域名所包含的资源并生成响应文件发送给用户的浏览器。需要说明的是，不是所有服务器都会对用户进行合法性验证。

　　浏览器在收到服务器返回的响应文件后，会解析相关文件资源，并根据资源中的内容(包括 HTML、CSS、JavaScript、图片、视频等)构建和渲染网页，最终用户可以在自己的浏览器中看到完整的网站内容，如图 12-6 所示。用户可以在此基础上和页面进行交互，进一步发起新的请求(如点击链接、提交表单等)。

图 12-6　浏览器渲染服务器返回的响应文件

## 12.2.2　爬虫的工作原理

　　网络爬虫的过程，本质是网络请求数据的过程。当浏览器从服务器获取响应文件之后，爬虫的目标数据文件就已经隐藏在了响应文件中，用户只需要从响应文件中提取出目标数据并存储下来，即完成了爬虫的过程。因此，网络爬虫实际上是一种自动化程序，它可以模拟用户的网络请求，获取服务器返回的响应文件并从中提取出数据。

浏览器向服务器发送网络请求之后，服务器可能会验证用户的合法性。当验证通过后，服务器会正常响应。如果验证失败，则服务器会拒绝进行正确的响应。因此，想利用爬虫程序模拟浏览器行为向服务器获取爬虫数据，必须"骗过"服务器对用户进行的合法性验证。而要"骗过"服务器的验证，关键在于能否伪造发送网络请求时藏匿在请求头信息中的 Cookie、User-Agent、IP 地址等信息。那么，在一个具体的爬虫任务中，需要哪些信息才能获取服务器正确的响应呢？

获取正确的服务器响应文件需要确定以下 4 个要素：

(1) 指定域名(URL)：如 'http://www.suda.edu.cn', https://www.lagou.com'.

(2) 网络请求方式：如 POST 请求、GET 请求。

(3) 请求头信息。

(4) Cookie 信息。

其中，URL 和网络请求方式必须确定下来，而请求头信息和 Cookie 信息则不是必要的，某些网站的反爬虫措施并不严格，用户在爬虫程序中不添加请求头信息和 Cookie 信息也能正确获取到服务器响应文件，从而完成数据的爬取。

### 12.2.3　网络爬虫的工作步骤

12.2.2 小节介绍了网络爬虫的原理和成功爬取的 4 个要素，那么如何来获取这 4 个要素，以及如何利用这 4 个要素成功获取爬虫数据呢？接下来分 5 个步骤来介绍爬虫的工作步骤。

#### 1. 定位数据源

爬虫首先需要观察源数据的目标网站，借助浏览器的"开发者工具"，分析 http 请求，定位数据的源头。分析数据的源头之前，先来了解一个概念，即网页数据的加载方式。通常而言，网页中数据的加载有静态加载和动态加载两种方式。

#### 1) 静态加载

静态加载指的是网页数据在 HTML 代码中直接提供。常见的静态加载方式包括直接在 HTML 的<body>标签或某个<div>、<table>等标签内展示数据。图 12-7 展示了拉勾网 (https://www.lagou.com/wn/)静态加载数据的例子，图左侧中出现的数据均嵌入在 HTML 代码的<span>、<div>等标签中。

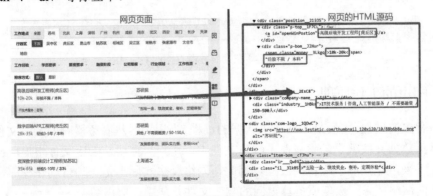

图 12-7　网页数据的静态加载

## 2) 动态加载

动态加载则是指网页数据不是直接嵌入在 HTML 代码中，而是通过执行 JavaScript 代码、发送 AJAX 请求或其他客户端脚本从服务器获取数据后，再单独将数据加载到网页页面中。常见的动态加载方式包括滚动加载(如新闻网站在向下滚动页面时可以加载更多新闻)、点击加载(如点击某个按钮或标题后可展示更多信息)等。图 12-8 展示了腾讯网(https://news.qq.com/)动态加载数据的方式，从图 12-8 右侧可以看到，加载数据的 XHR 文件"getHotModuleList"并不是常规的 HTML 文件。

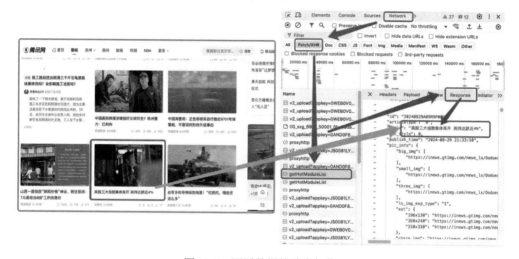

图 12-8　网页数据的动态加载

开始爬虫任务，首先就要分析目标数据的加载方式。打开浏览器的"开发者工具"(或者在浏览器中按快捷键 F12 打开)，选择"网络"选项卡分析服务器响应文件。若发现数据嵌入在 HTML 源码中，则可以确定数据是静态加载的方式；若发现数据位于 XHR 文件(XHR 文件全称为 XMLHttpRequest，它是一种在网页中进行异步数据请求的 API，允许网页在不刷新整个页面的情况下，从服务器请求数据并更新网页内容)中，则可以确定数据是动态加载的方式。

### 2. 确定爬虫 4 个要素

在确定了目标数据的加载方式之后，可以很方便地通过浏览器"开发者工具"确定爬虫入口页面的爬虫 4 个要素，进而采用深度遍历或者广度遍历方法遍历所有要爬取的页面，这是爬虫爬取数据过程中最为重要的一个工作步骤，它关系到是否可以爬取到全量的数据。

### 3. 发送 HTTP 请求并处理服务器响应

确定爬虫入口页面的 4 个要素之后，即可通过爬虫程序模拟浏览器向服务器发送网络请求并获取到正确的服务器响应文件。每个网络请求必须包含一个 URL 和请求方法(如 GET 或 POST)，如果目标网站有反爬虫措施，则根据实际情况在网络请求中适当加入另外两个要素：请求头信息和 Cookie 信息。这些信息有助于服务器识别请求来源，并提供正确的响应。

服务器收到爬虫的请求后，会返回相应的 HTTP 响应。响应通常包含状态行、响应头和响应体。状态行指示请求是否成功(如"200 OK"表示成功，"404 Not Found"表示资源未找到)。响应头包含关于响应的元数据，如内容类型(Content-Type)、内容长度(Content-Length)等。响应体则包含实际的网页内容，如 HTML 文档、JSON 数据等。

### 4．解析数据

爬虫从响应体中提取出需要的数据。如果目标响应体是 HTML 文档，则爬虫可以使用 HTML 解析器(如 BeautifulSoup 或者 lxml.html)解析文档结构，从中提取特定的元素，如标题、链接、图片等。如果目标响应体是 JSON 格式的数据，则爬虫可以直接解析 JSON 数据并提取必要的信息。

### 5．存储数据

提取完数据后，需要将数据存储到合适的位置，以便后续处理和分析。数据可以存储在本地文件(如 CSV、JSON 文件)中，也可以存储在数据库(如 MySQL、MongoDB)中。一般依据数据量和使用需求来选择合适的存储方式。

## 12.3　网络爬虫综合案例

本节将以爬取"中国研究生招生网站"的招生院校信息为例，来完整展示网络爬虫程序设计与实现的全过程。"中国研究生招生网站"(即研招网)的"院校库"页面如图 12-9 所示，页面上展示了所有研招单位的相关信息。

图 12-9　"研招网"的"院校库"页面

本节的目标是从"研招网"获取中国所有具有研究生招生资格的高校的名单，获取的内容包含院校名称、学校链接、学校层次(985、211、双一流等)、属地等信息，爬取结果如

图 12-10 所示(仅展示部分数据)。

| | 院校名称 | 学校层次 | 属地 | 链接 |
|---|---|---|---|---|
| 0 | 北京大学 | "双一流"建设高校 | 北京 | https://t1.chei.com.cn/common/xh/10001.jpg |
| 1 | 中国人民大学 | "双一流"建设高校 | 北京 | https://t1.chei.com.cn/common/xh/10002.jpg |
| 2 | 清华大学 | "双一流"建设高校 | 北京 | https://t1.chei.com.cn/common/xh/10003.jpg |
| 3 | 北京交通大学 | "双一流"建设高校 | 北京 | https://t1.chei.com.cn/common/xh/10004.jpg |
| 4 | 北京工业大学 | "双一流"建设高校 | 北京 | https://t1.chei.com.cn/common/xh/10005.jpg |
| 5 | 北京航空航天大学 | "双一流"建设高校 | 北京 | https://t1.chei.com.cn/common/xh/10006.jpg |
| 6 | 北京理工大学 | "双一流"建设高校 | 北京 | https://t1.chei.com.cn/common/xh/10007.jpg |
| 7 | 北京科技大学 | "双一流"建设高校 | 北京 | https://t1.chei.com.cn/common/xh/10008.jpg |
| 8 | 北方工业大学 | | 北京 | https://t1.chei.com.cn/common/xh/10009.jpg |
| 9 | 北京化工大学 | "双一流"建设高校 | 北京 | https://t1.chei.com.cn/common/xh/10010.jpg |
| 10 | 北京工商大学 | | 北京 | https://t1.chei.com.cn/common/xh/10011.jpg |

图 12-10　"研招网"爬虫结果图示

本节所示的网络爬虫案例，即便不添加 12.2.2 小节 4 个要素中的第 3、第 4 两个要素(即请求头信息和 Cookie 信息)，也能正常获取到服务器的响应数据。但为了更好地演示通用网络爬虫流程，本节将严格按照上述确定 4 个要素的方法来展示这个网络爬虫程序的开发过程。

### 12.3.1　定位网络数据源

分析 http 请求，找出数据源所在。打开谷歌浏览器，按快捷键 F12 调出开发者工具，按照图 12-11 所示的步骤依次单击"网络""全部"选项。

图 12-11　浏览器"开发者工具"

在浏览器的地址栏中输入目标域名"https://yz.chsi.com.cn/sch/"，并按下回车键访问该网站，效果如图 12-12 所示。

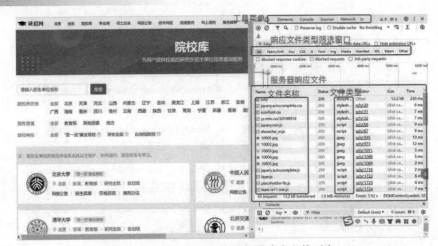

图 12-12　"研招网"的服务器响应文件列表

在图 12-12 右侧的文件列表中可以看到，服务器返回的响应文件有很多种，有 document、jpeg、script 等各种类型的文件，浏览器可通过这些文件渲染出如图 12-12 左侧所示的网页页面(document 对应 HTML 文件，jpeg 对应图片文件，script 对应 JavaScript 文件)，而爬虫所需要的数据一般就隐藏在这些服务器的响应文件中。

如何在众多的响应文件中定位到爬虫目标所需要的数据呢？12.2.3 小节中提到，爬虫的目标数据有静态加载和动态加载两种方式，首先判断数据是否静态加载的方式。因此，首先检查这个页面的 HTML 源码，以判定爬虫的目标数据是否位于该文件中，如果不在 HTML 源码中，则再尝试判断目标数据是否为动态加载的方式，通常可以在"开发者工具"的"网络选项卡"中寻找 XHR 文件。

以"研招网"的爬虫目标为例，单击图 12-13 中右侧响应文件列表的第一个文件"sch/"，在弹出的小窗口中单击"Preview"按钮，查看 HTML 文件的预览，如图 12-13 所示。通过鼠标下拉内容，可以清楚地看到爬虫的目标数据就位于这个 HTML 文件中，说明"研招网"上的研招单位数据是通过静态加载的方式加载的。此时即完成了爬虫目标数据文件的定位，意味着要想爬取目标数据文件，就必须以当前的 HTML 文件作为初始 URL 入口。后续也将围绕这个目标 HTML 文件来进行爬虫 4 个要素的分析。

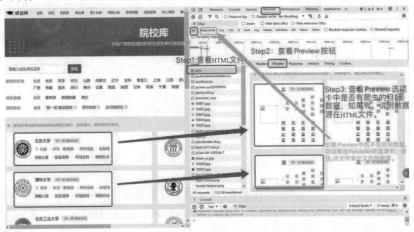

图 12-13　"研招网"的 HTML 文件预览查看

### 12.3.2　提取网络爬虫的要素

定位数据源文件后，接下来单击"sch/"文件"Preview"选项卡左侧的"Headers"选项卡，如图 12-14 所示。可以看到，"Headers"选项卡由"General"(概要)、"Response Headers"(服务器响应头信息)和"Request Headers"(浏览器响应头信息)3 个部分构成。"General"模块描述了该文件对应的请求域名 URL、请求方式、网络请求状态码、远程主机的 IP 地址和端口号等信息，"Response Headers"模块描述了服务器在响应浏览器时发送给浏览器的响应头信息，"Request Headers"模块描述了浏览器向服务器发送请求时提供的请求头信息。

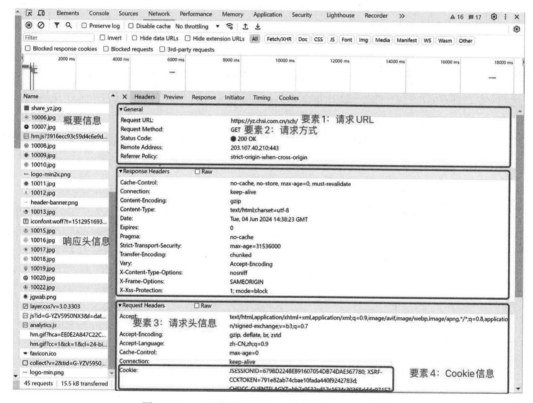

图 12-14　"研招网"HTML 文件的 Headers 信息

如图 12-14 所示，从数据源的 HTML 文件的"Headers"选项卡中可以提取出网络爬虫所需的 4 个要素。

### 12.3.3　获取网络请求

当从浏览器的 HTTP 分析中提取出网络爬虫的 4 个要素之后，就可以开始编写爬虫程序进行数据爬取了，这是整个网络爬虫能否正确获取数据的最重要的一个环节。下面给出基于网络爬虫 4 个要素的 Python 爬虫代码。

```
import time
import requests          # 导入网络请求的包


# 列出获取网络请求的要素
url = ' https://yz.chsi.com.cn/sch/'


header = {'Accept': 'text/html, application/xhtml+xml, application/xml; q=0.9, image/avif, image/webp,
image/apng, */*; q=0.8,application/signed-exchange; v=b3; q=0.7', 'Accept-Encoding': 'gzip, deflate, br, zstd',
'Accept-Language': 'zh-CN, zh; q=0.9, en-US; q=0.8, en; q=0.7', 'Cache-Control': 'max-age=0', 'Connection':
'keep-alive', 'Host': 'yz.chsi.com.cn', 'Sec-Fetch-Dest': 'document', 'Sec-Fetch-Mode': 'navigate', 'Sec-Fetch-Site':
'none', 'Sec-Fetch-User': '?1', 'Upgrade-Insecure-Requests': '1', 'User-Agent': 'Mozilla/5.0 (Macintosh; Intel Mac
OS X 10_15_7) AppleWebKit/537.36 (KHTML, like Gecko) Chrome/125.0.0.0 Safari/537.36', 'sec-ch-ua':
'"Google Chrome"; v="125", "Chromium"; v="125", "Not.A/Brand"; v="24"', 'sec-ch-ua-mobile': '?0', 'sec-ch-
ua-platform': '"macOS"'}


cookie = {'_ga': 'GA1.1.1412221658.1716793414', 'JSESSIONID': '1AD0B607B109E2E0F1ADDF
11514B4B30', 'XSRF-CCKTOKEN': '17f00c29d3e4a7ce4818db54f2e233bc', 'CHSICC_CLIENTFLAGYZ':
'8c09c00378a47d81deeea09fe814f58d', 'CHSICC01': '!PBpCWK7ZnEoME2YnVPBkiJOoJxwY2lAKC4UMq
ArXAcV24FNR70cd8BvWfrnxKak4s/hVwSE8X7MrYQ', '_ga_YZV5950NX3': 'GS1.1.1717598849.6.1.
1717599046.0.0.0'}


# 发送网络请求，并接收服务器响应
response = requests.get(url, headers=header, cookies=cookie)
# 本示例中不使用请求头、Cookie 信息也能正确获取服务器响应
# response = requests.get(url)


# 查看状态码，只有 200 是正常的，其余的状态码均是错的
print(response.status_code)
# 查看 response 中的内容
response.encoding='UTF-8'    #防止响应文件的内容出现汉字乱码


# 打印服务器响应文件的文本内容
print(response.text)
```

在 jupyter notebook 中运行上述代码，程序的输出结果是一个非常长的字符串，通过下翻内容，可以找到如图 12-15 所示的重要信息。

```
orm>\r\n                </div>\r\n            </div>\r\n        <div class="container">\r\n        \r\n        \r\n
<div class="yxk-tip">注：各招生单位的院校库信息由其自主维护，如有疑问，请咨询发布单位。</div>\r\n        <div class="sch-item">\r\n        <div class="sc
h-list-container">\r\n
<img src=\'https://t1.chei.com.cn/common/xh/10001.jpg\' onerror="this.src=\'https://t1.chei.com.cn/common/xh/defaul
t.jpg\'">\r\n                <div class="info-box">\r\n                    <div class="sch-
title">\r\n                <a class="name js-yxk-yxmc text-decoration-none" href="/sch/schoolIn
fo--schId-367878.dhtml" target="_blank">北京大学\r\n        \r\n
</a>\r\n                            <span class="sch-tag">双一
流"建设高校</span>\r\n        \r\n                \r\n                </div>\r\n
<div class="sch-department">\r\n                    <i class="iconfont">&#xe6a4;</i>\r\n        <
北京\r\n
<span class="item-depart-title">隶属：</span>\r\n        <span class="col-line"></span>\r\n        教育部\r\n
研究生院\r\n
<span class="col-line"></span>\r\n        <span class="col-line"></span>\r\n        自划线\r\n
\r\n                </div>\r\n            <div class="sch-link">\r\n
<a href="/sswbgg/?dwdm=10001&ssdm=11 " target="_blank">网报公告</a>        <span cla
ss="col-line"></span>\r\n        <a href="/sch/listZszc--schId-367878,categoryId-104607
68,mindex-13,start-0.dhtml" target="_blank">招生简章</a>\r\n        <span class="col-lin
e"></span>\r\n        <a href="/zxdy/forum--type-sch,forumid-455559,method-listDefault,
start-0,year-2014.dhtml" target="_blank">在线咨询</a>\r\n        <span class="col-line
"></span>\r\n        <a href="/sch/tjzc--method-listPub,schId-367878,categoryId-670534,mi
ndex-15,start-0.dhtml" target="_blank">调剂办法</a>\r\n        </div>\r\n        <div class="sch-item">
\r\n        \r\n                    <img src=\'https://t1.chei.com.cn/common/xh/10002.jpg\' onerror="this.src=\'http
s://t1.chei.com.cn/common/xh/default.jpg\'">\r\n                <div class="info-box">\r\n            <div class="sch-title">\r\n                <a class="name js-yxk-yxmc text-decoration-none" hre
f="/sch/schoolInfo--schId-367879.dhtml" target="_blank">中国人民大学\r\n        \r\n
</a>\r\n                            <span class="sch-tag">双一
流"建设高校</span>\r\n        \r\n                \r\n                </div>\r\n
<div class="sch-department">\r\n                    <i class="iconfont">&#xe6a4;</i>\r\n        <
北京\r\n
<span class="item-depart-title">隶属：</span>\r\n        <span class="col-line"></span>\r\n        教育部\r\n
研究生院\r\n
<span class="col-line"></span>\r\n        <span class="col-line"></span>\r\n        自划线\r\n
\r\n                </div>\r\n            <div class="sch-link">\r\n
```

图 12-15 "研招网"爬虫响应的文本内容

从图 12-15 中不难发现，response.text 中的内容确实有爬虫的目标数据，因此可以初步判断网络请求获取的 response 是正确的，后续仅需采取合适的方法从 response.text 中提取需要的数据即可。

### 12.3.4 数据提取

对于爬虫目标数据是静态加载的情况，可以通过 XPath 语法匹配、BeautifulSoup 库等方法提取其中的数据。一般情况下，使用 XPath 语法匹配的方法来提取目标数据最为快捷，也可以使用 BeautifulSoup 库的方法来提取数据。

#### 1. XPath 语法提取数据

XPath (XML Path Language)是一门在 XML 文档中查找信息的语言，可用来在 XML 文档中对元素和属性进行遍历。

XPath 定位在网络爬虫和自动化测试中都比较常用。通过使用路径表达式来选取 XML 文档中的节点或者节点集。熟练掌握 XPath 可以极大地提高提取数据的效率。限于篇幅，本书不过多介绍 XPath 语法的内容，有兴趣的读者可以参考网络资源学习 XPath 语法。本书介绍一种利用浏览器自带的功能来获取指定节点的 XPath 语法，用以辅助提取目标数据。

在目标域名的页面上选择一个需要爬取的数据元素(比如要爬取"北京大学"的校名，可以将鼠标停留在"北京大学"标题上)，右键单击该元素，在弹出的菜单中选择"检查"，此时"开发者工具"中的内容会发生跳转，自动指向"北京大学"标题的<a>标签处，如图 12-16 所示。

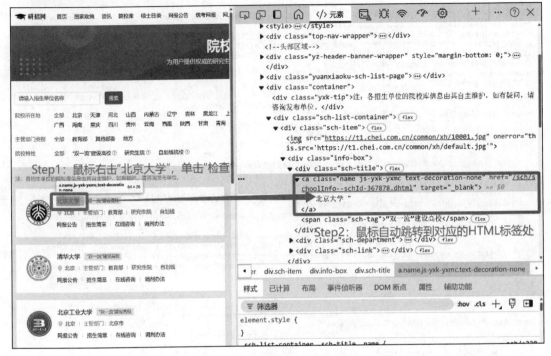

图 12-16    页面数据元素的定位

选中图 12-16 右侧"开发者工具"中的阴影部分的内容，右键单击该标签，选择 "Copy"→"Copy XPath"，即复制了"北京大学"标题所在的<a>标签的 XPath 路径，其操作过程如图 12-17 所示。

图 12-17    获取网页数据元素的 XPath

　　将含有"北京大学"字样的<a>标签的 XPath 路径粘贴到空白文本中，其内容显示为
"/html/body/div[1]/div[4]/div[2]/div[1]/div/div[1]/a"，可以借助这个 XPath 路径，从服务器
的响应内容 response.text 中提取出"北京大学"这个标题。下面通过 Python 程序来实现这
个过程，示例代码如下：

```
from lxml.html import etree

# 使用 etree.HTML()将 response.txt 转换为 Elements 对象
obj = etree.HTML(response.text)
# 示例：提取"北京大学"
schoolName = obj.xpath('/html/body/div[1]/div[4]/div[2]/div[1]/div/div[1]/a/text()')

# 打印结果
print(schoolName[0].strip())          # 输出"北京大学"
```

　　运行结果如下：

```
北京大学
```

　　上述代码首先将 response.text 处理为 Elements 对象，Elements 对象是一种特殊的树结
构对象，可以通过 XPath 路径语法很方便地从中定位到指定标签，并获取标签中特定元素
的值。当通过 obj.xpath()获取指定 XPath 路径的标签对中的数据时，务必在 XPath 路径后
加"/text()"，意即获取标签对之间的文本内容。需要注意的是，通过 obj.xpath()返回的结
果 schoolName 是一个列表，若要获取列表中的元素，则需要通过索引 schoolName[0]才能
访问到文本，strip()方法用于去除文本两侧的空格、制表等符号。

　　通过同样的方法，可以依次获取到和"北京大学"相关的其他数据的 XPath 路径，并
提取出相应的文本数据，实现代码如下：

```
from lxml.html import etree

obj = etree.HTML(response.text)

# 示例：提取研招单位"北京大学"所有相关数据
# 提取校名
schoolName = obj.xpath('/html/body/div[1]/div[4]/div[2]/div[1]/div/div[1]/a/text()')[0].strip()

# 提取学校层次(双一流、985、211)
schoolLevel = obj.xpath('/html/body/div[1]/div[4]/div[2]/div[1]/div/div[1]/span/text()')[0].strip()

# 提取学校地理位置
schoolLoc = obj.xpath('/html/body/div[1]/div[4]/div[2]/div[1]/div/div[2]/text()')[1].strip()

# 提取第 i 个高校的校徽图片的链接
```

```
schoolLink = obj.xpath('/html/body/div[1]/div[4]/div[2]/div[1]/img/@src')[0]


# 打印所有信息
print(schoolName, schoolLevel, schoolLoc, schoolLink)
```

运行结果如下：

北京大学"双一流"建设高校 北京

https://t1.chei.com.cn/common/xh/10001.jpg

到这里，读者已经学会了如何从 response.text 中提取一个高校("北京大学")信息的方法。接下来需要将 response.text 中的所有高校信息全部提取出来。通过 XPath 语法提取数据的方法，可以从"研招网"的页面发现清华大学、北京航空航天大学的校名"清华大学""北京航空航天大学"的 XPath 语法分别如下：

(1) 清华大学：/html/body/div[1]/div[4]/div[2]/div[3]/div/div[1]/a。

(2) 北京航空航天大学：/html/body/div[1]/div[4]/div[2]/div[6]/div/div[1]/a。

结合北京大学标题和这两个大学标题的 XPath 语法，并观察浏览器中这 3 所高校的位置，不难发现这样的规律：所有大学的校名所在标签的 XPath 语法除了一个数字不同以外，其余的内容都是相同的，而这 3 个数字"1""3""6"刚好与这 3 所高校在浏览器页面中布局的次序一致(北京大学排在第 1 行第 1 列，视为第 1 个高校；清华大学排在第 2 行第 1 列，视为第 3 个高校；北京航空航天大学排在第 3 行第 2 列，视为第 6 个高校)。

当发现了这个规律后，结合北京大学的地理位置数据元素的 XPath，可以猜测出清华大学的地理位置数据元素的 XPath 语法应该是 /html/body/div[1]/div[4]/div[2]/div[3]/div/div[2]/i，而北京航空航天大学的学校 Logo 图片元素的 XPath 语法应该是/html/body/div[1]/div[4]/div[2]/div[6]/img，读者可以在浏览器中检验这两个元素的 XPath 语法的正确性。

有了上述的规律，可以很容易枚举出所有元素的 XPath 语法，并通过 XPath 语法从 response.text 中提取所有高校的信息(一个页面有 20 所高校信息)。以下是提取 response.text 中所有高校信息的代码。

```
university = []  # 新建列表，用来存放所有高校的信息


obj = etree.HTML(response.text)


# 遍历所有高校的序号
for i in range(1, 21):
    # 提取第 i 个高校的校名
schoolName = obj.xpath('/html/body/div[1]/div[4]/div[2]/div[%d]/div/div[1]/a/text()'%i)[0].strip()


    # 提取第 i 个高校的层次(双一流、985、211)
    level = obj.xpath('/html/body/div[1]/div[4]/div[2]/div[%d]/div/div[1]/span/text()'%i)
    schoolLevel = level[0].strip() if level else ''
```

```
# 提取第 i 个高校的地理位置
schoolLoc = obj.xpath('/html/body/div[1]/div[4]/div[2]/div[%d]/div/div[2]/text()'%i)[1].strip()


# 提取第 i 个高校的校徽图片的链接
schoolLink = obj.xpath('/html/body/div[1]/div[4]/div[2]/div[%d]/img/@src'%i)[0]


# 将第 i 个高校的校名、层次、位置、校徽链接封装为列表，添加到列表 university 中
university.append([schoolName, schoolLevel, schoolLoc,schoolLink])


# 打印所有高校的信息
print(university)
```

在 jupyter notebook 中运行上述代码，输出结果如图 12-18 所示。

```
[['北京大学', '"双一流"建设高校', '北京', 'https://t1.chei.com.cn/common/xh/10001.jpg'], ['中国人民大学', '"双一流"建设高
校', '北京', 'https://t1.chei.com.cn/common/xh/10002.jpg'], ['清华大学', '"双一流"建设高校', '北京', 'https://t1.chei.co
m.cn/common/xh/10003.jpg'], ['北京交通大学', '"双一流"建设高校', '北京', 'https://t1.chei.com.cn/common/xh/10004.jpg'],
['北京工业大学', '"双一流"建设高校', '北京', 'https://t1.chei.com.cn/common/xh/10005.jpg'], ['北京航空航天大学', '"双一流"建
设高校', '北京', 'https://t1.chei.com.cn/common/xh/10006.jpg'], ['北京理工大学', '"双一流"建设高校', '北京', 'https://t1.c
hei.com.cn/common/xh/10007.jpg'], ['北京科技大学', '"双一流"建设高校', '北京', 'https://t1.chei.com.cn/common/xh/10008.j
pg'], ['北方工业大学', '', '北京', 'https://t1.chei.com.cn/common/xh/10009.jpg'], ['北京化工大学', '"双一流"建设高校', '北
京', 'https://t1.chei.com.cn/common/xh/10010.jpg'], ['北京工商大学', '', '北京', 'https://t1.chei.com.cn/common/xh/100
11.jpg'], ['北京服装学院', '', '北京', 'https://t1.chei.com.cn/common/xh/10012.jpg'], ['北京邮电大学', '"双一流"建设高校',
'北京', 'https://t1.chei.com.cn/common/xh/10013.jpg'], ['北京印刷学院', '', '北京', 'https://t1.chei.com.cn/common/xh/
10015.jpg'], ['北京建筑大学', '', '北京', 'https://t1.chei.com.cn/common/xh/10016.jpg'], ['北京石油化工学院', '', '北京',
'https://t1.chei.com.cn/common/xh/10017.jpg'], ['北京电子科技学院', '', '北京', 'https://t1.chei.com.cn/common/xh/1001
8.jpg'], ['中国农业大学', '"双一流"建设高校', '北京', 'https://t1.chei.com.cn/common/xh/10019.jpg'], ['北京农学院', '',
'北京', 'https://t1.chei.com.cn/common/xh/10020.jpg'], ['北京林业大学', '"双一流"建设高校', '北京', 'https://t1.chei.com.
cn/common/xh/10022.jpg']]
```

图 12-18　XPath 方法提取的高校信息

### 2. BeautifulSoup 包提取数据

XPath 写代码提取数据的代码量较少，但是学习曲线较陡，特别是遇到 HTML 文档不太规范的情况，通过上述方法提取的 XPath 语法将无法提取出数据。这时可以考虑使用 BeautifulSoup 包来提取数据。BeautifulSoup 包是一个对 HTML 文档语法容错能力更强的库。BeautifulSoup 是一个 Python 库，它通过创建解析树，使用户能够以 Pythonic 的方式搜索、导航和修改文档。BeautifulSoup 支持多种解析器，如内置的 html.parser、lxml 和 html5lib，具有很强的容错能力，可以处理不规范的 HTML。用户可以使用标签、属性和 CSS 选择器等方式来查找元素。其简单易用的 API 使其非常适合进行网页抓取和数据提取。

采用 BeautifulSoup 来提取目标数据，首先需要使用一个解析器来解析 HTML 文本，解析后的数据是一个 BeautifulSoup 对象。

```
soup = BeautifulSoup(response.text, 'lxml')
```

此时的 soup 变量即是一个 BeautifulSoup 对象，可以采用 BeautifulSoup 库提供的方法来查找和提取所需的数据。

通过观察页面和对应的 HTML 源码(如图 12-19 所示)可以发现，院校的所有信息都位于图 12-19 右侧的<div class = " sch-list-container">内，而且此 div 标签的子 div 标签(<div class = "sch-item">)分别对应了一个院校的信息。由此可以先从 soup 变量提取出这个 div 的分支，遍历每个子 div 标签，从而提取出每个院校的数据。

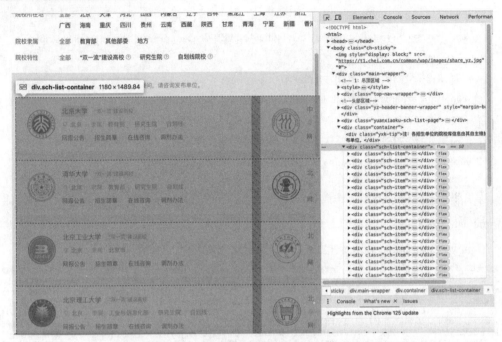

图 12-19    "研招网"研招单位页面和 HTML 源码的对应关系图

下面给出从 soup 对象提取首页院校相关数据的代码：

```
from bs4 import BeautifulSoup
import pandas as pd


soup = BeautifulSoup(response.text, 'lxml')


university = []
# 提取包含所有院校信息的 div 标签
divMain = soup.find_all('div', class_="sch-item")    #find_all()方法返回一个列表
# 遍历 divMain 中每个子 div 标签，每个子 div 标签均包含了一所高校数据
for subDiv in divMain:
    #每个 subDiv 标签中保存了一所高校的完整信息

    #提取每个 subDiv 中的 img 标签，该标签中包含了高校校徽的图片链接
    imageTag = subDiv.find_all('img')
    #提取高校校徽的链接
    schoolLink = imageTag[0].get('src')

    #提取每个 subDiv 中 class 属性值为 name js-yxk-yxmc text-decoration-none 的 a 标签，该 a 标签中
包含了高校的校名信息
    NameTag = subDiv.find_all('a', class_="name js-yxk-yxmc text-decoration-none")
    #从 a 标签中提取校名信息
```

```
schoolName = NameTag[0].string.strip()

#提取每个 subDiv 中 class 属性值为 sch-tag 的 span 标签，该标签包含了高校的层次
levelTag = subDiv.find_all('span', class_="sch-tag")
#从 span 标签中提取层次信息
schoolLevel = levelTag[0].string.strip() if levelTag else "

#提取每个 subDiv 中 class 属性值为 sch-department 的 div 标签，该标签包含了高校的地理位置信息
departmentTag = subDiv.find_all('div', class_="sch-department")
#提取高校的地理位置
schoolLoc = departmentTag[0].contents[2].strip()

#将提取的一条高校数据添加到 university 列表中
university.append([schoolName, schoolLevel, schoolLoc, schoolLink])


print(university)
```

代码运行的结果如图 12-20 所示。

```
[[['北京大学', '"双一流"建设高校', '北京', 'https://t1.chei.com.cn/common/xh/10001.jpg'], ['中国人民大学', '"双一流"建设高
校', '北京', 'https://t1.chei.com.cn/common/xh/10002.jpg'], ['清华大学', '"双一流"建设高校', '北京', 'https://t1.chei.co
m.cn/common/xh/10003.jpg'], ['北京交通大学', '"双一流"建设高校', '北京', 'https://t1.chei.com.cn/common/xh/10004.jpg'],
['北京工业大学', '"双一流"建设高校', '北京', 'https://t1.chei.com.cn/common/xh/10005.jpg'], ['北京航空航天大学', '"双一流"建
设高校', '北京', 'https://t1.chei.com.cn/common/xh/10006.jpg'], ['北京理工大学', '"双一流"建设高校', '北京', 'https://t1.c
hei.com.cn/common/xh/10007.jpg'], ['北京科技大学', '"双一流"建设高校', '北京', 'https://t1.chei.com.cn/common/xh/10008.j
pg'], ['北方工业大学', '', '北京', 'https://t1.chei.com.cn/common/xh/10009.jpg'], ['北京化工大学', '"双一流"建设高校', '北
京', 'https://t1.chei.com.cn/common/xh/10010.jpg'], ['北京工商大学', '', '北京', 'https://t1.chei.com.cn/common/xh/100
11.jpg'], ['北京服装学院', '', '北京', 'https://t1.chei.com.cn/common/xh/10012.jpg'], ['北京邮电大学', '"双一流"建设高校',
'北京', 'https://t1.chei.com.cn/common/xh/10013.jpg'], ['北京印刷学院', '', '北京', 'https://t1.chei.com.cn/common/xh/
10015.jpg'], ['北京建筑大学', '', '北京', 'https://t1.chei.com.cn/common/xh/10016.jpg'], ['北京石油化工学院', '', '北京',
'https://t1.chei.com.cn/common/xh/10017.jpg'], ['北京电子科技学院', '', '北京', 'https://t1.chei.com.cn/common/xh/1001
8.jpg'], ['中国农业大学', '"双一流"建设高校', '北京', 'https://t1.chei.com.cn/common/xh/10019.jpg'], ['北京农学院', '',
'北京', 'https://t1.chei.com.cn/common/xh/10020.jpg'], ['北京林业大学', '"双一流"建设高校', '北京', 'https://t1.chei.com.
cn/common/xh/10022.jpg']]]
```

图 12-20　BeautifulSoup 方法提取的高校信息

## 12.3.5　数据保存

通常爬虫的目标数据都是结构化数据。12.3.4 小节中，无论是通过 XPath 方法还是 BeautifulSoup 方法提取的数据，都将被保留到 university 中，university 是一个二维列表，可以将其处理为类似于 Excel 电子表格中的数据格式 DataFrame，并将 DataFrame 保存到 csv 文件或 Excel 文件中。这个过程需要借助 Pandas 模块中的 to_csv()或者 to_excel()方法，将二维列表保存为本地的 csv 或 xlsx 文件，示例代码如下：

```
import pandas as   pd


# 将二维列表转为 dataframe
df = pd.DataFrame(university , columns=['院校名称','学校层次','属地','院校 logo 链接'])
```

```
#  将 dataframe 保存到本地，保存为 Excel 文件
df.to_excel('中国高校研究生招生单位名单(部分).xlsx', encoding='gb18030')
```

运行完上述代码，读者可以在代码文件所在的目录下找到"中国高校研究生招生单位名单(部分).xlsx"的 Excel 文件，打开该 Excel 文件后可以发现该文件中写入了 20 条研招单位的信息。

### 12.3.6  实现翻页爬虫

在 12.3.1～12.3.5 小节中，只实现了单个页面的数据爬取方法，实际情况中，为了获取海量的数据，往往需要从一个域名作为爬虫切入点，遍历爬取多个页面的数据。例如，"研招网"的高校并不止图 12-18 所示的 20 所高校，而是有近千所研究生招生单位，这些院校都能在"研招网"上找到它们的信息。那如何才能将所有的高校信息全部爬取下来？

观察 https://yz.chsi.com.cn/sch/网站页面的底部，可以发现本网页是可以通过单击底部的页码实现翻页访问其余的高校的，如图 12-21 所示。

图 12-21    翻页访问高校信息示意图

当单击网页底部的"第 2 页"时，页面会跳转到 https://yz.chsi.com.cn/sch/?start=20，当单击"第 3 页"时，页面会跳转到 https://yz.chsi.com.cn/sch/?start=40，当单击"第 8 页"时，页面会跳转到 https://yz.chsi.com.cn/sch/?start=140。不难发现，"第 i 页"的 URL 应为 https://yz.chsi.com.cn/sch/?start=(i-1)*20。

这样可以得到所有页面的 URL，只需对每个页面的 URL 进行网络请求，通过之前的方法即可轻松获取每个页面的高校信息。下面给出使用 XPath 语法获取所有页面的院校信息的代码：

```
# 发现跨页链接的规律，构造爬虫目标 URL，start 的取值为 20 的倍数(每页 20 个高校)
universityListUrl = 'https://yz.chsi.com.cn/sch/?start=%d'


totalUniversity = []                    # 列表用来存放所有的高校信息


for page in range(1,45):                # 遍历第 1～44 页
    print('正在爬取：%s' % universityListUrl%((page-1)*20))
    # 进行网络请求，获取第 page 页的服务器响应数据
    response = requests.get(universityListUrl%((page-1)*20))
    if response.status_code == 200:          # 当服务器正常响应时
        obj = etree.HTML(response.text)       # 解析响应文件


        # 由于每个页面有 20 所高校信息，故每个页面需要遍历第 1～20
        for i in range(1, 21):
            # 提取第 page 页第 i 个高校的校名信息
            schoolName = obj.xpath('/html/body/div[1]/div[4]/div[2]/div/div[%d]/div/div[1]/a/text()'%i)
[0].strip()
            # 提取第 page 页第 i 个高校的层次信息
            level = obj.xpath('/html/body/div[1]/div[4]/div[2]/div/div[%d]/div/div[1]/span/text()'%i)
            schoolLevel = level[0].strip() if level else ''
            # 提取第 page 页第 i 个高校的地理位置信息
            schoolLoc = obj.xpath('/html/body/div[1]/div[4]/div[2]/div/div[%d]/div/div[2]/text()'%i)
[1].strip()
            # 提取第 page 页第 i 个高校的校徽链接信息
schoolLink = obj.xpath('/html/body/div[1]/div[4]/div[2]/div/div[%d]/img/@src'%i)[0]
university.append([schoolName, schoolLevel, schoolLoc,schoolLink])
            # 将每个高校的信息都存入变量 totalUniversity 中
            totalUniversity.append(university)


    time.sleep(0.3)   # 为了避免给对方服务器造成较大压力，每爬取一个页面可以暂停一个较短的时
间，否则容易被对方服务器判定为服务器攻击，从而被拒绝访问


print('爬虫结束!')


# 将所有高校信息保存到本地的 csv 文件中
df = pd.DataFrame(totalUniversity, columns=['院校名称','学校层次','属地'])
df.to_csv('中国研究生招生院校名单.csv', index=False, encoding='gb18030')
```

运行完上述代码，读者可以在代码文件所在的目录下找到"中国高校研究生招生单位名单.xlsx"文件，打开该文件后可以发现该文件中写入了全部研招单位的相关信息。

## 12.4　反爬虫及应对策略

网络爬虫不仅会占用大量的网站流量，对服务器造成较大的压力，使得有真正需求的用户无法进入网站，同时也可能会造成网站关键信息的泄露。因此，为了避免这种情况发生，服务端通常会设置反爬虫的相关措施。

反爬虫是指对扫描器中的网络爬虫环节进行反制，通过一些方法或措施来阻碍或干扰爬虫的正常爬行，从而间接地起到防御的目的。常见的反爬虫措施及应对策略有如下几种。

### 1. 封禁 User-Agent、Host、Referer 等

User-Agent 是 HTTP 请求头的重要组成部分，用于标识客户端的类型和版本信息。服务器通过解析 User-Agent 可以获取客户端的详细信息。许多爬虫在请求时使用默认的 User-Agent，这类标识容易被服务器识别为爬虫行为。因此，可以通过检测请求头中的 User-Agent 值，对携带明显爬虫标识的请求直接拒绝访问，并返回 403 错误状态码，从而有效阻止非法的爬虫请求。

除了 User-Agent 之外，可利用的头域还有 Host 和 Referer。这种验证请求头信息中特定头域的方式既可以有效地屏蔽长期无人维护的爬虫程序，也可以将一些爬虫初学者发出的网络请求拒之门外。

针对封禁 User-Agent、Host、Referer 等，网络爬虫程序的主要应对措施为：网络爬虫一般会在 headers 信息中添加 User-Agent、Host、Referer 等信息，从而被服务器认为是普通用户的正常访问并因此而获取数据。

### 2. 动态加载数据

动态加载数据即数据并非携带在静态的 HTML 页面中，而是通过 Ajax 或 JS 请求加载数据，再渲染到 HTML 文件中。

针对动态加载数据，网络爬虫程序的主要应对措施为：在开发者工具栏中找到异步加载数据的请求，即 Ajax 请求或 JS 请求，直接对该请求进行网络请求，直接获取数据。

### 3. 封禁 IP 地址

网站运维人员在对日志进行分析时，如果发现同一时间段内某一个或某几个 IP 地址访问量特别大，同时伴随极短或固定的请求时间间隔，那么这极大可能是由于网络爬虫自动化爬取页面信息导致的，可以在服务器上对异常 IP 地址进行封禁。

针对封禁 IP 地址，网络爬虫程序的主要应对措施为：使用免费的或购买的第三方 IP 池，在进行网络请求时使用不同的代理 IP 进行切换，让服务器认为短时间访问它的是多台终端，而不是一台终端。

### 4. 封禁 Cookie

Cookie 是当浏览某个网站时，由 Web 服务器存储在机器硬盘上的一个小的文本文件。其中记录了用户名、密码、浏览的网页、停留的时间等信息。当用户再次登录这个网站时，

Web 服务器会先看有没有它上次留下来的 Cookie。如果有，则会读取 Cookie 中的内容，来判断使用者，并送出相应的网页内容；如果没有，则会要求用户重新登录，并发送新的 Cookie 信息。

Cookie 反爬虫指的是服务器通过校验请求头中的 Cookie 值来区分正常用户和爬虫程序的手段，服务器对每一个访问网页的人都会写入一个 Cookie，Cookie 中包含的信息可以帮助服务器确认对方是一个正常用户还是爬虫代码。很多网络爬虫程序单纯为爬取数据，并不会对 Cookie 进行处理和响应，这时封禁 Cookie 就会奏效。部分 Cookie 的反爬虫措施如下：

(1) 当某个 Cookie 的访问超过某一个时长后，就对其自动进行封禁，过一段时间再将其放出来。

(2) 在 Cookie 中设置一个 token(类似令牌、密钥)，这个 token 每隔一段时间(如 10 min)失效。

(3) 在返回真正的 response 之前，先返回一段 JS 脚本，如果对方可以执行 JS 脚本，则判断对方为浏览器，并发送真正的 response 给对方。

当遇到上述设置的服务器时，爬虫代码就无法实现持续性爬虫了。

针对封禁 Cookie，网络爬虫程序的主要应对措施如下：

(1) 如果仅仅是对 Cookie 设置时长，则可以一次性获取对方服务器的多个 Cookie，保存在本地。在获取网络请求时，切换使用不同的 Cookie 即可。

(2) 如果服务器在 Cookie 中设置的 token 是一个密钥，而这个密钥是通过 JS 代码动态生成的，则需要研究 token 的生成代码，利用 phantomJS 生成 token，再利用生成的满足条件的 token 来进行网络请求。

(3) 如果服务器先发送 JS 代码测试是否为正常的浏览器，则可以使用 selenium + phantomJS 的方式爬虫。

### 5. 限制访问频率

有些网站对于网站的数据访问设置了严格的限制条件，不登录账号无法访问数据；有些网站即使登录了账号，它也会限制这个账号在单位时间内的访问次数，如在几分钟内访问不能超过 100 次，否则会短时间封禁该账号。

针对上述反爬虫限制，网络爬虫程序的应对措施主要包括：注册多个账号，设置 IP 代理池，采取低频多账号爬虫策略等。

## 12.5 网络爬虫框架简介

除了通过自主分析来编写爬虫程序以外，为了提高爬虫效率，还可以借助现有的网络爬虫框架来完成爬虫程序的设计和实现。

网络爬虫框架(Web Scraping Framework)是一个为网络爬虫开发提供结构化、模块化和可扩展性的工具集。它通常包含一系列预定义的函数、类和方法，以及用于处理网页请求、解析 HTML 或 XML 内容、存储数据等任务的库和工具。使用网络爬虫框架可以大大简化网络爬虫的开发过程，提高开发效率，并使得爬虫代码更加易于维护和扩展。

网络爬虫框架通常具备以下特点：

(1) 模块化设计：将爬虫的不同功能(如网页请求、内容解析、数据存储等)分解为独立的模块，使得代码结构清晰，易于理解和维护。

(2) 可扩展性：提供灵活的扩展机制，允许开发者根据具体需求定制或扩展框架的功能。这通常通过插件、中间件或钩子函数等方式实现。

(3) 高性能：采用高效的 HTTP 请求库、HTML 解析库等技术，支持异步 I/O、并发处理等特性，提高了爬虫的数据爬取和处理速度。

(4) 易用性：提供简洁明了的 API 和文档，降低了开发者的学习成本。有些框架还提供了可视化的界面或命令行工具，使得配置和管理爬虫更加方便。

(5) 兼容性：支持多种操作系统和 Python 版本，兼容不同的网站结构和内容格式。

(6) 安全性：提供了一些安全措施，如请求头伪装、代理 IP 池、反反爬虫策略等，以帮助开发者绕过一些常见的反爬虫机制。

常用的 Python 网络爬虫框架包括 Scrapy、PySpider、BeautifulSoup、Selenium 等。每个框架都有其独有的特点和适用场景，开发者可以根据具体需求选择合适的框架进行开发。例如，Scrapy 适用于大规模、结构化的数据爬取，而 BeautifulSoup 则更适合于小规模、简单的数据爬取任务。

# 习　题

1. 近年来，网络爬虫"爬取数据"成为热门词，相关司法案例不断出现。典型案例：2021 年 6 月，程序员逯某利用爬虫软件爬取淘宝平台近 12 亿条淘宝客户信息，并将其爬取信息中的淘宝客户手机号码通过微信文件的形式发送给被告人黎某用于商业营销，共获利 34 万元。经河南省商丘市睢阳区人民法院审理，以侵犯公民个人信息罪判决逯某有期徒刑 3 年 3 个月。结合上述案例，谈谈编写爬虫程序时需要注意哪些问题，试从法律法规、社会道德和职业规范等方面进行分析。

2. 在遵守法律规定、职业规范以及不影响网站正常业务的前提下，从公开的气象网站获取苏州城区近 7 天的天气数据，并整理汇总，汇总后的效果如图 12-22 所示。

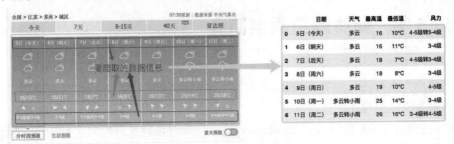

图 12-22　习题 2 效果图

# 第 13 章 数 据 分 析

## 13.1 数据与数据科学

数据是对客观事物的性质、状态及其相互关系的记录，表现为可识别的物理符号或符号的组合。数据的值可以是连续的(如声音、图像，即模拟数据)，也可以是离散的(如符号、文字，即数字数据)。在计算机科学中，数据特指所有能输入计算机并被计算机程序处理的符号介质的总称，包括数字、字母、符号和模拟量等。

数据科学作为一门 21 世纪的新兴学科，它将数学和统计学、专业编程、高级分析、人工智能和机器学习与特定专业知识相结合，以揭示隐藏在海量数据中的特征、规律，而后这些特征、规律可用于指导商业决策和战略规划。

以 Lemonade, Inc.为例，作为一家在美国提供租房保险、房主保险、汽车保险、宠物保险和定期人寿保险的保险公司，Lemonade 利用人工智能和行为经济学取代常规保险经纪人。寻求租房或房主保险的客户可以与其机器人 AI Maya 进行两分钟的聊天，在聊天过程中回答一系列 yes or no 的问题，Lemonade 利用大数据生成的人工智能模型分析这些答案来确定租户保费，如图 13-1 所示。与此同时，客户亦可以通过与另一个机器人 AI Jim 聊天来提出索赔，后者在短短三秒内即可支付索赔。Lemonade 利用人工智能并从其生成的大量数据中学习，从而更好地量化风险并提高用户体验。

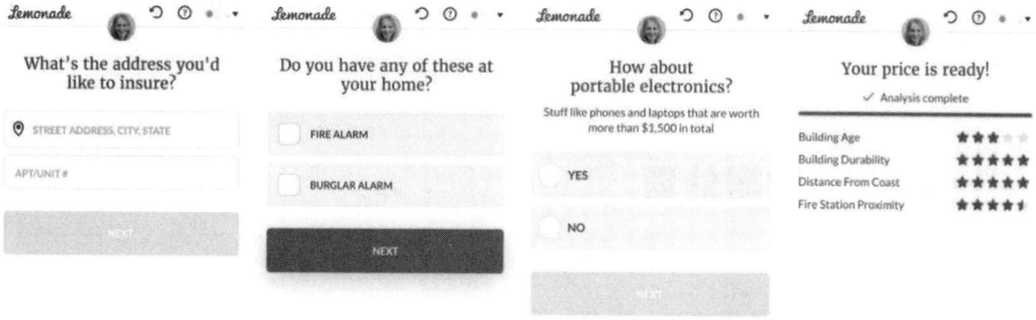

图 13-1 基于大数据的 Lemonade 智能保险评测系统

　　另一个例子是 Netflix 的推荐系统，Netflix 收集并分析每个用户之前的交互(例如，观看历史记录、搜索和评分)，其他相似偏好的用户的选择，影片的特定标题的信息，观看视频的设备和观看时间并使用机器学习将其转化为有用且准确的电影推荐，如图 13-2 所示。

图 13-2　基于大数据的 Netflix 推荐系统

　　由此看来，数据科学的核心是围绕数据进行探索、分析和解释，以提取出有意义的模式、趋势和关系。通过利用统计模型和数学原理，数据科学家可以发现原本可能被隐藏的有价值的模式和关系。这些见解可以作为决策的指南针，指导领导者做出基于经验证据和数据驱动推理的合理选择。

　　此外，数据科学还为战略规划提供了坚实的基础，使组织能够在日益以数据为中心的世界中适应、创新和发展。

## 13.2　数据处理

　　通过使用专门的编程语言和技术，数据科学家能够操纵、处理大型复杂的数据集并将其转换为易于分析的格式。

　　之前的章节中，已经详细介绍了 Python 的基础语法。然而，对于数据处理而言，仅使用基础 Python 语法是远远不够的。考虑到数据处理是一个复杂而关键的环节，需要使用专门的工具和技术来处理和分析数据。

　　因此，本章将深入研究一种常用的 Python 包，名为 Pandas，它被广泛应用于数据处理领域。Pandas 是一个功能强大且易于使用的开源数据分析和处理库，它提供了高效的数据结构和数据操作功能，可以协助处理和分析各种类型的数据。相比于 Python，Pandas 引入了 DataFrame 类，在类内提供了一个二维的表格型数据结构；同时 Pandas 底层使用了基于 C 语言的 NumPy 库，并通过向量化操作和内存管理优化的方法使得 Pandas 能够有效地处理大规模数据集。

　　**例 13.1**　比较 Pandas 和纯 Python 执行计算的时间效率，代码如下：

```python
import pandas as pd
import time
# 创建一个大型数据集
data = {'A': range(1000000), 'B': range(1000000)}
df = pd.DataFrame(data)


# 使用 pandas 执行计算
start_time = time.time()
df['C'] = df['A'] + df['B']
end_time = time.time()
pandas_time = end_time - start_time


# 使用纯 Python 执行相同的计算
start_time = time.time()
result = []


for i in range(len(data['A'])):
    result.append(data['A'][i] + data['B'][i])
    end_time = time.time()
python_time = end_time - start_time


# 比较执行时间
print("Execution time using pandas: {:.5f} seconds".format(pandas_time))
print("Execution time using pure Python: {:.5f} seconds".format(python time))
```

运行结果如下：

```
Execution time using pandas: 0.02417 seconds
Execution time using pure Python: 0.40138 seconds
```

　　在例 13.1 中，创建了一个 1 000 000 × 2 的 DataFrame，并用随机数字填充，然后将两列的元素相加以得到一个新列。分别使用 Pandas 和纯 Python 方法运行并测量运行时间，根据输出结果可知 Pandas 的执行速度明显快于纯 Python 循环的执行速度。

　　使用 Pandas，可以轻松地加载和处理大型数据集，进行数据清洗、转换和整理，执行统计分析和计算操作，以及生成可视化图表和报告。Pandas 具有的灵活性和高效性，使得开发人员能够更加快速地处理和分析数据，为数据科学和分析工作提供了强大的支撑。

　　本章将逐步学习 Pandas 的各种功能和用法，包括数据结构(如 Series 和 DataFrame)、数据导入和导出、数据清洗和处理、数据聚合和分组、数据排序和筛选，以及 Pandas 与其他库(如 MySQL)的集成等。

　　下面将通过实际的案例和示例代码来演示如何使用 Pandas 进行数据处理和分析。

　　本章所用的数据集来自 Kaggle(Kaggle 是 Google 旗下的数据科学竞赛平台以及数据科学家和机器学习从业者的在线社区)，数据集名为 2015 Flight Delays and Cancellations，下载地址为 https://www.kaggle.com/datasets/usdot/flight-delays。

## 13.2.1　数据导入和导出

　　Pandas 提供了一系列强大的输入/输出(I/O)API，方便用户读取和写入各种文件格式，如 CSV、文本、Excel 等。

　　在数据科学领域存储大数据集的一种简单而广泛的方法是使用 CSV(Comma Separated Files)文件，CSV 文件的每一行都是一条数据记录。每条记录由一个或多个字段组成，字段之间用逗号分隔。

　　2015 Flight Delays and Cancellations 的数据集中含有 3 个 CSV 数据集：airline.csv(航空公司信息)、airports.csv(机场信息)和 flight.csv(航班信息)。读取 airline.csv 文件，将 Pandas 包加载到命名空间的代码如下：

```
import pandas as pd
df = pd.read_csv('airlines.csv')    # 调用 Pandas 的 read_csv()方法读取文件
df.head()
```

　　Pandas 库中的 read_csv()方法用于读取以逗号分隔的值(CSV)文件，并返回一个 DataFrame 对象。DataFrame 是 Pandas 的一个基本数据结构，用于以表格的形式存储和操作数据。

　　**思考**：比较以下代码与前述代码，分析两者的不同。

```
df = pd.read_csv('airlines.csv', index_col=0)
df.head()
```

　　与此同时，Pandas 也提供了一系列保存数据的 API：

```
df.to_json('airlines_head.json')
```

　　Pandas 对象 df 将被转换为 json 格式并写入文件 'airlines_head.json' 中。

更多数据类型的读取、写入可以参考表 13-1 或 Pandas 文档(地址为 https://pandas.pydata.org/docs/user_guide/io.html)。

表 13-1 Pandas 支持的文档类型

| 数据类型 | 读 取 | 写 入 |
|---|---|---|
| CSV | read_csv | to_csv |
| JSON | read_json | to_json |
| HTML | read_html | to_html |
| Local clipboard | read_clipboard | to_clipboard |
| MS Excel | read_excel | to_excel |

### 13.2.2 Pandas 数据类型

本小节将简要介绍 Pandas 库的两个基础数据类：Series 和 DataFrame。这两个数据类是 Pandas 在数据处理和分析中最常用的数据结构，相较于 Python 基础类，它们提供了更强大的功能和灵活性，使得开发人员能够轻松地处理数据。

#### 1. Series 对象

Series 是 Pandas 库中的一种重要的数据结构，类似于 Python list 类，它是一个一维的带有标签的数组，能够保存任意类型的数据。

例 13.2 创建一个 Series 对象，代码如下：

```
data = np.random.randn(5)
data_index = ["a", "b", "c", "d", "e"]
s = pd.Series(data, index=data_index)
print(s)
```

运行结果如下：

```
a0.409979
b0.151754
c-0.606921
d-0.390608
e-0.255779
dtype: float64
```

在创建 Series 类的过程中，数据存储在一个 NumPy 数组中，并伴有一个与之关联的索引，用于标识和访问数据。索引可以是整数、字符串或其他类型的标签，用于唯一地标识每个数据点。与 list 类相同，通过索引，可以轻松地访问和操作 Series 中的元素。

```
print(f"First element: {s[0]}")          #通过整数索引 S[0]访问 Series 中的元素
print(f"Element with index a: {s['a']}")  #通过字符索引 S['a']访问 Series 中的元素
```

运行结果如下：

First element: 1.754413189203111

Element with index a: 1.754413189203111

在实际使用中，index 并不是必须指定的，Series 可以根据数据类型的不同生成合适的索引值。例如从列表、数组、字典等数据类型创建 Series 时，数据会与相应的索引一一对应，从而形成一个有序的数据集合。

**例 13.3**  用字典创建 Series 对象，代码如下：

```
d = {"b": 1, "a": 0, "c": 2}
pd.Series(d)
```

运行结果如下：

```
b      1
a      0
c      2
dtype: int64
```

使用 Series 对象，可以进行各种数据操作和计算。它提供了丰富的方法和函数，如基本的数学运算、统计分析、排序等。

**例 13.4**  Series 对象的统计分析，代码如下：

```
# find summary statistics of the underlying data in the given series object.
result = s.describe()
print(result)
```

运行结果如下：

```
count      5.000000
mean      -0.138315
std        0.412858
min       -0.606921
25%       -0.390608
50%       -0.255779
75%        0.151754
max        0.409979
dtype: float64
```

可以通过索引标签来选择和提取特定的数据，也可以根据条件进行数据过滤和转换，代码如下：

```
selected_s = s[s >0]
print(selected_s)
```

运行结果如下：

```
a    0.409979
```

b    0.151754

dtype: float64

另一个重要的特点是 Series 可以保留缺失值(NaN),并提供了一些方法来处理和填充这些缺失值,代码如下。这可以使得 Pandas 在处理现实世界的数据时更加灵活和容错。

```
selected_s[0] = np.nan
print(selected_s) c
```

运行结果如下:

```
a    NaN
b    0.151754
dtype: float64
```

### 2. DataFrame 对象

DataFrame 是 Pandas 引入的另一种重要的数据结构,也是使用最广泛的 Pandas 对象之一。DataFrame 类似于二维表格,由带有标签的行和列组成。相比于 Series 对象,DataFrame 能够处理更复杂的数据结构和多个类型的列。

与 Series 对象类似,DataFrame 可以接受多种不同类型的输入数据。它可以从多种来源创建,包括字典、列表、NumPy 数组等。可以将这些输入数据转换为 DataFrame 对象,使得数据能够以表格的形式进行处理和分析。

读取"flight.csv"文件的代码如下:

```
flight = pd.read_csv('flights.csv')
flight.shape
```

运行结果如下:

```
(5819079, 31)
```

输出结果说明 DataFrame 共有 31 列(属性)、5 819 079 行记录。

DataFrame 将数据以表格形式组织,每列可以包含不同类型的数据,如数值、字符串、布尔值等。其中每一列都有自己的名称,而每一行都有唯一的索引标签。

为了更好地进行数据分析,要对数据列属性进行查看,通常会用到以下命令:

```
flight.info()
flight.describe()
```

info()方法打印有关 DataFrame 的信息,包括索引数据类型和列、非空值以及内存使用情况等。

describe()方法返回 DataFrame 中数据的描述。如果 DataFrame 包含数值数据,则其每列将包含这些统计信息:非空值的数量、均值、标准差、最小(大)值,以及 25%、50%(中位数)、75%百分位数。

根据以上返回信息,可以对数据属性进行筛检,从而选取所需的数据:

(1) YEAR,MONTH,DAY,DAY_OF_WEEK:航班日期。

(2) AIRLINE:DOT 航空公司代码。

(3) ORIGIN_AIRPORT，DESTINATION_AIRPORT：航班起降机场 IATA 代码。

(4) SCHEDULED_DEPARTURE，SCHEDULED_ARRIVAL：计划起降时间。

(5) DEPARTURE_TIME，ARRIVAL_TIME：实际起降时间。

(6) DEPARTURE_DELAY，ARRIVAL_DELAY：两者的时间差(分钟)。

(7) DISTANCE：距离(miles)。

与 Series 相同，DataFrame 也提供了丰富的方法和函数，用于数据的筛选排序、聚合、合并等操作。以下几小节内容将详细介绍如何利用 DataFrame 的操作和计算功能进行数据分析和转换。

### 13.2.3  数据切片

本小节主要介绍对 DataFrame 对象进行子集选取的操作方法，包括基于位置的切片、基于标签的切片、布尔索引、条件索引等。

首先，基于位置的切片允许按照位置范围提取数据。可以使用行索引或列索引的整数位置来指定切片的范围，以获取相应的数据子集。这种方法特别适用于连续的行或列。

运行以下代码，输出 flight DataFrame 的头部数据和第 9 到 11 行数据：

```
flight.head()          # 输出头部前 5 行数据
```

运行结果如图 13-3 所示。

| | YEAR | MONTH | DAY | DAY_OF_WEEK |
|---|---|---|---|---|
| 0 | 2015 | 1 | 1 | 4 |
| 1 | 2015 | 1 | 1 | 4 |
| 2 | 2015 | 1 | 1 | 4 |
| 3 | 2015 | 1 | 1 | 4 |
| 4 | 2015 | 1 | 1 | 4 |

图 13-3  运行结果 1

```
flight[9:11]          # 输出第 9 到 10 行数据
```

运行结果如图 13-4 所示。

| | YEAR | MONTH | DAY | DAY_OF_WEEK |
|---|---|---|---|---|
| 9 | 2015 | 1 | 1 | 4 |
| 10 | 2015 | 1 | 1 | 4 |

图 13-4  运行结果 2

基于标签的切片提供了更灵活的方式来选择数据子集。可以使用行索引或列索引的标签值来指定切片的范围，以提取相应的数据。这种方法适用于非连续的行或列，可以根据标签进行选择。

例如，生成一个表格，包含日期和航班号，代码如下：

```
flight[["YEAR", "MONTH", "DAY", "AIRLINE", "FLIGHT_NUMBER"]]
```

运行结果如图 13-5 所示。

|  | YEAR | MONTH | DAY | AIRLINE | FLIGHT_NUMBER |
|---|---|---|---|---|---|
| 0 | 2015 | 1 | 1 | AS | 98 |
| 1 | 2015 | 1 | 1 | AA | 2336 |
| 2 | 2015 | 1 | 1 | US | 840 |
| 3 | 2015 | 1 | 1 | AA | 258 |
| 4 | 2015 | 1 | 1 | AS | 135 |
| ... | ... | ... | ... | ... | ... |
| 5819074 | 2015 | 12 | 31 | B6 | 688 |
| 5819075 | 2015 | 12 | 31 | B6 | 745 |
| 5819076 | 2015 | 12 | 31 | B6 | 1503 |
| 5819077 | 2015 | 12 | 31 | B6 | 333 |
| 5819078 | 2015 | 12 | 31 | B6 | 839 |

5819079 rows × 5 columns

图 13-5　运行结果 3

另一种方法是利用条件索引，根据条件表达式来筛选数据子集。在 DataFrame 中，可以使用比较运算符(如 ==、>、< 等)和逻辑运算符(如&、|、~ 等)来构建条件表达式，从而提取符合特定条件的数据。

例如找出所有到达延误超过 60 分钟的航班，代码如下：

```
delay_above_60 = flight[flight["ARRIVAL_DELAY"] > 60]
delay_above_60.head()
```

运行结果如图 13-6 所示。

|  | YEAR | MONTH | DAY | DAY_OF_WEEK | AIRLINE | FLIGHT_NUMBER | TAIL_NUMBER |
|---|---|---|---|---|---|---|---|
| 52 | 2015 | 1 | 1 | 4 | B6 | 2134 | N307JB |
| 55 | 2015 | 1 | 1 | 4 | B6 | 2276 | N646JB |
| 70 | 2015 | 1 | 1 | 4 | AA | 1057 | N3ASAA |
| 86 | 2015 | 1 | 1 | 4 | AA | 328 | N4XKAA |
| 102 | 2015 | 1 | 1 | 4 | UA | 1577 | N69813 |

图 13-6　运行结果 4

另一个示例，找出周二/三延误取消的航班，代码如下：

```
flight[(flight["CANCELLED"]==1)&(flight["DAY_OF_WEEK"].isin([2, 3]))]
```

运行结果如图 13-7 所示。

|  | YEAR | MONTH | DAY | DAY_OF_WEEK | AIRLINE | FLIGHT_NUMBER |
|---|---|---|---|---|---|---|
| 79114 | 2015 | 1 | 6 | 2 | OO | 5460 |
| 79121 | 2015 | 1 | 6 | 2 | WN | 2418 |
| 79163 | 2015 | 1 | 6 | 2 | OO | 7423 |
| 79173 | 2015 | 1 | 6 | 2 | WN | 23 |
| 79198 | 2015 | 1 | 6 | 2 | AA | 1249 |
| ... | ... | ... | ... | ... | ... | ... |
| 5805581 | 2015 | 12 | 30 | 3 | UA | 225 |
| 5805637 | 2015 | 12 | 30 | 3 | UA | 337 |
| 5805737 | 2015 | 12 | 30 | 3 | OO | 5600 |
| 5805779 | 2015 | 12 | 30 | 3 | UA | 1183 |
| 5805888 | 2015 | 12 | 30 | 3 | UA | 235 |

25801 rows × 31 columns

图 13-7　运行结果 5

除了获取子集，还可以使用相应的方法和技巧来设置和修改数据的子集。通过适当的索引和赋值操作，可以修改数据框或序列中特定位置的值，更新数据或添加新的数据。

## 13.2.4  缺失数据处理

缺失数据处理是指在数据集中存在缺失值(Missing Values)时采取的一系列处理方法和技术。数据缺失可能是由多种原因导致的，例如，数据采集过程中的数据丢失，数据传输过程中的数据出错，数据处理过程中导致的数据缺失。缺失值的存在会对后续的数据分析过程产生一定的障碍，例如，在示例数据集中，丢失到达延误时间会使预测航班到达时间变得困难，因为缺失数据可能会影响数据分析和建模的结果。

Pandas 提供了两个便捷的函数 isna()和 isnull()来检测数据表中是否有缺失值，它们根据输入数据返回一个布尔值的 DataFrame 或 Series，布尔值标记了数据中的缺失值位置。

**例 13.5**  查看数据集中是否有数据缺失，代码如下：

```
#数据集 Flight Delays and Cancellations
#使用 any()方法检测每列是否包含缺失值
has_null = flight.isnull().any()


# 打印有缺失值的列
for col in has_null.index[has_null]:
    print(f"{col} column has {flight[col].isnull().sum()} missing value(s).")
```

运行结果如下：

```
TAIL_NUMBER column has 14721 missing value(s).
DEPARTURE_TIME column has 86153 missing value(s).
DEPARTURE_DELAY column has 86153 missing value(s).
TAXI_OUT column has 89047 missing value(s).
WHEELS_OFF column has 89047 missing value(s).
SCHEDULED_TIME column has 6 missing value(s).
ELAPSED_TIME column has 105071 missing value(s).
AIR_TIME column has 105071 missing value(s).
WHEELS_ON column has 92513 missing value(s).
TAXI_IN column has 92513 missing value(s).
ARRIVAL_TIME column has 92513 missing value(s).
ARRIVAL_DELAY column has 105071 missing value(s).
CANCELLATION_REASON column has 5729195 missing value(s).
AIR_SYSTEM_DELAY column has 4755640 missing value(s).
SECURITY_DELAY column has 4755640 missing value(s).
AIRLINE_DELAY column has 4755640 missing value(s).
LATE_AIRCRAFT_DELAY column has 4755640 missing value(s).
```

WEATHER_DELAY column has 4755640 missing value(s).

LONG_TIME_DELAY column has 105071 missing value(s).

处理缺失数据是数据清洗和预处理的重要步骤之一，本小节将介绍一些较常用的缺失值处理方法。

### 1. 删除缺失值

如果缺失值相对较少且随机分布，则可以考虑通过删除缺失值或样本或特征的方法来创建新的无缺失数据集。但是删除前应进行审查，如果缺失值占比过高，或特征与分析目标高度相关，则删除数据或样本特征可能会影响数据集的客观性，产生负面影响。同时在特征较多的情况下，删除只有少量特征缺失的记录会产生大量的资源浪费。

Pandas 中的 dropna()方法可以删除包含缺失值的行或列，且可以通过设置 axis 参数来指定删除行还是列，代码如下：

```
# 删除包含缺失值的行
flight_without_na_rows = flight.dropna()
print(f"DataFrame shape: {flight.shape}")
print(f"Droped NA rows DataFrame shape: {flight_without_na_rows.shape}")
# 删除包含缺失值的列
df_without_na_cols = df.dropna(axis=1)
print(f"Droped NA columns DataFrame shape: {df_without_na_cols.shape}")
```

运行结果如下：

```
DataFrame shape: (5819079, 31)
Droped NA rows DataFrame shape: (0, 31)
Droped NA columns DataFrame shape: (14, 1)
```

### 2. 平均值/中值/众数插补

平均值/中值/众数插补是指缺失值被替换为相应特征的平均值、中值或众数。与删除缺失值相比，该方法同样简便，并尽可能地保留数据。假定缺失值是随机缺失的，特征值间的相关性被忽略，且插补过程中，特征值内的数据将集中在平均值/中值/众数上，这样数值差异性就会被弱化。

Pandas 中提供了多个数据填充的函数。如 fillna()，该方法可以用指定的值来填充缺失值，可以传入一个标量值、一个字典(指定不同列的填充值)，或使用不同的填充方法(如前向填充、后向填充等)；再如 interpolate()，该方法可以通过对缺失值进行线性或者多项式插值来填充缺失值。

**例 13.6**　使用字典指定不同列的填充值，代码如下：

```
# 将缺失的飞机编号置为 9999，同时将缺失的计划时间置为 -999
fill_values = {'TAIL_NUMBER': 99999, 'SCHEDULED_TIME': -999}
df_filled_dict = flight.fillna(fill_values)
df_filled_dict[(df_filled_dict["TAIL_NUMBER"]==99999)|(df_filled_dict["SCHEDULED_TIME"]==-999)]
```

运行结果如图 13-8 所示。

| | YEAR | MONTH | DAY | DAY_OF_WEEK | AIRLINE | FLIGHT_NUMBER | TAIL_NUMBER |
|---|---|---|---|---|---|---|---|
| 297 | 2015 | 1 | 1 | 4 | F9 | 865 | 99999 |
| 298 | 2015 | 1 | 1 | 4 | F9 | 1256 | 99999 |
| 2216 | 2015 | 1 | 1 | 4 | UA | 641 | 99999 |
| 3490 | 2015 | 1 | 1 | 4 | UA | 1412 | 99999 |
| 3763 | 2015 | 1 | 1 | 4 | US | 1883 | 99999 |
| ... | ... | ... | ... | | ... | ... | ... |
| 5811608 | 2015 | 12 | 31 | 4 | UA | 598 | 99999 |
| 5813418 | 2015 | 12 | 31 | 4 | UA | 338 | 99999 |
| 5813861 | 2015 | 12 | 31 | 4 | UA | 1828 | 99999 |
| 5818090 | 2015 | 12 | 31 | 4 | UA | 1789 | 99999 |
| 5818157 | 2015 | 12 | 31 | 4 | UA | 222 | 99999 |

14727 rows × 31 columns

图 13-8　运行结果 6

在实际操作中将缺失值置为极大(小)值通常对数据分析没有帮助，下面介绍一种在 Pandas 中使用前向填充(ffill)或后向填充(bfill)来填充缺失值的方法，示例代码如下：

```
df_filled_forward = flight.fillna(method='ffill')
df_filled_forward[flight['TAIL_NUMBER'].isnull()].head()
```

运行结果如图 13-9 所示。

| | YEAR | MONTH | DAY | DAY_OF_WEEK | AIRLINE | FLIGHT_NUMBER | TAIL_NUMBER |
|---|---|---|---|---|---|---|---|
| 297 | 2015 | 1 | 1 | 4 | F9 | 865 | N12921 |
| 298 | 2015 | 1 | 1 | 4 | F9 | 1256 | N12921 |
| 2216 | 2015 | 1 | 1 | 4 | UA | 641 | N807UA |
| 3490 | 2015 | 1 | 1 | 4 | UA | 1412 | N425LV |
| 3763 | 2015 | 1 | 1 | 4 | US | 1883 | N579UW |

图 13-9　运行结果 7

### 3. 多重插补

多重插补涉及根据统计模型创建多个合理的插补数据集。这种方法捕获与缺失值相关的不确定性，并允许进行更稳健的统计分析。例如在示例数据集中，可以先根据工作日、周末、季节进行分组，然后在每个分组内利用平均值/中值/众数插补。

在时间序列或连续数据的处理中，可以使用 Pandas 中的 interpolate()方法来对缺失值进行插值，interpolate()方法根据已有数据的模式来预测并填补缺失值。在多重插补中可以使用 groupby()方法将数据按照某个或多个列的值进行分组，并对每个组进行聚合。

**例 13.7**　根据月份用每个月的平均值来填补对应月份的缺失值，代码如下：

```
# 根据月份分组，并计算每个月的平均 ARRIVAL_DELAY
monthly_avg_delay = flight.groupby(flight['MONTH'])['ARRIVAL_DELAY'].mean()
# 根据每个月的平均值来填补对应月份的缺失值
for month, avg_delay in monthly_avg_delay.items():
    flight.loc[flight['MONTH'] == month, 'ARRIVAL_DELAY'] = flight.loc[flight['MONTH'] == month,
'ARRIVAL_DELAY'].fillna(avg_delay)
flight['ARRIVAL_DELAY'].isnull().sum()
```

#### 4. 回归/聚类插补

回归插补可以通过使用回归模型，根据其他特征预测缺失值的值来插补缺失值。该方法考虑了变量之间的关系，与其他方法相比，该方法可以提供更准确的插补。聚类插补方法是用特征空间中最近邻的值替换缺失值(如 K 近邻)，该方法假设相似的样本具有相似的特征值。首先，通过欧氏距离或相关分析方法，找出与距离具有缺失数据的样本最近的 K 个样本。接着，使用平均等方式来估计该样本的缺失数据，利用这 K 个近邻样本的已有数据进行加权计算。这样可以利用近邻样本的信息来填补缺失数据，从而更好地还原原始样本的特征信息。

还有一些更高级的方法可用于处理缺失数据，如矩阵分解、决策树、随机森林、极大似然估计、期望最大化、C4.5 等。缺失数据处理方法的选择取决于数据的性质、缺失的数量以及具体的分析或建模任务，因此在处理数据集前需要考虑缺失数据的原因、数据的类型、缺失值的分布以及数据分析的目标等因素。同时，评估每种方法的合理性并评估它们生成的数据对最终分析结果的影响。

### 13.2.5　变量特征重编码

特征编码是将具有不同特征值的分类或离散特征转换为机器学习算法可以处理的数值表示的过程。数据分析模型和机器学习算法通常要求输入的特征是数值类型的，但实际数据中常包含着各种分类和离散特征，如性别、职业、籍贯等。因此，需要进行特征编码，将这些非数值特征转换为数值形式，以便算法能够理解和使用。本小节将介绍一些常见变量特征编码方法。

#### 1. 数值编码

数值编码是一种最常见的编码方法，包括了二进制编码(Binary Encoding)和有序编码(Ordinal Encoding)。数值编码从零开始给每个特征赋予一个整数值或二进制编码的向量，这种方法操作简单，例如可以将性别编码为 0 或 1，当类别的特征量较大时，可以采用二进制编码，即将整数值转换为二进制编码的向量。对于有层级差异的特征，可以采用有序编码，将特征值排序后从大到小或者从小到大进行编码，例如将"学位"= [本科，硕士，博士]编码为"学位"= [0，1，2]。

值得注意的是，数值编码可能会给原本属于平级关系的特征值带来本不应该存在的次序关系并导致最后的分析结果出现误差。

#### 2. 独热编码

独热编码(One-Hot Encoding)将每个类别映射为一个单独的二进制特征。对于有 N 个类别的特征，独热编码将创建一个大小为 N 的向量，其中只有一个元素为 1，表示当前类别，其他元素都为 0。例如，类别'A'的独热编码为[1, 0, 0]，类别'B'的独热编码为[0, 1, 0]，类别'C' 的独热编码为[0, 0, 1]。独热编码适用于类别之间没有顺序关系的特征。

打开 'airlines.csv' 文件并尝试对 AIRLINE 进行重编码，代码如下：

```
# 使用 get_dummies() 对前 5 家航空公司进行独热编码
airlines = pd.read_csv('airlines.csv', index_col=0)
```

```
airlines_onehot = pd.get_dummies(airlines.head(), columns=['AIRLINE'])
airlines_onehot
```

运行结果如图 13-10 所示。

| IATA_CODE | AIRLINE_American Airlines Inc. | AIRLINE_Frontier Airlines Inc. | AIRLINE_JetBlue Airways | AIRLINE_US Airways Inc. | AIRLINE_United Air Lines Inc. |
|---|---|---|---|---|---|
| UA | 0 | 0 | 0 | 0 | 1 |
| AA | 1 | 0 | 0 | 0 | 0 |
| US | 0 | 0 | 0 | 1 | 0 |
| F9 | 0 | 1 | 0 | 0 | 0 |
| B6 | 0 | 0 | 1 | 0 | 0 |

图 13-10　运行结果 8

### 3. 计数编码

计数编码(Count Encoding)将类别映射为该类别在数据集中出现的次数。例如，类别'A'在数据集中出现了 5 次，则'A'的计数编码为 5。计数编码可以捕捉类别出现的频率信息。

### 4. 哈希编码

哈希编码(Hash Encoding)将类别映射为哈希函数的输出值。哈希编码可以将类别映射到较小的固定大小的空间，适用于类别数量较大的情况。

在实际操作过程中，需要根据数据集的数据特性、特征维度以及模型算法的需求来选择合适的特征编码方法。

## 13.2.6　类型转换

进行类型转换是因为在数据收集过程中，不同的收集手段和数据来源可能采用了不同的数据类型，当进行数据分析时，可能需要将数据从一种类型转换为另一种类型，以便满足特定的程序执行要求(如数据操作和计算、数据存储和交换)或提高数据的易读性(转换为适合展示或输出的特定类型)。

回到之前的 flight 数据集，在初始数据中，日期信息由 YEAR、MONTH、DAY 和 DAY_OF_WEEK 4 个字段提供。为了更加方便地处理日期和时间，应先将日期转换为 Python datetime 格式，代码如下：

```
flight['DATE'] = pd.to_datetime(flight[['YEAR','MONTH', 'DAY']])
flight[["AIRLINE","FLIGHT_NUMBER","DATE"]].head()
```

运行结果如图 13-11 所示。

| | AIRLINE | FLIGHT_NUMBER | DATE |
|---|---|---|---|
| 0 | AS | 98 | 2015-01-01 |
| 1 | AA | 2336 | 2015-01-01 |
| 2 | US | 840 | 2015-01-01 |
| 3 | AA | 258 | 2015-01-01 |
| 4 | AS | 135 | 2015-01-01 |

图 13-11　运行结果 9

在 SCHEDULED_DEPARTURE 列中，计划起飞时间被编码为浮点数，其中第 1、2 两个数字表示小时，接下来后两个数字表示分钟，这里定义了一个函数，将其转换为 Python time 类，代码如下：

```
from datetime import time

def float_to_time(float_time):
    if pd.isnull(float_time):
        return np.nan

    hour = int(float_time // 100)        #提取前 2 位数字作为小时
    minute = int(float_time % 100)       #将最后 2 位数字提取为分钟

    return time(hour=hour, minute=minute)
```

```
flight['SCHEDULED_DEPARTURE_formatted'] = flight['SCHEDULED_DEPARTURE'].apply(float_to_time)
flight[['SCHEDULED_DEPARTURE','SCHEDULED_DEPARTURE_formatted']].head()
```

运行结果如图 13-12 所示。

| | SCHEDULED_DEPARTURE | SCHEDULED_DEPARTURE_formatted |
|---|---|---|
| 0 | 5 | 00:05:00 |
| 1 | 10 | 00:10:00 |
| 2 | 20 | 00:20:00 |
| 3 | 20 | 00:20:00 |
| 4 | 25 | 00:25:00 |

图 13-12　运行结果 10

## 13.3　数据可视化

在数据科学领域，图表的应用具有举足轻重的地位。通过图表、图形、图像等视觉表现形式，能够更加直观地把握数据的结构和模式，从而深入理解和分析数据，进而揭示数据中的模式、关联性或异常情况。

本节将深入探讨如何运用 Matplotlib 这一 Python 绘图库来展示数据。Matplotlib 在数据科学、机器学习等多个领域得到了广泛应用，其丰富的绘图功能使得数据呈现变得多样化。以下内容将首先介绍 Matplotlib 的基本概念和语法，涵盖条形图、饼图、直方图、核密度图等；接着，将学习如何使用 Matplotlib 绘制更为复杂的图形，包括散点图、气泡图、相关图等。

## 13.3.1　基本图形

### 1. 条形图

条形图通过垂直的或水平的条形展示了类别型变量的分布(频数)。例 13.8 根据机场代码使用映射字典添加 "City" 列，然后使用 Matplotlib 绘制条形图，显示出港航班量最大的前 20 个城市。

**例 13.8**　绘制条形图表示出港航班量最大的前 20 个城市，代码如下：

```
# 导入 matplotlib 库
import matplotlib.pyplot as plt

# 读取 'airports.csv' 文件并将其存储在'airprt'中
airprt=pd.read_csv(r'D:\Python11\airports.csv')

# 创建一个字典 'airport_code_to_city' 来匹配 'IATA_CODE' 值
# 从 'airprt' 数据对象中匹配与其对应的'CITY' 值
airport_code_to_city=dict(zip(airprt['IATA_CODE'],airprt['CITY']))
flight['Origin_city']=flight['ORIGIN_AIRPORT'].map(airport_code_to_city)

# 设置绘图的大小
plt.figure(figsize=(10,5))
# 获取前 20 个 Origin_city 值及其计数
top_origin_cities=flight['Origin_city'].value_counts().iloc[:20]

# 使用 Matplotlib 创建条形图
plt.bar(top_origin_cities.index,top_origin_cities.values)

# 旋转 x 轴标签以提高可读性
plt.xticks(rotation=90,ha="right")

# 设置 x 轴和 y 轴的标签以及绘图的标题
plt.xlabel('Origin City')
plt.ylabel('Frequency')
plt.title('Top 20 Origin Cities')
plt.tight_layout()
plt.show()
```

运行结果如图 13-13 所示。

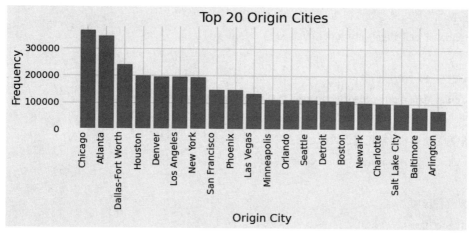

图 13-13　运行结果 11

图 13-13 显示了在给定航班数据中，前 20 个最常见的始发城市的频次。图表使用条形图表示每个城市的出现次数，以便更直观地比较它们之间的差异。图表的横轴显示了城市名称，纵轴表示对应城市的频次计数。条形的高度反映了每个城市在数据中出现的次数，从图片可知，芝加哥和亚特兰大为全美最大的两个航空始发城市，年出港航班超过 30 万。

接下来查看一些更复杂的条形图。如果条形图包含多个值，则绘图结果将是一幅堆砌条形图或分组条形图，例 13.9 在例 13.8 的基础上进行修改，显示出港航班量最大的前 20 个城市的工作日和周末进港航班量。

**例 13.9**　绘制复杂条形图显示工作日和周末进港航班量，代码如下：

```python
# 导入 NumPy 库
import numpy as np
# 导入 matplotlib 库
import matplotlib.pyplot as plt


# 提取分析的相关列(City 和 DAY_OF_WEEK)
selected_columns = ['Origin_city', 'DAY_OF_WEEK']
sub_flight = flight[selected_columns]


# 将 DAY_OF_WEEK 值转换为工作日或周末
sub_flight['DayType'] = sub_flight['DAY_OF_WEEK'].replace({1:'Weekend', 2:'Weekday', 3:'Weekday',
4:'Weekday', 5:'Weekday', 6:'Weekday', 7:'Weekend'})


# 按 'City' 和 'DayType' 对数据进行分组，以获取每个城市在工作日和周末的入境航班总数
grouped_data = sub_flight.groupby(['Origin_city', 'DayType']).size().unstack(fill_value = 0)


# 计算每个城市的入境航班总数
total_flights = grouped_data.sum(axis = 1)
```

```
# 根据入境航班总数获取前 20 个始发城市
top_cities = total_flights.nlargest(20).index

# 筛选前 20 个城市的数据
top_cities_data = grouped_data[grouped_data.index.isin(top_cities)]

# 根据总航班号对热门城市数据进行排序
top_cities_data = top_cities_data.loc[top_cities]

# 设置图形的大小
plt.figure(figsize = (10,5))

# 获取 x 轴的位置
x = np.arange(len(top_cities_data))

# 设置条形的宽度
bar_width = 0.4

# 绘制分组柱状图
plt.bar(x - bar_width / 2,top_cities_data['Weekday'], width = bar_width,color = 'blue', label = 'Weekday')
plt.bar(x + bar_width / 2,top_cities_data['Weekend'], width = bar_width,color = 'orange', label = 'Weekend')

# 设置 x 轴刻度标签
plt.xticks(x, top_cities_data.index)

# 旋转 x 轴标签以提高可读性
plt.xticks(rotation = 90, ha = 'right')

# 设置 x 轴和 y 轴的标签以及标题
plt.xlabel('City')
plt.ylabel('Inbound Flights')
plt.title('Inbound Flights for Top 20 Cities on Weekdays and Weekends')
plt.legend()

# 调整布局以更好地拟合图
plt.tight_layout()

# 显示图
plt.show()
```

运行结果如图 13-14 所示。

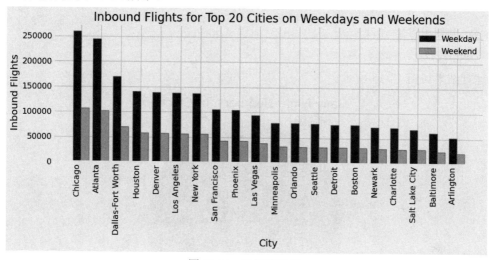

图 13-14　运行结果 12

可视化能够轻松识别数据集中最繁忙的始发城市，包括工作日和周末的航班频率比例，并有助于更好地了解航班数据的分布，并提供有价值的建议，例如优化工作日和周末航线规划等。

**2. 饼图**

饼图是一种圆形统计图，用于将数据显示为圆的切片。每个切片代表整个数据的一部分，切片的面积大小对应于该切片数据相对于总数据的大小。饼图有助于可视化数据集中不同类别的相对大小或比例。例如，在处理多个类别时，饼图可以让读者通过视觉的方式观察出哪些类别占主导地位或拥有最大份额。

例 13.10　生成一个饼图，使其包含一周中每天从芝加哥出发的航班分布，代码如下：

```python
# 导入 matplotlib 库
import matplotlib.pyplot as plt


# 筛选从芝加哥出发的航班数据
chicago_flights = flight[flight['Origin_city'] == 'Chicago']


# 按 'DAY_OF_WEEK' 对数据进行分组，以获取每天的总航班号
daily_flight_counts = chicago_flights['DAY_OF_WEEK'].value_counts()


# 获取与星期几值对应的日期名称
day_names = ['Monday', 'Tuesday', 'Wednesday', 'Thursday', 'Friday', 'Saturday', 'Sunday']


# 绘制饼图
plt.figure(figsize=(6, 6))

plt.pie(daily_flight_counts, labels=day_names, autopct='%1.1f%%', startangle=90)

plt.title('Daily Flight Numbers for Chicago')
```

```
plt.axis('equal')      # 相等的纵横比确保饼图绘制为圆形

# 显示饼图
plt.show()
```

运行结果如图 13-15 所示。

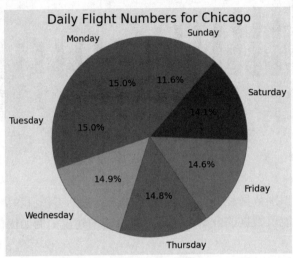

图 13-15    运行结果 13

当需要处理的类别数量太多且比例差异很小时，饼图可能会变得不太有效。在这种情况下，其他类型的图表(例如条形图或堆积条形图)可能更适合数据可视化。

### 3. 直方图

直方图是数据集分布的图形表示，用于可视化落入不同数值范围的数据点的频率或计数。

**例 13.11**    输出到达延误时间和飞行距离的组合直方图，代码如下：

```
# 在 'ARRIVAL_DELAY' 和 'DISTANCE' 列中放置具有 NaN 值的行
flights_cleaned = flight.dropna(subset=['ARRIVAL_DELAY','DISTANCE'])

# 缩小 'ARRIVAL_DELAY' 列以将极值限制为第 95 百分位数
percentile_95 = flights_cleaned['ARRIVAL_DELAY'].quantile(0.95)
flights_cleaned['ARRIVAL_DELAY'] =
flights_cleaned['ARRIVAL_DELAY'].clip(lower=None,upper=percentile_95)

# 为子图创建图形和轴
fig,axes = plt.subplots(2,1,figsize=(8,10))

# 绘制 'ARRIVAL_DELAY' 的直方图
axes[0].hist(flights_cleaned['ARRIVAL_DELAY'],bins=30,edgecolor='black',color='skyblue')
axes[0].set_xlabel('Arrival Delay (minutes)')
```

```
axes[0].set_ylabel('Frequency')
axes[0].set_title('Distribution of Arrival Delay (Capped at 95th percentile)')

# 绘制 'DISTANCE' 的直方图
axes[1].hist(flights_cleaned['DISTANCE'],bins=30,edgecolor='black',color='lightgreen')
axes[1].set_xlabel('Distance (miles)')
axes[1].set_ylabel('Frequency')
axes[1].set_title('Distribution of Distance')

plt.tight_layout()
plt.show()
```

运行结果如图 13-16 所示。

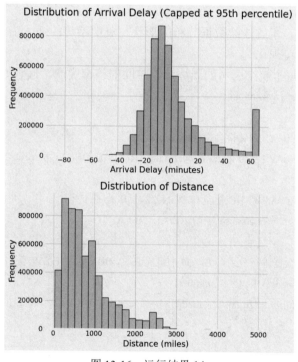

图 13-16　运行结果 14

例 13.11 中输出了到达延误时间和飞行距离的组合直方图,同时对到达延误时间进行缩尾处理,将极值限制在第 95 百分位以内。

直方图提供了一种快速直观的方法来可视化数据集的分布、识别异常值并深入了解数据的中心趋势和分布,可以使人一目了然地理解数据分布。

### 4. 核密度图

核密度图也称为核密度估计(KDE)图或简称密度图,用于估计连续随机变量的概率密度函数。它提供了底层数据分布的平滑且连续的表示。

与使用离散箱来近似数据分布的直方图相比,核密度图使用核函数(平滑函数)来估计数据范围内不同点的密度。核函数以每个数据点为中心并扩展到附近的点，创建一条代表整体数据分布的平滑曲线。

核密度图的主要特点和优点如下：

(1) 连续表示：核密度图提供数据分布的连续表示，使其适合可视化连续数据，而不受箱大小的限制。

(2) 平滑度：核密度图使用核平滑，有助于减少噪声数据的影响，从而使数据分布的表示更加平滑且锯齿较少。

(3) 概率洞察：核密度图提供了对数据的概率洞察，因为任意两点之间的曲线下面积代表随机变量落在该范围内的概率。

(4) 非参数：核密度图是非参数的，这意味着它们不依赖于有关数据基本分布的特定假设，这对于探索具有未知分布特征的数据非常有用。

(5) 比较：核密度图可以轻松地对多个数据集进行视觉比较，因为它们可以叠加在同一个图上。

总之，核密度图是了解连续数据分布的形状、集中趋势的强大工具，通常用于数据分析、统计建模和数据可视化。

**例 13.12**　输出每个航空公司的到达延误时间的核密度图，代码如下：

```python
from scipy.stats import gaussian_kde

# 将 'ARRIVAL_DELAY' 列转换为数字(浮点)类型
flight['ARRIVAL_DELAY'] = pd.to_numeric(flight['ARRIVAL_DELAY'],errors='coerce')

# 在 'ARRIVAL_DELAY' 列中放置具有 NaN 或非 float 值的行
flights_cleaned = flight.dropna(subset=['ARRIVAL_DELAY'])

# 按 'AIRLINE' 对数据进行分组，并为每个组提取 'ARRIVAL_DELAY'
airlines = flights_cleaned['AIRLINE'].unique()
delay_by_airline = {airline: flights_cleaned[flights_cleaned['AIRLINE'] == airline]['ARRIVAL_DELAY']
for airline in airlines}

# 缩小 'ARRIVAL_DELAY' 列以将极值限制为第 95 个百分位数
percentile_95 = np.percentile(flights_cleaned['ARRIVAL_DELAY'],95)
flights_cleaned['ARRIVAL_DELAY']     =     flights_cleaned['ARRIVAL_DELAY'].    clip(lower=None,
upper=percentile_95)

# 设置绘图的大小
plt.figure(figsize=(16,12))

# 创建 14 个子图(每个航空公司一个)
for i,airline in enumerate(airlines,1):
```

```
plt.subplot(4,4,i)      #4 行，4 列，地块编号 'i'
delay_data = delay_by_airline[airline]
density = np.linspace(delay_data.min(),delay_data.max(),1000)
kernel = gaussian_kde(delay_data)
plt.plot(density,kernel(density))
plt.xlabel('Arrival Delay (minutes)')
plt.ylabel('Density')
plt.title(f'Kernel Density Plot for {airline} Airlines')


# 调整布局以更好地拟合子图
plt.tight_layout()


# 显示子图
plt.show()
```

运行结果如图 13-17 所示。

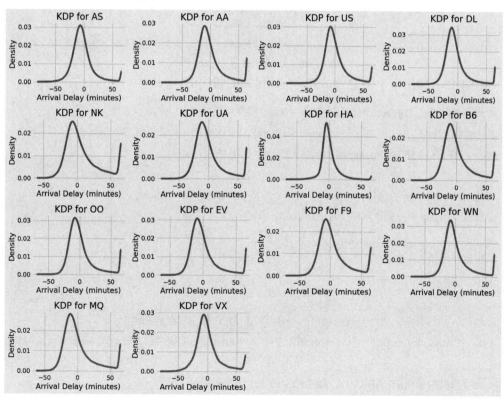

图 13-17　运行结果 15

例 13.12 中输出了每个航空公司的到达延误时间的核密度图，同时对到达延误时间进行缩尾处理，将极值限制在第 95 百分位以内。

读取核密度图一般分为这几个步骤：首先，观察核密度图的峰值，即数据在此数值附近较为密集。其次，观察曲线的波动情况，波动表示数据在不同数值处的变化，更高的波动意味着数据分布的变化更为剧烈。再次，注意观察曲线的整体位置和宽度，向右移动表示整体数据向较大的数值方向发展，而向左移动则相反；较宽的曲线表示数据分布较为分散，而较窄的曲线则表示数据分布较为集中。最后，观察曲线的形状，右尾拉长表示数据在较大数值处有较大的差异，而左尾拉长则相反。此外，如果核密度图存在多峰形态，则可能表示数据存在多个集中趋势或者代表不同的类别。

**5. 箱线图**

箱线图(Box Plot)是一种用于展示数据分布和离群值的统计图表。它提供了一种可视化数据集整体分布、集中趋势和异常情况值的方法。

箱线图通常包含这几个重要的统计信息：中位数、四分位数、上限、下限和离群值。

箱线图的具体计算方法：已知第 1 个四分位数(Q1)和第 3 个四分位数(Q3)。四分位数范围 IQR = Q3 - Q1，即上、下限的范围是 [Q1 - 1.5*IQR，Q3 + 1.5*IQR]。箱线图计算方法示意图效果如图 13-18 所示。

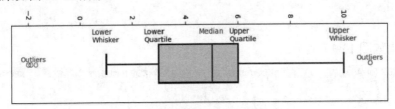

图 13-18　箱线图计算方法示意图

**例 13.13**　输出每个航空公司到达延误时间的箱线图，代码如下：

```python
# 将 ARRIVAL_DELAY 列转换为数字 (float) 类型并删除非 float 行
flight['ARRIVAL_DELAY'] = pd.to_numeric(flight['ARRIVAL_DELAY'],errors='coerce')
flights_cleaned = flight.dropna(subset=['ARRIVAL_DELAY'])


# 按 'AIRLINE' 对数据进行分组，并为每个组提取 'ARRIVAL_DELAY'
airlines = flights_cleaned['AIRLINE'].unique()


# 设置绘图的大小
plt.figure(figsize=(12,6))


# 创建一个列表来存储每个航空公司的 ARRIVAL_DELAY 数据
data = [flights_cleaned[flights_cleaned['AIRLINE'] == airline]['ARRIVAL_DELAY'] for airline in airlines]


# 为每家航空公司的 'ARRIVAL_DELAY' 创建一个箱线图
plt.boxplot(data)


plt.xticks(range(1,len(airlines) + 1),airlines,rotation=90)
plt.xlabel('Airline')
plt.ylabel('Arrival Delay (minutes)')
```

```
plt.title('Box Plot of Arrival Delay for Different Airlines')
plt.show()
```

运行结果如图 13-19 所示。

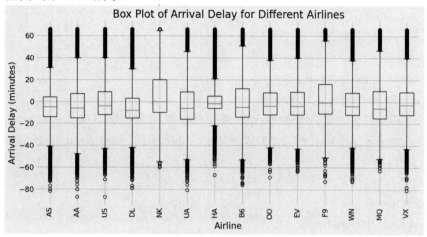

图 13-19　运行结果 16

### 13.3.2　复杂图形

本小节将介绍 Python 绘图的另一个常用包库 Seaborn。Seaborn 是一个基于 Matplotlib 的 Python 数据可视化库, 它提供了一系列高级接口和样式设置(包括对 Pandas Data Frame 直接操作), 使得绘制图形的过程更加简单和直观。与 Matplotlib 一样, Seaborn 供一系列简单的函数来绘制各种常见的统计图形, 如散点图、线性回归图、箱线图、直方图、核密度图等。Seaborn 集成了对 Pandas 数据框的直接支持, 因此可以无缝地与数据操作和分析进行结合。此外, Seaborn 提供了一系列预制配色方案和主题, 用户可以无缝地将绘图数据操作和分析进行结合, 生成令人满意的图表结果。

#### 1. 散点图

散点图(Scatter Plot)是数据科学和数据可视化中常用的一种图表类型, 用于展示两个数值型变量之间的关系。每个数据点在散点图上表示为一个点, 其中一个变量对应于 x 轴, 另一个变量对应于 y 轴。

**例 13.14**　绘制拥有最多出发航班的 5 个机场每个月的出发航班数量散点图, 代码如下:

```
import seaborn as sns

# 预处理数据集并筛选出出港航班
outbound_flights = flight[flight['ORIGIN_AIRPORT'].notna()]

# 按机场和月份分组, 并计算每个机场每月的出港航班总数
airport_monthly_flights                =                outbound_flights.groupby(['ORIGIN_AIRPORT',
'MONTH'])['MONTH'].count().reset_index(name='TOTAL_FLIGHTS')
```

```
#查找出港航班数量最多的前 5 个机场

top_5_airports                                                              =
airport_monthly_flights.groupby('ORIGIN_AIRPORT')['TOTAL_FLIGHTS'].sum().nlargest(5) .index


# 使用 Seaborn 创建散点图
plt.figure(figsize=(12, 6))
colors = sns.color_palette('pastel', len(top_5_airports))
for i, airport in enumerate(top_5_airports):
        data = airport_monthly_flights[airport_monthly_flights['ORIGIN_AIRPORT'] == airport]
        sns.scatterplot(data=data, x='MONTH', y='TOTAL_FLIGHTS', label=airport, color=colors[i], s=80,
edgecolor='k', linewidth=1)


plt.xlabel('Month')
plt.ylabel('Total Outbound Flights')
plt.title('Total Outbound Flights for Top 5 Airports by Month')
plt.legend(title='Airport', loc='upper left', bbox_to_anchor=(1, 1))
plt.xticks(range(1, 13), ['January', 'February', 'March', 'April', 'May', 'June', 'July', 'August', 'September',
'October', 'November', 'December'], rotation=45)
sns.despine()    # Remove top and right spines
plt.grid(axis='y', linestyle='--', alpha=0.7)
plt.tight_layout()


plt.show()
```

运行结果如图 13-20 所示。

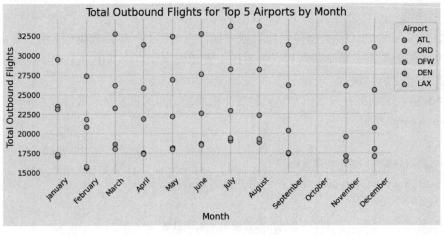

图 13-20　运行结果 17

例 13.14 中，使用 seaborn 对生成的图片进行了以下一系列增强：

(1) 使用'pastel'颜色主题增强可视化效果。

(2) 增加标记的大小以及为每个标记添加了黑色边缘，以提高背景下的可见度。

(3) 将图例移到图之外并为其添加标题。

(4) 删除了图的顶部和右侧的数据轴。

(5) 在 y 轴上添加网格线以提高可读性。

### 2. 气泡图

气泡图(Bubble Plot)是一种扩展的散点图，除了利用水平轴和垂直轴表示两个数值变量的关系外，还通过点的大小来表示第三个数值变量。此外，当数据点重叠较多时，气泡点的大小和颜色能够帮助人们对数据点进行聚类。通过使用气泡图，人们能够更好地发现数值变量之间的趋势和关联关系，从而进行数据分析，以便更深入地理解数据的分布情况。

绘制气泡图的方法与绘制散点图的方法类似，利用 Seaborn 提供的方法可以快速设置气泡的大小、颜色和透明度等参数，从而创建出美观且信息丰富的气泡图。

**例 13.15**　绘制拥有最多出发航班的 5 个机场每个月的出发航班数量气泡图，并用气泡的大小表示平均出发延误的时间，代码如下：

```
#预处理数据集并筛选出出港航班
outbound_flights = flight[flight['ORIGIN_AIRPORT'].notna()]


# 按机场和月份分组，计算每月出港航班总数和平均延误时间
airport_monthly_data = outbound_flights.groupby(['ORIGIN_AIRPORT', 'MONTH']).agg({
    MONTH': 'count',   #计算总出港航班数
    DEPARTURE_DELAY': lambda x: x.quantile(0.95)   # 95th percentile delay time
}).rename(columns={'MONTH':          'TOTAL_FLIGHTS',          'DEPARTURE_DELAY':
'DELAY_TIME'}).reset_index()


#查找出港航班数量最多的前 5 个机场
top_5_airports  =  airport_monthly_data.groupby('ORIGIN_AIRPORT')  ['TOTAL_FLIGHTS'].  sum().
nlargest(5).index


top_5_data = airport_monthly_data[airport_monthly_data['ORIGIN_AIRPORT'].isin(top_5_airports)]


#使用 Seaborn 创建气泡图
plt.figure(figsize=(10, 5))


sns.set(style="whitegrid", font_scale=1.2)


sns.scatterplot(data=top_5_data, x = 'MONTH', y = 'TOTAL_FLIGHTS', size = 'DELAY_TIME', hue =
'ORIGIN_AIRPORT', sizes=(50, 400), alpha=0.7, palette='Set1')
```

```
plt.xlabel('Month', fontsize=14)
plt.ylabel('Total Outbound Flights', fontsize=14)
plt.title('Bubble Plot: Outbound Flights vs. Average Delay Time for Top 5 Airports', fontsize=16)

#自定义图例，包括位置、大小
plt.legend(title='Airport', loc='upper left', bbox_to_anchor=(1, 1), fontsize=12, title_fontsize=14)

#移除轴线并设置背景颜色
sns.despine()
plt.gca().set_facecolor('#f0f0f0')
plt.grid(axis='y', linestyle='--', alpha=0.7)

plt.show()
```

运行结果如图 13-21 所示。

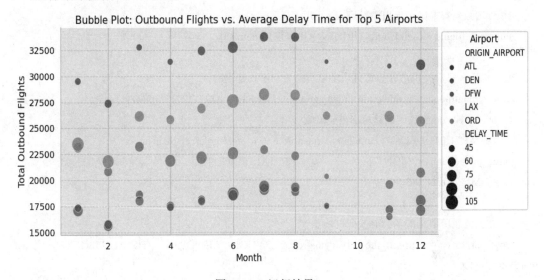

图 13-21　运行结果 18

图 13-21 不但可以分享不同月份每个机场的出港航班数，也可以对比分析每个月航班的平均延误分钟数，值得注意的是 10 月的数据是缺失的，即原数据中 10 月航班始发机场的名称并不是标准 IATA CODE 格式的。

**3. 相关图/热力图**

相关图(Correlation Plot)或热力图(Heatmap)通常由一系列彩色方块组成，方块颜色的强度表示变量之间关系的强度。相关图和热力图特别适用于展示数据集中不同变量之间的相关性。相关性用于衡量两个变量之间的关联程度或共同变化趋势。当数据维度较多时，通过观察不同颜色的方块，可以直观快速地了解哪些变量之间存在高度相关性，以及是否有群组之间的相似性或差异性。

以下示例先根据经验选择出一组有高度相关性的数据，此处选择"DEPARTURE_

DELAY"与"ARRIVAL_DELAY"。使用 corr()函数计算两者之间的相关性。其输出结果将是一个相关系数值,表示两个变量之间线性关系的强度和方向。相关系数的范围为 −1 到 1,其中 −1 表示完全负相关,1 表示完全正相关,0 表示没有线性相关。正相关意味着随着一个变量的增加,另一个变量也趋于增加;而负相关意味着随着一个变量的增加,另一个变量趋于减少。相关值接近 0 表明两个变量之间几乎没有线性关系。示例代码如下:

```
#计算 'DEPARTURE_DELAY' 与 'ARRIVAL_DELAY' 之间的相关性
correlation = flight['DEPARTURE_DELAY'].corr(flight['ARRIVAL_DELAY'])

print("Correlation between DEPARTURE_DELAY and ARRIVAL_DELAY:", correlation)
```

运行结果如下:

```
Correlation between DEPARTURE_DELAY and ARRIVAL_DELAY: 0.9446715126397172
```

根据输出的结果可知,二者间的相关系数为 0.94,接近 1,为正相关。

**例 13.16** 使用 Seaborn 绘制相关图,代码如下:

```
# 过滤掉非数字列并删除具有缺失值的行
numerical_attributes = flight.select_dtypes(include='number').dropna()

# 删除与相关性分析无关的指定属性
attributes_to_remove = ['YEAR', 'DAY', 'DIVERTED', 'CANCELLED', 'FLIGHT_NUMBER',
                'AIR_SYSTEM_DELAY', 'SECURITY_DELAY', 'AIRLINE_DELAY',
                'LATE_AIRCRAFT_DELAY', 'WEATHER_DELAY']

numerical_attributes = numerical_attributes.drop(columns=attributes_to_remove)

# 计算相关矩阵
correlation_matrix = numerical_attributes.corr()

plt.figure(figsize=(10,8))
# 使用 Seaborn 自定义绘图样式
sns.set(font_scale=0.8)
sns.heatmap(correlation_matrix,cmap='coolwarm',annot=False,linewidths=0.5,fmt=".2f")

# 添加标题并调整绘图布局
plt.title('Correlation Matrix Plot - Flights Dataset (Numeric Attributes)')
plt.tight_layout()

plt.show()
```

运行结果如图 13-22 所示。

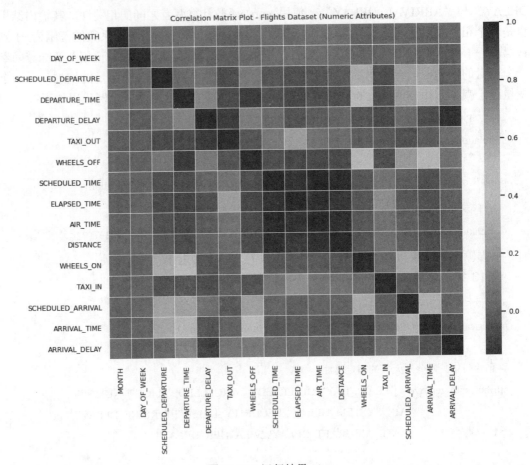

图 13-22    运行结果 19

根据相关图，可以快速发现其他几组存在高度正相关的属性对，如 WHEELS_OFF 和 DEPARTURE_TIME 等。

此外，热力图也可以将大量数据以直观的方式呈现，以帮助用户快速了解数据的整体分布情况。颜色深浅表示数据的高低，用于凸显数据中的规律和异常值。

**例 13.17**    使用 Seaborn 绘制热力图，代码如下：

```
# 创建一个字典以将 IATA_CODE 映射到 STATE
iata_to_state = airprt.set_index('IATA_CODE')['STATE'].to_dict()

# 将 ORIGIN_AIRPORT 和 DESTINATION_AIRPORT IATA_CODE 映射到 STATE
flight['ORIGIN_STATE'] = flight['ORIGIN_AIRPORT'].map(iata_to_state)
flight['DESTINATION_STATE'] = flight['DESTINATION_AIRPORT'].map(iata_to_state)

# 从数据集中采集 15 种随机状态
sampled_states = flight['ORIGIN_STATE'].dropna().sample(15).unique()

# 仅过滤具有不同 ORIGIN_AIRPORT 和 DESTINATION_AIRPORT 的采样状态的航班数据
```

sampled_flights = flight[flight['ORIGIN_STATE'].isin(sampled_states) & flight['DESTINATION_STATE'].isin(sampled_states) & (flight['ORIGIN_STATE'] != flight['DESTINATION_STATE'])]

```
# 计算采样状态之间的 flight 出现的次数
flight_counts     =     sampled_flights.groupby     (['ORIGIN_STATE',     'DESTINATION_STATE']).size().unstack(fill_value=0)
```

```
# 创建热力图
plt.figure(figsize=(10,8))
```

```
# 自定义热力图样式和颜色映射
sns.set(font_scale=1.2)
sns.heatmap(flight_counts,cmap='Blues',annot=True,fmt='d',linewidths=0.5)
```

```
# 添加标题并调整布局
plt.title('Flight Counts Heatmap between Sampled States')
plt.tight_layout()
```

```
# 显示热力图
plt.show()
```

运行结果如图 13-23 所示：

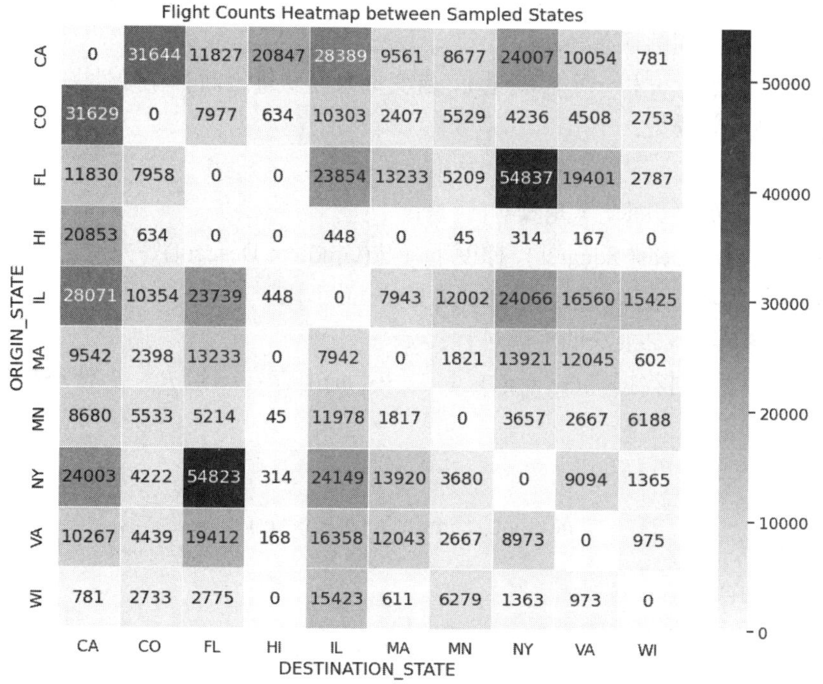

图 13-23　运行结果 20

例 13.17 的代码通过分组和计数操作，统计了 10 个随机选择的州之间的航班数量，绘制的热力图可以直观地展示每个州之间的航班数量(颜色的深浅表示航班数量的多少)，以便进一步分析航班分布和交通流量。

# 13.4    数据科学模型

本节介绍一个新的 Python 包 scikit-learn。scikit-learn 是一个流行的 Python 开源机器学习库。scikit-learn 与 NumPy 数组和 Pandas DataFrame 无缝集成，可以轻松地与现有数据科学生态系统配合使用。

scikit-learn 库提供了支持回归、分类、聚类、降维等一系列任务的机器学习算法，具体包括线性回归、逻辑回归、决策树、随机森林、支持向量机(SVM)、K 最近邻(KNN)和高斯朴素贝叶斯等。用户可以轻松使用这些机器学习算法并在不同算法之间切换而无须学习每种算法的新语法。scikit-learn 库还包含用于评估机器学习模型性能的各种指标，例如准确性、精度、召回率、F1 分数、ROC 曲线等。此外，它还支持交叉验证等技术，用于评估模型泛化和防止过度拟合。

## 13.4.1    线性回归

线性回归是数据科学和机器学习中最简单、最常用的回归方法之一，主要用于预测一个或多个自变量与因变量之间的线性关系。线性回归的优化目标是找到一个最佳超平面使得预测值与真实值之间的误差最小。

假设有一个自变量 $x$ 和一个因变量 $y$，自变量与因变量之间存在线性关系，可以用直线方程来描述线性回归模型：

$$y = \beta_0 + \beta_1 x + \varepsilon$$

其中，$\beta_0$ 是截距，$\beta_1$ 是斜率，$\varepsilon$ 是噪声(误差)。

通过最小二乘法(Least Squares)、梯度下降法(Gradient Descent)等方法选取最优的 $\beta_0$、$\beta_1$ 值来使预测值与实际值之间的误差(Squared Error)最小化。

下面回顾一下最小二乘法的求解过程：

(1) 假设在一系列数据点 $(x_i, y_i)(i = 1, 2, \cdots, m)$ 中存在一组 $\beta_0$、$\beta_1$ 使得残差平方 $r$ 和最小。

(2) 用公式表达：

$$h(x) \text{ s.t.} \qquad \min \sum_{i=1}^{m} (h(x_i) - y_i)^2$$

(3) 令损失函数为

$$L(\beta) = \sum_{i=1}^{m} (\beta_0 + \beta_1 x_i - y_i)^2$$

(4) 求 $L(\beta)$ 的最小值，可以对 $\beta_0$、$\beta_1$ 求偏导数：

$$\frac{\partial L}{\partial \beta_0} = 2\sum_{i=1}^{m}(\beta_0 + \beta_1 x_i - y_i) = 0$$

$$\frac{\partial L}{\partial \beta_1} = 2\sum_{i=1}^{m}(\beta_0 + \beta_1 x_i - y_i)x_i = 0$$

求解方程组可以得到 $\beta_0$、$\beta_1$ 的值。

**例 13.18** 使用 sklearn 库实现线性回归模型。

在 flights 数据集中，选择 DISTANCE 作为自变量(X)，ARRIVAL_DELAY 作为因变量 (y)；然后将数据集分为训练集和测试集，并使用训练集拟合线性回归模型。本例的具体实现代码如下：

```python
from sklearn.linear_model import LinearRegression
from sklearn.model_selection import train_test_split


delay_data.dropna(subset=['ARRIVAL_DELAY'], inplace=True)


#选择特征(自变量)和目标变量(因变量)
X = delay_data[['DISTANCE']]    # Independent variable: Distance of the flight
y = delay_data ['ARRIVAL_DELAY']# Dependent variable: Arrival delay


#将数据集拆分为训练集和测试集
X_train, X_test, y_train, y_test = train_test_split(X, y, test_size=0.2, random_state=42)


#创建并拟合线性回归模型
model = LinearRegression()
model.fit(X_train, y_train)


#在测试集上进行预测
y_pred = model.predict(X_test)
```

在对生成的模型进行评估的环节中，引入一个新的参数 R-squared(coefficient of determination)，R-squared 是一种统计度量，可用来检查回归模型预测数据与实际数据的拟合程度。R-squared 的计算方法如下：

$$R^2 = 1 - \frac{\sum(\hat{y}_i - y_i)^2}{\sum(\overline{y_i} - y_i)^2}$$

```python
#评估模型
from sklearn.metrics import mean_squared_error, r2_score
mse = mean_squared_error(y_test, y_pred)   # Calculate mean squared error
r2 = r2_score(y_test, y_pred)   # Calculate R-squared value
```

```
#输出评估指标
print("Mean Squared Error:", mse)
print("R-squared:", r2)
```

运行结果如下：

```
Mean Squared Error: 1526.2675319993773
R-squared: 0.000636599561240625
```

R-squared 的范围为 0 到 1。R-squared 越接近 0 说明模型无法解释因变量，即无法拟合数据；越接近 1 说明模型可以完美解释因变量。但高 R-squared 值并不一定代表模型优秀，可能出现了过拟合的情况。

当一般线性回归无法拟合数据时，可以使用多项式回归，作为线性回归的一种扩展，它允许对数据中的非线性关系建模。在多项式回归中，将自变量的高次幂作为新的特征，从而使模型能够拟合非线性数据。多项式回归的数学公式如下：

$$y = \beta_0 + \beta_1 x + \beta_2 x^2 + \beta_3 x^3 + \cdots + \beta_n x^n + \varepsilon$$

其中 $\beta_0$, $\beta_1$, $\beta_2$, $\cdots$, $\beta_n$ 是回归系数，$\varepsilon$ 是随机误差向量。通过这种方式，可以利用多项式回归模型来拟合更加复杂的数据模式，从而更准确地预测因变量 $y$。在例 13.18 中加入一个新的属性"DEPARTURE_DELAY"，具体代码如下：

```
delay_data = flight[['DEPARTURE_DELAY', 'DISTANCE', 'ARRIVAL_DELAY']].copy()
delay_data.dropna(subset=['ARRIVAL_DELAY'], inplace=True)


#选择特征(自变量)和目标变量(因变量)
X = delay_data[['DEPARTURE_DELAY', 'DISTANCE']]   #自变量：航班的起飞延误时间和飞行距离
y = delay_data['ARRIVAL_DELAY']     #因变量：航班的到达延误时间


#将数据集拆分为训练集和测试集
X_train, X_test, y_train, y_test = train_test_split(X, y, test_size=0.2, random_state=42)


#多项式回归
degree = 3   #设置多项式的阶数
poly = PolynomialFeatures(degree=degree)
#对数据集进行特征变换，生成包含多项式的新特征矩阵
X_train_poly = poly.fit_transform(X_train)
X_test_poly = poly.transform(X_test)


model = LinearRegression()
model.fit(X_train_poly, y_train)


#在测试集上进行预测
```

```
y_pred = model.predict(X_test_poly)

#评估模型
mse = mean_squared_error(y_test, y_pred)
r2 = r2_score(y_test, y_pred)

print("Mean Squared Error:", mse)
print("R-squared:", r2)

#绘制回归曲线
plt.scatter(y_test, y_pred, color='blue', label='Predicted Data')
plt.plot(y_test, y_test, color='red', label='Actual Line')
plt.xlabel('Actual Arrival Delay')
plt.ylabel('Predicted Arrival Delay')
plt.title('Nonlinear Regression using Polynomial Features (Degree 3)')
plt.legend()
plt.show()
```

运行结果如下：

Mean Squared Error: 162.17595872772662
R-squared: 0.8943509102200302

使用 sklearn 库实现的线性回归模型如图 13-24 所示。

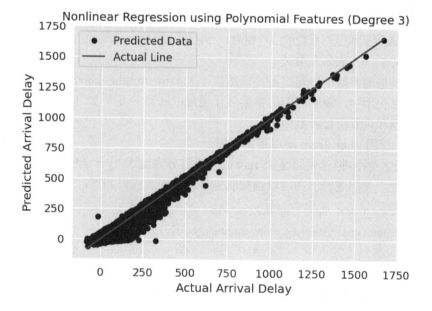

图 13-24　线性回归模型

在多项式回归中，可以通过调整多项式的次数来平衡拟合的灵活性和过拟合的风险。

线性回归适用于连续型数值预测问题，例如股票指数、气温预测和预期年龄等。在实际操作过程中线性回归可能会受到数据的噪声、共线性和非线性关系等问题的影响。

### 13.4.2 非线性回归

当自变量和因变量之间的关系不是简单的直线关系时，线性回归并不能有效地拟合此类含有复杂关系的数据，此时应考虑使用非线性回归进行回归分析。

在非线性回归中，目标是找到一个函数形式，使其能够最好地拟合数据。通常，非线性回归模型可以用以下形式表示：

$$y = f(x, \beta) + \varepsilon$$

其中，$f(x, \beta)$ 是非线性函数，用于描述自变量与因变量之间的关系。且非线性函数可以采取许多不同的形式，包括凹、凸、指数函数等。在一般情况下，需要根据现有知识或者对数据的初步分析设置一个假设的非线性回归函数。另外，对于非线性方程，在确定每个预测变量对响应的影响时可能不如线性方程那样直观。

在数据分析、模式识别、机器学习等领域，非线性回归可以用于建立更准确的模型，捕捉数据中的复杂关系，从而提高预测和拟合的准确性。

### 13.4.3 逻辑回归

逻辑回归是二元分类问题的一种基本且广泛使用的算法，其目标是预测观察值是否属于二分类中的某一个类别。其主要方法是引入一个逻辑函数(sigmoid 函数)，将连续数值映射到(0, 1)之间。逻辑函数由下式给出：

$$\sigma(x) = \frac{1}{1 + e^{-x}}$$

其中，$x$ 表示输入特征和模型系数的线性组合。它将连续的 logit 值转换为概率，其中 $\sigma(x) \geqslant 0.5$ 表示正分类，$\sigma(x) < 0.5$ 表示负分类。

逻辑回归模型的参数一般通过最大似然估计(Maximum Likelihood Estimation)的方法进行求解。在实际应用中，逻辑回归的参数估计通常由机器学习库(如 scikit-learn)自动完成，只需要提供数据和设置模型参数即可。

例 13.19    使用 scikit-learn 实现逻辑回归。

在 flight 数据集中，把延误超过 15 min 的航班划分为延误，小于 15 min 的设为非延误，选择适当的属性，使用逻辑回归可以预测航班是否延误，代码如下：

```
from sklearn.linear_model import LogisticRegression
from sklearn.metrics import accuracy_score, confusion_matrix


# 第 1 步：添加 DELAY 列
flight['DELAY'] = flight['ARRIVAL_DELAY'].apply(lambda x:1 if x > 15 else 0)


# 第 2 步：创建 sub dataframe
```

```
sub_df = flight[['MONTH','DAY', 'SCHEDULED_DEPARTURE', 'DEPARTURE_DELAY',
'SCHEDULED_ARRIVAL', 'DIVERTED', 'CANCELLED', 'AIR_SYSTEM_DELAY', 'SECURITY_DELAY',
'AIRLINE_DELAY', 'LATE_AIRCRAFT_DELAY', 'WEATHER_DELAY', 'DELAY']]

sub_df = sub_df.dropna()

X = sub_df.drop('DELAY',axis=1)
y = sub_df['DELAY']

# 将数据拆分为训练集和测试集
X_train,X_test,y_train,y_test = train_test_split(X,y,test_size=0.2,random_state=42)

# 创建并拟合 logistic 回归模型
model = LogisticRegression()
model.fit(X_train,y_train)

y_pred = model.predict(X_test)

# 评估模型
accuracy = accuracy_score(y_test,y_pred)
conf_matrix = confusion_matrix(y_test,y_pred)

print("Accuracy:",accuracy)
print("Confusion Matrix:")
print(conf_matrix)
```

运行结果如下：

```
Accuracy: 0.9627482509591514
Confusion Matrix:
[[   290   7706]
 [   217 204475]]
```

可以看到逻辑回归模型在测试数据集上可以取得 96%的正确率。

逻辑回归的主要优点之一是其简单性和可解释性。模型的系数可以深入了解每个特征在确定分类结果方面的相对重要性。此外，逻辑回归可以处理特征与目标变量之间的线性和非线性关系，使其成为许多分类任务的通用工具。

逻辑回归在各个领域都有广泛的应用，包括医疗保健(例如疾病诊断)、金融(例如信用风险评估)、营销(例如客户流失预测)和自然语言处理(例如情感分析)。它是机器学习领域的基本构建块，通常用作比较更复杂模型性能的基准。

### 13.4.4  K 近邻

在分类问题当中，另一种常见的算法是 K 最近邻(K-Nearest Neighbors)，其基本思想是根据样本之间的相似性，将待预测的样本归类到与其最相似的 *K* 个邻居中。

**例 13.20**  基于 KNN 算法进行彩球分类。

有一个彩球数据集，前两列分别是亮度和饱和度，第 3 列声明了彩球的颜色类别为红色或蓝色，如表 13-2 所示。

表 13-2  原始彩球数据集

| 亮度 | 饱和度 | 颜色类别 |
|---|---|---|
| 40 | 20 | Red |
| 50 | 50 | Blue |
| 60 | 90 | Blue |
| 10 | 25 | Red |
| 70 | 70 | Blue |
| 60 | 10 | Red |
| 25 | 80 | Blue |

若想知道当亮度为 20，饱和度为 35 时，球的颜色应该是什么，则可以采用 KNN 算法进行分类，该算法的流程如下：

(1) 计算距离：对于待预测的样本，首先计算它与训练集中每个样本之间的距离。距离可以使用不同的度量方法，如欧氏距离、曼哈顿距离等。本示例选择欧氏距离这种度量方法来计算距离：$\sqrt{(x_i - x_0)^2 + (y_i - y_0)^2}$，其中 $(x_i, y_i)$ 是数据集中已经存在的亮度、饱和度数据，$(x_0, y_0)$ 是待预测数据。

在表 13-2 中更新一列，将距离填入，如表 13-3 所示。

表 13-3  增加距离列的彩球数据集

| 亮度 | 饱和度 | 颜色类别 | 距离 |
|---|---|---|---|
| 40 | 20 | Red | 25 |
| 50 | 50 | Blue | 33.54 |
| 60 | 90 | Blue | 68.01 |
| 10 | 25 | Red | 10 |
| 70 | 70 | Blue | 61.03 |
| 60 | 10 | Red | 47.17 |
| 25 | 80 | Blue | 45 |

(2) 选取 *K* 值：选择与待预测样本最近的 *K* 个邻居。本示例选择 *K* = 3，即找出最邻近的 3 个邻居，如表 13-4 所示。

表 13-4 彩球数据集(与待预测样本最近的 *K* 个邻居)

| 亮度 | 饱和度 | 颜色类别 | 距离 |
|------|--------|----------|------|
| 10 | 25 | Red | 10 |
| 40 | 20 | Red | 25 |
| 50 | 50 | Blue | 33.54 |

注意: *K* 值的选择会影响模型的性能,通常通过交叉验证等方法来选择最优的 *K* 值。

(3) 进行预测: 在 *K* 个最近邻居中,采用多数表决法来确定待预测样本的类别。本示例中有两个邻居是红色,一个是蓝色,那么需要预测的球应该为红色。

继续前一小节的示例,继续使用清理后的数据集,使用 KNN 模型预测航班是否延误到达,示例代码如下:

```
from sklearn.neighbors import KNeighborsClassifier

#执行 KNN 算法来预测'DELAY'
knn = KNeighborsClassifier(n_neighbors=3)   # Use K=3 as an example
knn.fit(X_train, y_train)

y_pred = knn.predict(X_test)

#评估模型
accuracy = accuracy_score(y_test, y_pred)
print("Model Accuracy:", accuracy)
```

运行结果如下:

```
Model Accuracy: 0.9568099751749041
```

与其他分类模型相比,KNN 算法更加简单直观,易于理解和实现。同时,KNN 不需要显式地进行模型训练,只需保存训练集即可。并且 KNN 对数据分布没有特定要求,可以处理非线性和复杂的关系。但是当数据集较多时,KNN 算法的计算复杂度会较高,且不能保证出现平滑的边界。在日常使用中,需要注意 *K* 值的选择会影响模型的性能,通常需要通过交叉验证等方法来选择最优的 *K* 值。

## 13.4.5 朴素贝叶斯

朴素贝叶斯(Naive Bayes)是一种广泛使用的分类算法。在贝叶斯定理中,需要利用已知的先验概率和新的观测数据来更新和计算后验概率。其计算公式可以表示如下:

$$P(A|B) = \frac{P(B|A) \cdot P(A)}{P(B)}$$

其中: $P(A|B)$ 是在 $B$ 发生的情况下 $A$ 发生的概率; $P(B|A)$ 是在 $A$ 发生的情况下 $B$ 发生的概率。朴素贝叶斯和贝叶斯的关系是: 朴素贝叶斯基于贝叶斯定理,且假设特征之间的条件独立性。该算法广泛应用于文本分类、垃圾邮件过滤和推荐系统等领域。

**例 13.21**    使用朴素贝叶斯进行垃圾邮件过滤。

假设在邮件中选取 4 个关键词(优惠、中奖、产品和会议)并进行统计,含有关键词的值为 1,否则为 0,得到表 13-5。

**表 13-5    垃圾邮件关键词统计**

| 关 键 词 | | | | 垃圾邮件 |
| --- | --- | --- | --- | --- |
| 优惠 | 中奖 | 产品 | 会议 | (1 表示是,0 表示否) |
| 1 | 1 | 0 | 0 | 1 |
| 0 | 1 | 0 | 0 | 1 |
| 0 | 1 | 1 | 0 | 1 |
| 0 | 0 | 0 | 1 | 0 |
| 0 | 0 | 0 | 1 | 0 |
| 0 | 0 | 0 | 1 | 0 |
| 0 | 0 | 1 | 0 | 0 |
| 1 | 0 | 0 | 0 | 1 |
| 0 | 1 | 1 | 1 | 0 |
| 0 | 0 | 1 | 1 | 0 |

首先,需要计算每个类别的先验概率 $P$(垃圾邮件)和 $P$(非垃圾邮件)。在这个示例中,共有 4 封垃圾邮件和 5 封非垃圾邮件,所以先验概率分别为 $P$(垃圾邮件) = 0.4 $P$(非垃圾邮件) = 0.6。

然后,需要计算每个关键词 $X_i$ 在各个类别 $Y$ 下的条件概率 $P(X_i|Y)$,结果如表 13-6 所示。

**表 13-6    关键词 $X_i$ 在各个类别 $Y$ 下的条件概率**

| $X_i$ | $P(X_i|1)$ | $P(X_i|0)$ |
| --- | --- | --- |
| 优惠 | 2/4 | 0/6 |
| 中奖 | 4/4 | 1/6 |
| 产品 | 1/4 | 4/6 |
| 会议 | 0/4 | 5/6 |

最后,可以使用贝叶斯定理来预测新的邮件是否为垃圾邮件。

假设新邮件包含"优惠"和"会议"两个关键词,可以得到以下公式:

$P$(垃圾邮件|优惠,会议) = ($P$(优惠|垃圾邮件)·$P$(会议|垃圾邮件)·$P$(垃圾邮件)) / ($P$(优惠|垃圾邮件)·$P$(会议|垃圾邮件)·$P$(垃圾邮件) + $P$(优惠|非垃圾邮件)·$P$(会议|非垃圾邮件)·$P$(非垃圾邮件))

$$P(1\,|\,优惠,会议) = \frac{P(优惠\,|\,1)\cdot P(会议\,|\,1)\cdot P(1)}{P(优惠\,|\,1)\cdot P(会议\,|\,1)\cdot P(1) + P(优惠\,|\,0)\cdot P(会议\,|\,0)\cdot P(0)} = 0$$

经计算包含"优惠"和"会议"两个关键词的新邮件被预测为非垃圾邮件的概率接近于 0,即非常不可能是垃圾邮件。

由此来看，朴素贝叶斯算法是一种简单高效的分类算法，并且在小样本数据上表现较好，同时朴素贝叶斯算法提供了明确的概率解释，使得分类结果更易于理解和解释。

继续使用上一小节的数据集，用朴素贝叶斯算法来预测飞机延误的概率，示例代码如下：

```
from sklearn.naive_bayes import GaussianNB
#创建朴素贝叶斯模型，并将其拟合到训练数据
nb = GaussianNB()
nb.fit(X_train, y_train)
y_pred = nb.predict(X_test)

#评估模型
accuracy = accuracy_score(y_test, y_pred)
print("Naive Bayes Accuracy:", accuracy)
```

运行结果如下：

```
Naive Bayes Accuracy: 0.650144813059505
```

与前面几小节的方法相比，朴素贝叶斯算法并没有取得较高的准确率。这是因为朴素贝叶斯算法假设所有特征之间相互独立，这在数据中并不一定成立。同时当某个特征在训练数据中没有出现的情况下，计算条件概率时会得到零概率，从而导致预测结果不准确。

## 13.4.6  决策树

决策树是一种常用的分类和回归算法，它是一种基于树状结构的模型，通过对特征进行分割，构建一系列决策规则，从而对数据进行预测或分类。本小节主要介绍 ID3 (Iterative Dichotomiser 3)算法，即使用信息增益来选择特征和分割。

在介绍信息增益前介绍一下信息熵(Entropy)的概念，信息熵由香农提出，指信息中排除了冗余后的平均信息量。其公式如下：

$$H(X) = -\sum_{i=1}^{n} P(x_i) \log P(x_i)$$

其中，$P(x_i)$表示第 $i$ 类样本在数据集中的比例。信息熵越小，所附带的信息更加准确。

信息增益的计算依赖于信息熵，它主要用来度量数据集纯度。例如，在对数据集的特征 $A$ 进行划分后，可以利用以下公式计算信息增益：

$$IG(D, A) = H(D) - \sum_{i=1}^{n} \left( \frac{|D_i|}{|D|} \right) \cdot H(D_i)$$

其中，$|D|$ 和 $|D_i|$ 分别表示总样本数和子数据集 $D_i$ 的样本数，$H(D_i)$表示子数据集 $D_i$ 的信息熵。信息增益越大，表明使用特征 $A$ 进行数据划分能够显著提高子数据集的纯度，并能更好地拟合数据。

这里使用上一小节的垃圾邮件数据(见表 13-5)，实现代码如下：

```
from sklearn.tree import DecisionTreeClassifier
```

```
# 创建决策树模型
model = DecisionTreeClassifier()


# 根据训练数据拟合模型
model.fit(X_train,y_train)
y_pred = model.predict(X_test)


# 计算模型的准确率
accuracy = accuracy_score(y_test,y_pred)
print("Accuracy:",accuracy)
```

运行结果如下：

```
Accuracy: 0.9992571278116302
```

接着可视化决策树模型，代码如下：

```
# Draw the Decision Tree
from sklearn.tree import plot_tree


plt.figure(figsize=(15, 10))
plot_tree(model, feature_names=X.columns.tolist(), class_names=['Not Delayed', 'Delayed'], filled=True,
rounded=True)
plt.show()
```

运行结果如图 13-25 所示。

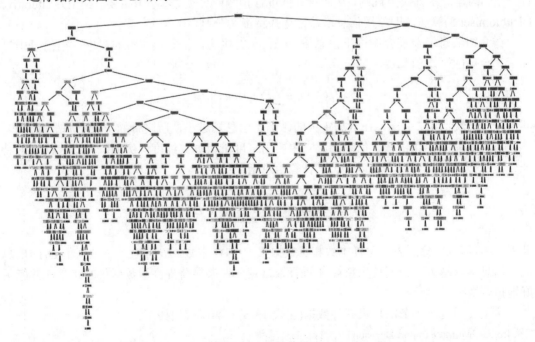

图 13-25　运行结果 21

放大前二层决策树,如图 13-26 所示。

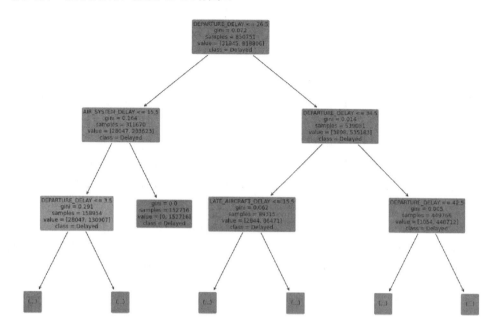

图 13-26   决策树(前 2 层)示意图

由图 13-26 可知,决策树的根节点是 DEPARTURE_DELAY,分裂依据是出发延误时间是否超过 26.5 分钟。通过可视化决策树模型,可以向用户提供清晰的决策路径,且易于理解和解释。但是也要注意,决策树容易生成复杂的模型,对训练数据过拟合。

现在将决策树的层数限制为 3,输出结果如图 13-27 所示。

```
#设置 max_depth 参数,以控制决策树的最大深度
model = DecisionTreeClassifier(max_depth=3)
```

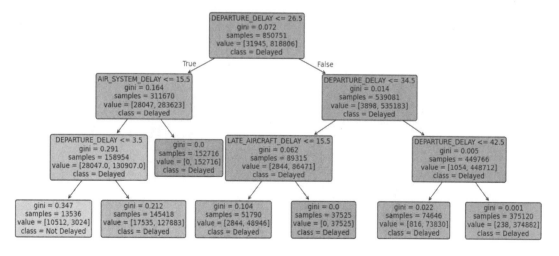

图 13-27   决策树(前 3 层)示意图

由图 13-27 可知,当决策树层数为 3 时,依旧能取得超过 96%的正确率。

# 习　　题

数据分析项目的一般流程包括：① 定义问题，明确项目的目标和问题；② 数据收集，获取训练数据以及测试数据；③ 数据清洗和预处理，处理缺失值、处理异常值、数据标准化等；④ 探索性数据分析，了解数据的特征、分布、相关性等；⑤ 特征工程，对原始数据进行特征构造、选择和变换，通过提取或组合有效信息来优化特征表达，从而提升模型的泛化能力和预测精度；⑥ 模型选择和建立，建立模型并进行训练和验证；⑦ 模型评估，评估模型的性能和预测能力；⑧ 结果解释和可视化。

参考这个流程(可根据具体情况和需求调整)，灵活运用数据科学和机器学习的技术和方法，建立模型完成泰坦尼克号的生存预测，即可以使用所训练的模型来预测乘客是否在泰坦尼克号沉没后幸存下来。训练集、测试集数据来源于 https://www.kaggle.com/c/titanic/data。

# 第 14 章 机 器 学 习

## 14.1 机器学习简介

机器学习是人工智能(Artificial Intelligence，AI)的一个重要分支领域，致力于研究如何通过计算机系统从数据中学习并自动改进性能，而无须明确地编程。机器学习利用数学、统计学和计算机科学等多个领域的理论和技术，让计算机能够利用数据进行自动化学习和模式识别，从而实现各种复杂的任务和预测。

深度学习作为机器学习的子领域，可以追溯到 20 世纪 50 年代。然而，由于计算资源和数据量的限制，该领域在接下来的几十年中并没有取得显著进展。随着图形处理器(GPU)计算能力的不断提升、大规模数据集的出现以及深度学习算法的不断改进，深度学习开始崛起。

目前，深度学习已经成为推动人工智能领域发展的重要子领域之一。深度学习为图像识别、自然语言处理、生物医药等领域带来了突破性进展。随着硬件技术和深度学习算法的不断进步，深度学习的发展前景仍然十分广阔。

## 14.2 构建开发环境

本节将简要介绍 PyTorch 作为深度学习框架的特点和优势，并具体说明如何在 Anaconda 软件中创建虚拟环境并安装 PyTorch。

### 14.2.1 PyTorch 简介

截至 2024 年 5 月，PyTorch 作为一种强大的深度学习框架，凭借其灵活性与易用性深受机器学习开发者和数据科学家青睐，如图 14-1 所示。

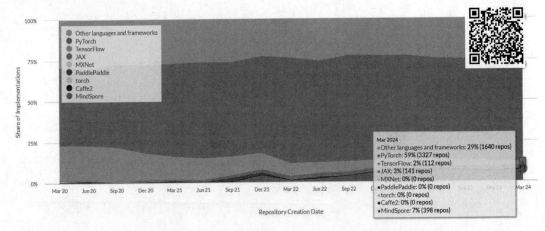

图 14-1    常用深度学习框架占比趋势(Paper With Code 网站)

PyTorch 作为基于 Python 的深度学习框架，主要用于深度学习与机器学习任务。该框架将 Torch 中高效而灵活的 GPU 加速后端库与直观的 Python 前端相结合。相比于其他框架，PyTorch 的框架更加简洁，易于理解，这使得开发人员能够专注于快速原型设计和小型项目开发。

PyTorch 的核心数据结构是张量，类似于 NumPy 数组。张量可以是标量、向量、矩阵或任意维度的数组，它们支持各种数学运算。PyTorch 的关键工作原理包括动态计算图、自动求导、模块化设计以及 GPU 加速。具体来说，PyTorch 使用动态计算图来表示模型的计算过程。与 TensorFlow 等框架不同，PyTorch 的计算图是动态构建的，这意味着在运行时可以根据需要更改计算图的结构，这为模型设计和调试提供了更大的灵活性。

PyTorch 提供了自动求导的功能。在张量上进行操作时，PyTorch 会自动构建计算图，并且可以通过反向传播算法计算梯度。PyTorch 采用模块化设计，将模型定义为一系列可重复使用的模块。用户可以自定义模块，并将它们组合成复杂的模型。PyTorch 支持在 GPU 上进行张量计算，利用 GPU 的并行计算能力加速模型训练过程。通过简单的 API 调用，可以将张量移动到 GPU 上进行计算。

总地来说，PyTorch 提供了一个灵活且强大的框架，使得研究人员和开发者能够轻松地构建、训练和部署深度学习模型。

## 14.2.2    PyTorch 的安装

Anaconda 软件凭借其出色的安装包管理能力深受开发者的喜爱，本小节将在 Anaconda 软件中创建虚拟环境并安装 PyTorch。

### 1. 创建虚拟环境

在机器学习中，开发者需要创建不同版本的虚拟环境来满足项目的需求。快速创建虚拟环境的命令如下：

【原句】

```
conda create -n ENV_NAME python==PYTHON_VERSION
```

【注解】

ENV_NAME：创建的虚拟环境名称

PYTHON_VERSION：创建环境所使用的 Python 版本

【示例】

conda create -n Textile python==3.8

在 Anaconda Prompt 中输入上述命令创建环境，创建流程如图 14-2 所示。在确认需要安装的安装包之后，依据命令行提示完成虚拟环境创建。

```
(base) C:\Users\StartsYu>conda create -n Textile python==3.8
Retrieving notices: ...working... done
Collecting package metadata (current_repodata.json): done
Solving environment: failed with repodata from current_repodata.json, will retry with next repodata source.
Collecting package metadata (repodata.json): done
Solving environment: done

## Package Plan ##

  environment location: C:\Users\StartsYu\.conda\envs\Textile

  added / updated specs:
    - python==3.8

The following packages will be downloaded:

    package                    |            build
    ---------------------------|-----------------
    ca-certificates-2024.3.11  |       haa95532_0         128 KB  defaults
    openssl-1.1.1w             |       h2bbff1b_0         5.5 MB  defaults
    pip-24.0                   |   py38haa95532_0         2.8 MB  defaults
    python-3.8.0               |       hff0d562_2        15.9 MB  defaults
    setuptools-69.5.1          |   py38haa95532_0        1003 KB  defaults
    sqlite-3.45.3              |       h2bbff1b_0         973 KB  defaults
    wheel-0.43.0               |   py38haa95532_0         137 KB  defaults
    ---------------------------|-----------------
                                          Total:         26.4 MB

The following NEW packages will be INSTALLED:

  ca-certificates    anaconda/pkgs/main/win-64::ca-certificates-2024.3.11-haa95532_0
  openssl            anaconda/pkgs/main/win-64::openssl-1.1.1w-h2bbff1b_0
  pip                anaconda/pkgs/main/win-64::pip-24.0-py38haa95532_0
  python             anaconda/pkgs/main/win-64::python-3.8.0-hff0d562_2
  setuptools         anaconda/pkgs/main/win-64::setuptools-69.5.1-py38haa95532_0
  sqlite             anaconda/pkgs/main/win-64::sqlite-3.45.3-h2bbff1b_0
  vc                 anaconda/pkgs/main/win-64::vc-14.2-h21ff451_1
  vs2015_runtime     anaconda/pkgs/main/win-64::vs2015_runtime-14.27.29016-h5e58377_2
  wheel              anaconda/pkgs/main/win-64::wheel-0.43.0-py38haa95532_0


Proceed ([y]/n)?
```

图 14-2　Conda 创建虚拟环境

完成环境创建后，需要进入创建的虚拟环境中，进行 PyTorch 的安装。进入虚拟环境的命令如下：

【原句】

conda activate ENV_NAME

【注解】

ENV_NAME：创建的虚拟环境名称

【示例】

conda activate Textile

### 2. 安装 PyTorch

PyTorch 官网提供了丰富多样的 PyTorch 版本及其安装指令供开发者选择，如图 14-3 所示。本小节以 CPU 版本的 PyTorch 1.12.0 版本为例进行安装演示。

v1.12.0

Conda

OSX

```
# conda
conda install pytorch==1.12.0 torchvision==0.13.0 torchaudio==0.12.0 -c pytorch
```

Linux and Windows

```
# CUDA 10.2
conda install pytorch==1.12.0 torchvision==0.13.0 torchaudio==0.12.0 cudatoolkit=10.2 -c pytorch
# CUDA 11.3
conda install pytorch==1.12.0 torchvision==0.13.0 torchaudio==0.12.0 cudatoolkit=11.3 -c pytorch
# CUDA 11.6
conda install pytorch==1.12.0 torchvision==0.13.0 torchaudio==0.12.0 cudatoolkit=11.6 -c pytorch -c conda-f
# CPU Only
conda install pytorch==1.12.0 torchvision==0.13.0 torchaudio==0.12.0 cpuonly -c pytorch
```

图 14-3　PyTorch 官网提供的安装指令

将 Conda 环境切换至创建的虚拟环境中，在命令行中输入官方提供的安装指令，部分运行结果如图 14-4 所示。在确认需要安装的安装包之后，依据命令行提示完成 CPU 版本 PyTorch 1.12.0 的安装。

```
(Textile) C:\Users\StartsYu>conda install pytorch==1.12.0 torchvision==0.13.0 torchaudio==0.12.0 -c pytorch
Collecting package metadata (current_repodata.json): done
Solving environment: failed with initial frozen solve. Retrying with flexible solve.
Collecting package metadata (repodata.json): done
Solving environment: done

## Package Plan ##

  environment location: C:\Users\StartsYu\.conda\envs\Textile

  added / updated specs:
    - pytorch==1.12.0
    - torchaudio==0.12.0
    - torchvision==0.13.0


The following packages will be downloaded:

    package                    |            build
    ---------------------------|-----------------
    certifi-2024.2.2           |   py38haa95532_0         160 KB  defaults
    cudatoolkit-11.3.1         |       h59b6b97_2       545.3 MB  defaults
    freetype-2.12.1            |       ha860e81_0         490 KB  defaults
    idna-3.7                   |   py38haa95532_0         115 KB  defaults
    intel-openmp-2023.1.0      |   h59b6b97_46320         2.7 MB  defaults
    jpeg-9e                    |       h2bbff1b_1         320 KB  defaults
    lcms2-2.12                 |       h83e58a3_0         454 KB  defaults
    lerc-3.0                   |       hd77b12b_0         120 KB  defaults
    libdeflate-1.17            |       h2bbff1b_1         153 KB  defaults
    libpng-1.6.39              |       h8cc25b3_0         369 KB  defaults
    libtiff-4.5.1              |       hd77b12b_0         1.1 MB  defaults
    libuv-1.44.2               |       h2bbff1b_0         288 KB  defaults
    libwebp-base-1.3.2         |       h2bbff1b_0         306 KB  defaults
    lz4-c-1.9.4                |       h2bbff1b_1         152 KB  defaults
    mkl-2023.1.0               |   h6b88ed4_46358       155.9 MB  defaults
    mkl-service-2.4.0          |   py38h2bbff1b_1          44 KB  defaults
    mkl_fft-1.3.8              |   py38h2bbff1b_0         169 KB  defaults
    mkl_random-1.2.4           |   py38h59b6b97_0         230 KB  defaults
    numpy-1.24.3               |   py38h79a8e48_1          11 KB  defaults
    numpy-base-1.24.3          |   py38h8a87ada_1         5.1 MB  defaults
    openjpeg-2.4.0             |       h4fc8c34_0         219 KB  defaults
    pillow-10.3.0              |   py38h2bbff1b_0         837 KB  defaults
    pytorch-1.12.0             |py3.8_cuda11.3_cudnn8_0    1.19 GB  pytorch
    pytorch-mutex-1.0          |             cuda           3 KB  pytorch
    requests-2.31.0            |   py38haa95532_1          98 KB  defaults
    torchaudio-0.12.0          |       py38_cu113         3.7 MB  pytorch
    torchvision-0.13.0         |       py38_cu113         7.4 MB  pytorch
    typing_extensions-4.9.0    |   py38haa95532_1          54 KB  defaults
    urllib3-2.1.0              |   py38haa95532_0         153 KB  defaults
    xz-5.4.6                   |       h8cc25b3_1         609 KB  defaults
    zlib-1.2.13                |       h8cc25b3_1         131 KB  defaults
    zstd-1.5.5                 |       hd43e919_2         720 KB  defaults
    ---------------------------|-----------------
                                           Total:        1.90 GB
```

图 14-4　虚拟环境中安装 PyTorch

## 14.3 项目构建

本节将带领读者构建一个完整的深度学习项目，首先概述项目背景和目标，随后详细介绍数据加载与增强的方法、神经网络模型的构建过程以及模型的训练与测试策略。

### 14.3.1 项目简介

随着纺织品行业的不断发展，相关行业对布匹质量的要求也日益提高。布匹在生产过程中往往会出现各种各样的瑕疵，如污渍、断纱、缝隙等，这些瑕疵不仅会影响产品的美观度，还可能影响产品的使用寿命和性能。因此，及早发现并修复这些瑕疵对于保证产品质量至关重要。

传统的布匹瑕疵点检测主要依赖于人工目视检查，操作人员需要逐一检查布匹表面，识别并标记出其中的瑕疵点。这种方式存在着效率低下、主观性强、容易漏检和误检等问题。具体来说，人工目视检查需要耗费大量的时间和人力资源，特别是对于大批量生产的布匹来说，效率明显不足。不同的操作人员对于瑕疵的识别标准可能存在差异，导致检测结果的不一致性。由于人的视觉疲劳和注意力不集中等因素，因此容易出现漏检和误检的情况，从而影响检测的准确性。

为了提高布匹质量检测的准确性和效率，本项目构建了一套基于机器学习的布匹瑕疵点检测系统，以提高布匹质量检测的准确性和效率。项目技术路线包括：

(1) 数据加载与增强：对数据集中的图像数据进行加载与增强，增强手段包括旋转、翻转、缩放等操作，以扩充数据集，提高模型的泛化能力。

(2) 模型构建：设计合适的神经模型结构，用于瑕疵点检测任务。

(3) 模型训练： 使用训练集对模型进行训练，通过反向传播算法更新模型参数，使模型能够逐渐收敛到最优解。在验证集上进行验证，调整模型超参数，防止过拟合。

(4) 模型保存：在模型训练过程中，定期保存训练过程中的最佳模型参数，以便后续使用。

### 14.3.2 数据加载与增强

#### 1. 数据集介绍

本书采用 Textile Defect Detection(纺织品缺陷检测)公开数据集作为训练与测试数据集。具体来看，该数据集包含了 48 000 张图片作为训练数据集, 48 000 张图片作为测试数据集，且每一个训练元素为 $64 \times 64$ 像素大小的灰度布匹图片，每一张图片代表一个类别标签。该数据集共有 6 种类别，分别为 'good'、'color'、'cut'、'hole'、'thread' 和 'metal_contamination'，如图 14-5 所示。

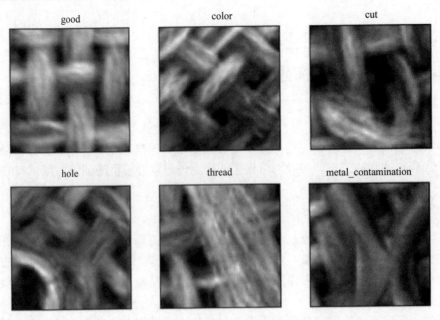

图 14-5　数据集各类别图像示例

### 2. 数据加载

PyTorch 中主要使用 torch.utils.data.Dataset 和 torch.utils.data.DataLoader 两个类来加载和处理数据。

torch.utils.data.Dataset 类用于表示数据集，用户需要继承这个类并实现其中的__len__()和__getitem__()两个方法。__len__()方法返回数据集的大小。__getitem__()方法根据给定的索引返回对应的数据样本。用户可以根据自己的需求来定义数据集的结构和数据读取方式。

下面的示例代码展示了如何使用 PyTorch 加载自定义数据集。

```python
from torch.utils.data import Dataset


class SampleDataset(Dataset):
    # 在__init__方法中对数据集进行初始化
    def __init__(self, data):
        self.data = data


    # 在__len__方法中获得数据集大小
    def __len__(self):
        return len(self.data)


    # 在__getitem__方法中，根据索引返回对应的样本数据
    def __getitem__(self, idx):
        sample = self.data[idx]
```

```
                return sample
```

本小节将对上述示例进行拓展，并实现 Textile Defect Detection 数据集的数据加载，代码如下：

```python
import h5py
import torch
import pandas as pd
import torch.utils.data as data
from aug.aug import dataAugment
from torchvision import transforms


# 读取数据集
def readFile(filePath):
    f = h5py.File(filePath, 'r')
    images = f['images']
    return images


# 读取标签
def readLabel(readLabel):
    f = pd.read_csv(labelPath)
    label = f['indication_value']
    return label


class TextileData(data.DataLoader):
    def __init__(self,filePath,labelPath):
        self.images = readFile(filePath=filePath)
        self.label = readLabel(labelPath=labelPath)

        self.transform = transforms.Compose([
            transforms.ToTensor(),
            transforms.Normalize(mean=[0.5],std=[0.5])
        ])

    def __getitem__(self, item):
        # 获得图片
        image = self.images[item]
        # 将获得的图片数据转变为 Tensor 格式，并归一化
        image = self.transform(image)
        # 获得图片标签
        label = self.label[item]
```

```
        return image,label

    def __len__(self):
        return len(self.images)
```

Textile Defect Detection 数据集将布匹图片保存为 .h5 文件，标签值存储为 .csv 文件。上述代码中定义的 readFile 函数用于根据 filePath 读取 .h5 文件并返回布匹图片列表；readLabel 函数用于根据 readLabel 读取 .csv 文件并返回布匹图片所属标签列表。其中图片列表与标签列表严格对应。

在 TextileData 类初始化过程中，本书实现了 torchvision.transforms.Compose() 类。该类用于创建一个转换序列，将多个数据转换操作串联在一起，以便于对图像数据进行预处理。

下面是一个简单的示例代码，展示了如何使用 torchvision.transforms.Compose() 类创建一个转换序列，对 RGB 色彩空间图片进行预处理。

```python
import torchvision.transforms as transforms


# 定义转换序列
transform = transforms.Compose([
    # 将图像大小调整为 256 × 256
    transforms.Resize((256, 256)),
    # 随机裁剪出大小为 224 × 224 的区域
    transforms.RandomCrop(224),
    # 随机水平翻转图像
    transforms.RandomHorizontalFlip(),
    # 将图像转换为 Tensor 格式，并归一化至 [0, 1]
    transforms.ToTensor(),
    # 标准化
    transforms.Normalize(mean=[0.485, 0.456, 0.406], std=[0.229, 0.224, 0.225])
])


# 应用转换
transformed_image = transform(image)
```

在这个示例中，首先定义了一个转换序列，然后将一张图像 image 应用到这个序列上，得到了经过一系列转换操作后的 transformed_image。这样的处理通常用于在训练深度学习模型时对 RGB 色彩空间图像数据进行预处理，以增强模型的鲁棒性和泛化能力。

在本书提供的 Textile Defect Detection 数据集加载示例的 __init__ 方法中，首先定义了一个转换序列，仅用于将图片格式转换为 Tensor 格式，并归一化至[0, 1]，然后将其进行标准化操作。在 __getitem__() 函数中，首先根据给定的索引返回对应的数据样本，然后将获得的数据样本转变为 Tensor 格式，并归一化、标准化。

torch.utils.data.DataLoader 类用于批量加载数据，并提供了多线程和异步加载等功能，以加速数据读取过程。该类结合数据集和采样器，并提供可迭代的给定的数据集。

下面的示例代码展示了如何使用 torch.utils.data.DataLoader 类来迭代批量加载数据。

```
DataLoader(dataset=train_dataset, batch_size=1, shuffle=False, num_workers=0, pin_memory=False,
drop_last=False)
```

上述代码中展示了 DataLoader 类的简易使用方法，在使用时通常需要传入以下几个参数：

(1) dataset：要加载的数据集。可以是 PyTorch 提供的内置数据集，也可以是用户自定义的数据集。dataset 无默认值。

(2) batch_size：批量大小，即每次加载的样本数目。batch_size 的默认值为 1。

(3) shuffle：是否在每个 epoch 之前打乱数据集。这对于训练数据集来说很重要，因为打乱数据可以减少模型对样本顺序的依赖性，提高模型的泛化能力。shuffle 的默认值为 False。

(4) num_workers：用于数据加载的子进程数量。增加子进程的数量可以加快数据加载速度，特别是在数据加载速度比模型训练速度快的情况下。num_workers 的默认值为 0。

(5) pin_memory：是否将数据复制到 CUDA 固定内存 (pinned memory) 中。对于 GPU 加速的训练，将数据加载到固定内存中可以提高数据传输的效率。pin_memory 的默认值为 False。

(6) drop_last：如果数据集的大小不能整除批量大小，则是否丢弃最后一个不完整的批次。这在处理数据集时非常有用，可以确保每个批次都具有相同的大小。drop_last 的默认值为 False。

本小节实现了 getDataLoader()方法，用于获得可迭代的训练数据集以及测试数据集，实现代码如下：

```
def getDataLoader(args):
    # 获得训练数据集
    trainDataset = TextileData(args.trainDataPath,args.trainLabelPath)
    # 获得测试数据集
    testDataset = TextileData(args.testDataPath, args.testLabelPath)
    # 获得可迭代训练数据集
    trainDataLoader = torch.utils.data.DataLoader(
                    trainDataset,batch_size=args.batchSize,shuffle=True)
    # 获得可迭代测试数据集
    testDataLoader = torch.utils.data.DataLoader(
                    testDataset, batch_size=args.batchSize, shuffle=False)
    # 返回可迭代的数据集
    return trainDataLoader,testDataLoader


trainDataLoader, testDataLoader = getDataLoader(args)


for batchIdx, (data, target) in enumerate(trainDataLoader):
    # 此处为测试过程，可以根据实际情况编写模型测试的代码
```

```
# 在这个示例中只是简单地打印一些信息
print(f"Test Batch {batch_idx+1},
        Data Shape: {data.shape},
        Target Shape: {target.shape}")
```

上面的程序中，首先使用 TextileData 类初始化数据集，然后通过 DataLoader 获得可迭代的数据集，最后通过 return 将数据集返回给 getDataLoader()方法调用者。

### 14.3.3　神经网络模型构建

#### 1. 神经网络介绍

在机器学习中，神经网络模型是一种用于构建复杂关系和模式的模型。该模型被设计用来模拟生物神经系统的工作方式，并能够学习和执行各种任务。神经网络广泛应用于图像识别、自然语言处理、推荐系统等领域。

如图 14-6 展示的多层感知机(Multilayer Perceptron，MLP)所示，神经网络通常由多个神经元组成，这些神经元按照不同的方式连接在一起形成网络。每个神经元都接收一组输入，并产生一个输出，输出可以连接到其他神经元的输入。神经元之间的连接具有权重，用于调节输入信号对输出的影响。整个网络通过调节神经元之间的连接权重来学习输入数据的模式和特征。

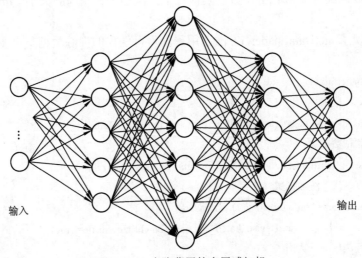

图 14-6　3 个隐藏层的多层感知机

与处理具有线性结构的表格数据相比，MLP 在处理二维图像数据时，需要将二维图像展平成一维向量作为输入。因此，MLP 在处理图像数据时存在参数量大、丢失信息空间和不具备平移不变性等缺点。

卷积神经网络(Convolutional Neural Network，CNN)利用局部连接和权重共享的特性，能够捕获输入数据中的局部相关性。这使得 CNN 在处理图像等具有空间局部性的数据时表现出色。CNN 通过池化层实现了平移不变性，即对输入数据进行平移或缩放时，模型的输出保持不变。这使得 CNN 在图像分类等任务中具有较强的鲁棒性。因此，针对图像和视频等数据，通常会使用 CNN 等更适合处理此类数据的模型。目前，基于卷积神经网络架构的模型在计算机视觉领域中已经占据主导地位。当今几乎所有的图像识别、目标检测、语义分割相关的应用都以 CNN 为基础。

CNN 通过卷积操作和池化操作提取输入数据的特征，并通过多层次的结构逐渐学习到数据的层次化特征表示。CNN 关键要点包括：卷积层、池化层以及激活函数。

**2. 卷积层**

作为 CNN 的核心组件之一，卷积层通过一系列的卷积(互相关)操作提取输入数据中的特征。每个卷积操作使用一个卷积核，在输入张量上滑动，输入张量和核张量通过互相关运算产生输出张量，如图 14-7 所示。

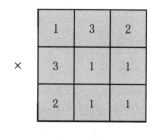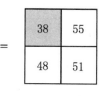

图 14-7    二维互相关运算(卷积核大小为 $3 \times 3$，步长为 1)

在 PyTorch 中，通过使用 torch.nn.Conv2d 类实现二维互相关操作。下面的示例代码展示了如何使用该类来实现二维互相关操作。

```
torch.nn.Conv2d(in_channels, out_channels, kernel_size, stride=1, padding=0, dilation=1, groups=1, bias =
True, padding_mode='zeros')
```

上述代码在使用时通常需要传入以下参数：

(1) in_channels：输入数据的通道数，即输入特征图的深度。

(2) out_channels：输出特征图的深度，即卷积核的数量，也是该层的输出特征图的通道数。

(3) bias：是否使用偏置参数，默认为 True。

(4) kernel_size：卷积核的大小，通常将该参数设置为一个整数，用于表示正方形卷积核的边长，图 14-7 所示的卷积核大小为 $3 \times 3$。也可以设置为一个元组，用于表示长方形卷积核，图 14-8 所示的卷积核大小为 $1 \times 3$。

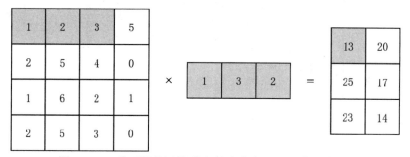

图 14-8    二维互相关运算(卷积核大小为 $1 \times 3$，步长为 1)

(5) padding：输入数据四边的填充数，默认为 0。该参数用于在输入数据的边缘周围添加额外的像素值，以扩大输入数据的尺寸。填充在卷积操作中具有控制输出尺寸、保持空间信息以及提高模型灵活性的作用。如图 14-9 所示，当输入数据四边 0 填充数为 1，卷积核大小为 3 时，互相关运算输出形状与输入形状相同。四边填充同样可以设置为一个元组。

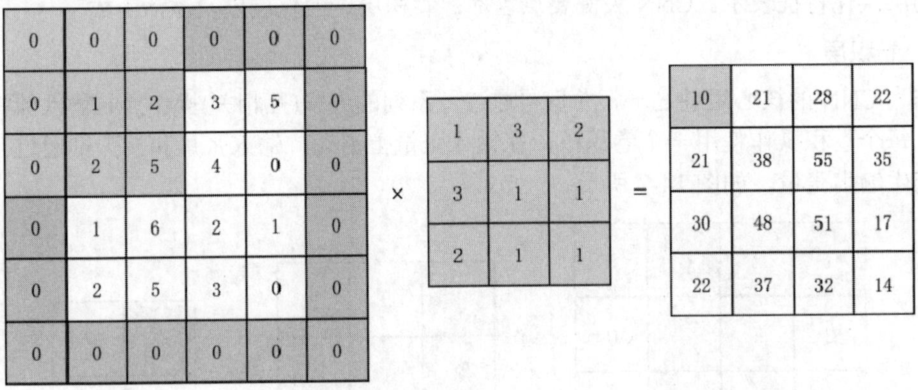

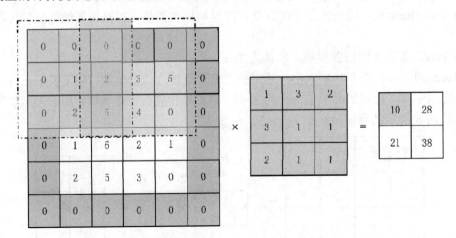

图 14-9　二维互相关运算(卷积核大小为 3×3，步长为 1，0 填充为 1)

(6) stride：卷积操作的步长，默认为 1。步长决定了输出特征图的尺寸和空间感知范围的大小。当卷积操作的步长增大时，输出特征图的尺寸会随之减小，这是因为卷积核在输入数据上的滑动间隔更大，覆盖的有效区域减少。与此同时，每个输出像素对应的输入区域的空间跨度会增大，这意味着更高层的网络能够通过累积多级卷积操作，来逐步扩大对输入数据的空间感知范围。这种跨度的扩展并非直接由单层步长决定，而是通过多层级联后，由网络对输入空间的全局信息整合能力增强而实现的。步长的选择通常取决于具体任务和模型设计的需求。较大的步长可以减少输出特征图的尺寸，从而降低模型的计算复杂度和内存消耗，但可能会损失一些空间信息。较小的步长可以保留更多的空间信息，但会增加模型的计算复杂度和内存消耗。图 14-10 所示的步长大小为 2。

图 14-10　二维互相关运算(卷积核大小为 3×3，步长为 2，0 填充为 1)

(7) groups：从输入通道到输出通道的区块连接数，默认为 1。具体来说，groups 参数定义了输入通道分组数，每个分组将接收一组输入通道，并产生一组输出通道。这意味着输入和输出通道被分成了多个组，并且每个组之间进行卷积操作。图 14-11 展示了通道数为 1 的情况，图 14-12 展示了通道数为 2 的情况。

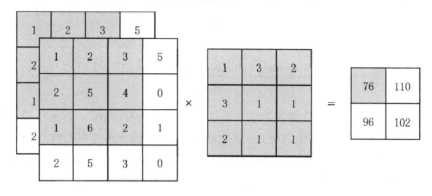

图 14-11　二维互相关运算(卷积核大小为 3×3，通道数为 1)

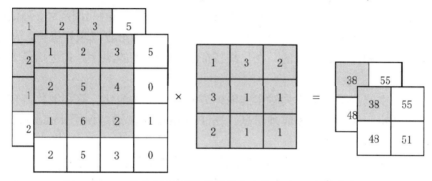

图 14-12　二维互相关运算(卷积核大小为 3×3，通道数为 2)

　　(8) dilation：内核元素之间的间距，又称为卷积核膨胀系数，默认为 1。具体来说，膨胀系数定义了卷积核中间元素之间的间隔大小。在每个方向上，卷积核中间元素之间的实际间隔为 dilation－1 个零值。当膨胀系数为 2 时，二维互相关运算如图 14-13 所示。

图 14-13　二维互相关运算(膨胀前卷积核大小为 3×3，膨胀系数为 2，膨胀后卷积核大小为 5×5)

　　综上，若输入特征形状大小为 $(N, C_{in}, H_{in}, W_{in})$，则预期输出特征大小为 $(N, C_{out}, H_{out}, W_{out})$。在 torch.nn.Conv2d 类实现过程中，in_channels 设置为 $C_{in}$，out_channels 设置为 $C_{out}$。$H_{out}$ 与 $W_{out}$ 通过下列公式计算：

$$H_{out} = \frac{H_{in} + 2 \times \text{padding}[0] - \text{dilation}[0] \times (\text{kernel\_size}[0] - 1) - 1}{\text{stride}[0]} + 1$$

$$W_{out} = \frac{W_{in} + 2 \times \text{padding}[1] - \text{dilation}[1] \times (\text{kernel\_size}[1] - 1) - 1}{\text{stride}[1]} + 1$$

(9) padding_mode：输入数据四边填充数的模式，默认为 'zeros'。常见的填充模式包括① 'zeros'，即在输入数据的边缘填充 0；② 'reflect'，即在输入数据的边缘填充的值是从输入数据的边缘开始，向内部镜像反射得到的值；③ 'replicate'，即在输入数据的边缘填充的值与输入数据边缘的值相同。

### 3. 池化层

池化层是 CNN 中的一种常用层类型，主要用于减小特征图的空间尺寸，降低计算复杂度，同时保留重要的特征。池化层通过对特征图的局部区域进行降采样操作，从而达到提取特征、减少参数和计算量的目的。在二维特征图中，常见的池化方式包括最大池化以及平均池化。

从池化窗口中选择最大值作为输出的池化方式称为最大池化。这种池化方式保留了最显著的特征，适用于保留边缘和纹理信息。在 PyTorch 中，通过使用 torch.nn.MaxPool2d 类实现二维特征的最大池化。

从池化窗口中选择平均值作为输出的池化方式称为平均池化。这种池化方式对于平滑输入特征图非常有效。在 PyTorch 中，通过使用 torch.nn.AvgPool2d 类实现二维特征的平均池化。下面的示例代码展示了使用 torch.nn.MaxPool2d 类以及 torch.nn.AvgPool2d 类进行最大池化和平均池化操作。

```
# 最大池化
torch.nn.MaxPool2d(kernel_size, stride=None, padding=0)
# 平均池化
torch.nn.AvgPool2d(kernel_size, stride=None, padding=0)
```

上述代码在使用时通常需要传入以下参数：

(1) kernel_size：池化操作所作用的区域。通常将该参数设置为一个整数，用于表示正方形卷积核的边长，如图 14-14 所示。图 14-14 中池化窗口大小为 $2 \times 2$。

(a) 步长为 2、池化窗口大小为 $2 \times 2$ 的最大池化　　(b) 步长为 2、池化窗口大小为 $2 \times 2$ 的平均池化

图 14-14　二维互相关运算

(2) stride：池化窗口在输入特征图上移动的步长。较大的步长会减少输出特征图的尺寸。通常，步长与池化窗口大小相同，如图 14-14 所示。

(3) padding：特征四边的填充数，默认为 0。池化层通常不使用填充，但在某些情况下，可以通过填充来控制输出特征图的尺寸。

### 4. 激活函数

在神经网络中，激活函数是每个节点上的一部分，它接收来自前一层的输入，进行某种非线性变换，然后将结果传递给下一层。激活函数的主要作用是引入非线性，使得神经网络能够学习和表示复杂的模式和关系。常见的激活函数包括 Sigmoid、ReLU 函数等。

Sigmoid 函数作为一种经典的激活函数，具有简单、平滑的特点。该函数将任意输入值映射到 $(0, 1)$ 范围之间，适合于概率输出场景。Sigmoid 函数的数学定义如下：

$$\text{Sigmoid}(x) = \frac{1}{1 + e^{-x}}$$

其中，e 为自然常数，$x$ 为任意实数。当输入值绝对值较大时，梯度接近于 0，导致梯度更新效率低，影响深层网络的训练。下面的示例代码展示了使用 PyTorch 实现 Sigmoid 激活函数的简单示例。

```python
import torch
import torch.nn as nn

# 定义一个简单的神经网络
class SimpleNN(nn.Module):
    def __init__(self):
        super(SimpleNN, self).__init__()
        self.fc1 = nn.Linear(10, 1)
        self.sigmoid = nn.Sigmoid()

    def forward(self, x):
        x = self.fc1(x)
        x = self.sigmoid(x)
        return x

# 创建模型实例
model = SimpleNN()
```

ReLU 函数是神经网络中的一种常见激活函数，因其简单高效而被广泛使用。它能够缓解梯度消失问题，促进模型的稀疏性，从而提升训练效率和泛化能力。该函数的数学定义如下：

$$\text{ReLU}(x) = \max(0, x)$$

当输入值为正时，输出与输入相同；当输入值为负时，输出为零。该激活函数适用于大多数神经网络的隐藏层。然而，当大量输入为负值时，可能导致神经元永远不激活，即输出恒为零，称为"死神经元"问题。为了克服 ReLU 的一些缺点，研究者提出了几种 ReLU 的变种，例如 Leaky ReLU。

下面的示例代码展示了使用 PyTorch 实现 ReLU 激活函数的简单示例。

```python
import torch
import torch.nn as nn


# 定义一个简单的神经网络
class SimpleNN(nn.Module):
    def __init__(self):
        super(SimpleNN, self).__init__()
        self.fc1 = nn.Linear(10, 1)
        self.relu = nn.ReLU()

    def forward(self, x):
        x = self.fc1(x)
        x = self.relu(x)
        return x


# 创建模型实例
model = SimpleNN()
```

### 5. 全连接层

全连接层是神经网络中的一种基本层类型，广泛用于各种深度学习模型，特别是在 CNN 的末端或在 MLP 中。在全连接层中，上一层的每一个神经元都与该层的每一个神经元相连接。这意味着这一层中的每个神经元都接收来自上一层的所有输入，这些输入通过各自的权重进行加权求和，再加上一个偏置值，然后通过一个激活函数输出结果。设上一层有 $n$ 个神经元，当前层有 $m$ 个神经元，那么全连接层的输出可以表示如下：

$$y = f(Wx + b)$$

其中：$x$ 为上一层的输出，大小为 $n$；$W$ 是权重矩阵，大小为 $m \times n$；$b$ 为偏置值，大小为 $m$；$f$ 为激活函数，常见的激活函数如 ReLU、Sigmoid 等。$y$ 为当前层的输出。

由于全连接层考虑了前一层所有神经元的输出，因此全连接层能够捕捉全局的模式和特征。这使得它在处理分类任务、回归任务等时非常有效。然而，每个神经元与前一层的所有神经元相连接，这导致全连接层通常具有大量的参数。这意味着全连接层需要更多的计算资源和内存来训练和存储模型。因此，在图像分类任务中，全连接层通常放在卷积层之后，用于将提取到的特征转换为类别概率。

下面的示例代码展示了使用 PyTorch 实现具有一个隐藏层的全连接层神经网络的简单示例。

```
import torch
import torch.nn as nn


# 定义一个简单的神经网络，包含一个全连接层
class SimpleNN(nn.Module):
    def __init__(self, input_size, hidden_size, output_size):
        super(SimpleNN, self).__init__()
        # 定义全连接层
        self.fc1 = nn.Linear(input_size, hidden_size)
        self.fc2 = nn.Linear(hidden_size, output_size)
        self.relu = nn.ReLU()


    def forward(self, x):
        # 前向传播：线性层 + 激活函数
        x = self.fc1(x)
        x = self.relu(x)
        x = self.fc2(x)
        return x


# 创建模型实例
model = SimpleNN(input_size =10, hidden_size=5, output_size=2)
```

### 6. 纺织品缺陷分类检测网络

使用 PyTorch 框架构建一个简易的 CNN 用于纺织品图像分类，如图 14-15 所示。该神经网络分为卷积部分和全连接部分。

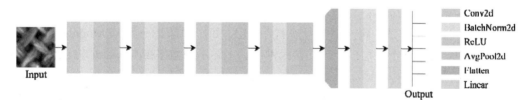

图 14-15　构建的简易 CNN

卷积部分主要由 4 个卷积层、批量归一化层、ReLU 激活函数和平均池化层组成，旨在逐层提取图像的局部特征。具体来说，第一层卷积层接收输入图像，并通过若干卷积核进行特征提取，随后通过批量归一化层和 ReLU 激活函数进行归一化和非线性变换。接下来的卷积层进一步提取更高层次的特征，同时逐步增加特征图的数量以捕捉更丰富的信息。每层卷积操作后都会应用平均池化层来缩小特征图的尺寸，以减少计算量并保留重要特征。

全连接部分则将卷积层提取到的高维特征展平，并通过一系列全连接层进行处理。首先，展平操作将多维特征图转换为一维向量。然后，通过一个隐藏层，该层具有若干个神

经元，并使用 ReLU 激活函数增加模型的非线性表示能力。最后，一个输出层将隐藏层的输出映射到具体的分类标签上，输出层的神经元数量等于分类任务中的类别数量。在整个网络的设计中，ReLU 激活函数和批量归一化层的结合不仅提高了训练的效率和稳定性，还有效防止了梯度消失问题，从而保证了深层网络的性能。

定义神经网络模型是构建和训练深度学习模型的核心步骤之一。PyTorch 中通过继承 torch.nn.Module 类，定义模型的层和前向传播逻辑。下面的示例代码展示了如何使用 PyTorch 构建神经网络。

```python
import torch
import torch.nn as nn
class SimpleNN (nn.Module):
    def __init__(self):
        super(MyModel, self).__init__()
        self.layer1 = nn.Linear(256, 128)
        self.layer2 = nn.Linear(128, 64)
        self.layer3 = nn.Linear(64, 10)

        self.relu1 = nn.ReLU()
        self.relu2 = nn.ReLU()


    def forward(self, x):
        x = self.layer1(x)
        x = self.relu1(x)
        x = self.layer2(x)
        x = self.relu(x)
        x = self.layer3(x)
        return x
```

本书在 __init__()方法中定义模型所需的各个层。每个层都是一个 nn.Module 对象。上述示例程序中定义了一个三层的全连接神经网络。上述示例程序在 forward()方法中定义了数据的前向传播路径。

纺织品图像分类网络示例代码如下：

```python
import torch
import torch.nn as nn
class TextileClassificationModel(nn.Module):
    def __init__(self,classNumber):
        super().__init__()
        self.Convolution = nn.Sequential(
            nn.Conv2d(
                in_channels=1,
```

```
                out_channels=16,
                kernel_size=5,
                stride=1,
                padding=0),
        nn.BatchNorm2d(num_features=16),
        nn.ReLU(True),
        nn.AvgPool2d(kernel_size=2,stride=2),
        nn.Conv2d(
                in_channels=16,
                out_channels=16,
                kernel_size=5,
                stride=1,
                padding=0),
        nn.BatchNorm2d(num_features=16),
        nn.ReLU(True),
        nn.AvgPool2d(kernel_size=2,stride=2),
        nn.Conv2d(
                in_channels=16,
                out_channels=32,
                kernel_size=3,
                stride=1,
                padding=0),
        nn.BatchNorm2d(num_features=32),
        nn.ReLU(True),
        nn.AvgPool2d(kernel_size=2,stride=2),
        nn.Conv2d(
                in_channels=32,
                out_channels=32,
                kernel_size=3,
                stride=1,
                padding=0),
        nn.BatchNorm2d(num_features=32),
        nn.ReLU(True),
        nn.AvgPool2d(kernel_size=2,stride=2),
    )

self.Linear = nn.Sequential(
```

```
                nn.Flatten(),
                nn.Linear(in_features=32,out_features=64),
                nn.ReLU(True),
                nn.Linear(in_features=64,out_features=classNumber)
            )


        def forward(self,image):
            conv = self.Convolution(image)
            results = self.Linear(conv)
            return results
```

上述代码中，首先导入 PyTorch 的核心库 torch 和神经网络模块 torch.nn；其次，定义了一个继承自 nn.Module 的类 TextileClassificationModel，该类初始化时接收一个参数 classNumber，表示分类的类别数；再次，定义了卷积神经网络的卷积层部分，使用了 nn.Sequential 将多个层级联起来；最后，在全连接部分，将多维张量展平为一维，全连接层将提取到的特征映射到指定数量的类别上。

### 14.3.4　模型训练与测试

训练和测试神经网络模型是深度学习中的核心步骤。这两个过程共同构成了开发和应用深度学习模型的关键环节。训练过程包括数据的前向传播、损失计算、反向传播以及模型参数的更新。测试过程用于评估模型的性能，以确保模型在未见过的数据上表现良好。

#### 1. 模型训练

训练过程是指通过不断调整模型参数，使模型在训练数据上的表现越来越好，从而具备一定的泛化能力，以便在测试数据上也能取得较好的效果。训练过程通常包括数据的前向传播、损失计算、反向传播以及模型参数的更新。

在前向传播阶段，输入数据依次通过各层神经网络，层与层之间的运算包括线性变换和非线性激活函数，最终生成输出。前向传播的目的是利用当前的模型参数计算预测结果。

在损失计算阶段，模型使用损失函数来衡量模型预测结果与实际标签之间的差异。常用的损失函数有均方误差(MSE)、交叉熵损失等。损失函数的输出值越小，表示模型的预测结果越接近真实值。

反向传播是计算损失函数相对于模型参数的梯度。通过链式法则，将损失函数对每个参数的偏导数逐层计算出来。反向传播是从输出层开始，逐层向前传播误差，更新每一层的参数。

利用优化算法根据计算得到的梯度值，调整模型参数，使得损失函数值逐渐减小。每一次参数更新的过程称为一次迭代，多次迭代构成一个训练周期(epoch)。

下面的示例代码展示了使用 PyTorch 框架构建简易模型训练的步骤。

```
for epoch in range(num_epochs):
    for inputs, labels in train_loader:
        # 前向传播
```

```
outputs = model(inputs)
# 计算损失
loss = criterion(outputs, labels)


# 消除梯度防止梯度叠加
optimizer.zero_grad()
# 反向传播
loss.backward()
# 参数更新
optimizer.step()
```

### 2. 模型保存

在深度学习中，训练好的模型需要被保存以便于未来的使用，这包括继续训练、模型验证或实际部署进行推理。在 PyTorch 中，模型保存是一个关键步骤，确保能够在训练结束后，将模型的状态持久化，并在需要时重新加载。这对实验重现、模型分享以及实际应用至关重要。PyTorch 提供了多种方法来保存和加载模型，各种方法各有优劣，适用于不同的场景。

1) 保存模型状态字典

状态字典是一个简单的 Python 字典对象，它将每一层与其参数张量一一对应。它是保存模型参数的推荐方式，因为这种方法仅保存模型的参数(权重和偏差)，不会保存整个模型的结构。这种方法的优点是灵活，可以在加载时重新定义模型结构，适用于大多数情况。不过，这也意味着需要保存模型定义的代码，以便加载状态字典时使用。

模型状态字典的保存与加载方式如下：

```
#保存模型状态字典
torch.save(model.state_dict(), 'model.pth')


#加载模型状态字典
model.load_state_dict(torch.load('model.pth'))
```

2) 保存整个模型

PyTorch 不仅可以保存状态字典，还允许保存整个模型，包括模型的结构和参数。这种方法会将模型的类和实例一起保存，因此在加载时无须重新定义模型结构。这种方法的优点是简单、直接，特别适用于模型结构复杂或不常变化的情况下。然而，它依赖于保存时的代码版本和环境，因此在不同版本的 PyTorch 或依赖库更新时可能会出现兼容性问题。

模型的保存与加载方式如下：

```
#保存整个模型
torch.save(model, 'model.pth')


#加载整个模型
model=torch.load('model.pth')
```

3) 保存和加载优化器的状态

在很多情况下，除了保存模型的参数，还需要保存优化器的状态。优化器状态保存了当前的学习率、动量等超参数，这对于继续训练非常重要。保存和加载优化器状态的优点是可以在中断后继续训练时保持优化器的状态一致，避免因重新初始化优化器而导致的训练不连续。

优化器状态的保存与加载方式如下：

```python
#保存优化器状态
torch.save(optimizer.state_dict(), 'optimizer.pth')
#加载优化器状态
optimizer = torch.optim.Adam(model.parameters(), lr=0.001)
optimizer.load_state_dict(torch.load('optimizer.pth'))
```

### 3. 训练纺织品缺陷分类检测网络

纺织品图像分类网络训练代码如下：

```python
import torch
import os
import argparse
import torch.nn as nn
import numpy as np
import pandas as pd
from data.dataloader import getDataLoader
from test import test
from modules.model import TextileClassificationModel
from torcheval.metrics.functional import multiclass_accuracy
from log.log import loggerConfig


def getTools(args):
    trainDataLoader,testDataLoader = getDataLoader(args)
    model = TextileClassificationModel(classNumber=args.classNumber)
    model = model.to(args.device)
    # 模型参数初始化
    for param in model.parameters():
        nn.init.normal_(param,mean=0,std=1)

    optimizer = torch.optim.Adam(model.parameters(),lr=args.learnRate)
    criterion = torch.nn.CrossEntropyLoss()
    return model,optimizer,criterion,trainDataLoader,testDataLoader


def train(args,logger):
```

```
model, optimizer, criterion, trainDataLoader, testDataLoader = getTools(args)


BESTACC = 0
for epoch in range(args.epochs):
    metricHistory = []
    for item,(image,label) in enumerate(trainDataLoader):
        image = image.to(args.device)
        label = label.to(args.device)
        optimizer.zero_grad()
        output = model(image)
        loss = criterion(output,label)
        loss.backward()
        optimizer.step()
        metricHistory.append(
multiclass_accuracy(output,label).detach().cpu().numpy()
)
    trainMeanAcc = np.mean(metricHistory)
    testMeanAcc = test(args,model,testDataLoader)

# 保存最佳模型
    if args.saveBestModelPath!=None:
        if testMeanAcc>=BESTACC:
            if BESTACC!=0:
                deleteModelName =
"bestAccModel_{}.pth".format(BESTACC,'.4f')


                deleteModelPath =
os.path.join(args.saveBestModelPath, deleteModelName)
os.remove(deleteModelPath)
            BESTACC = testMeanAcc
saveModelName =
"bestAccModel_{}.pth".format(BESTACC, '.4f')
            saveModelPath =
 os.path.join(args.saveBestModelPath,saveModelName)
            torch.save(
{"modelStateDict": model.state_dict()},saveModelPath
)
            BESTACC=testMeanACC
#保存日志
```

```
        logger.info(
"Epoch:{}, Train Acc:{}, Test Acc: {}, The Best Acc:{}".format
(epoch,trainMeanAcc,testMeanAcc,BESTACC)
)


if __name__ == '__main__':
    parser = argparse.ArgumentParser()
    parser.add_argument("--trainDataPath", default=r'./train32.h5', type=str)
    parser.add_argument("--trainLabelPath", default=r'./train32.csv', type=str)
    parser.add_argument("--testDataPath", default=r'./test32.h5', type=str)
    parser.add_argument("--testLabelPath", default=r'./test32.csv', type=str)
    parser.add_argument("--logPath",default=r'./log/log.txt',type=str)
    parser.add_argument("--logName",default=r'textileClassification',type=str)
    parser.add_argument("--saveBestModelPath", default=r'./output/model', type=str)
    parser.add_argument("--classNumber",default=6,type=int)
    parser.add_argument("--batchSize", default=16, type=int)
    parser.add_argument("--learnRate",default=0.01,type=int)
    parser.add_argument("--device",default='cpu',type=str)
    parser.add_argument("--epochs",default=30,type=int)
    args = parser.parse_args()


    logger = loggerConfig(logPath=args.logPath, logName=args.logName)
    try:
        train(args,logger)
    except Exception as e:
        logger.error(str(e))
```

上述示例代码展示了模型的数据加载、模型实例化、模型训练、保存模型以及记录日志。代码详解如下：

(1) 导入必要的库和模块。其中 torch、torch.nn 用于构建和训练神经网络，os 用于文件和目录操作，argparse 用于命令行参数解析，numpy 以及 pandas 用于数据处理与分析。getDataLoader、TextileClassificationModel、multiclass_accuracy、test、loggerConfig 为本文自定义模块和函数，分别用于数据加载、定义模型、计算多分类准确率、模型测试和配置日志。

(2) 本书构建的 getTools 方法用于初始化模型、优化器、损失函数及数据加载器。其中 getDataLoader(args) 会根据传入的参数加载训练和测试数据。TextileClassification-Model(classNumber = args.classNumber)为初始化模型，其中分类数目由参数指定。该方法还明确了在训练中使用 Adam 优化器以及交叉熵损失函数对网络进行优化。

(3) 本书构建的 train 方法用于模型的训练、评估及保存最佳模型。

### 4. 模型测试

测试过程是在模型训练完成后，使用独立的测试数据集来评估模型的性能。测试数据集中的样本没有出现在训练集中，以此检测模型的泛化能力。测试过程通常包括模型评估以及性能指标计算。

使用 PyTorch 框架构建的模型测试与模型训练相比略去了反向传播以及参数更新，示例代码如下：

```python
# 进入评估模式
model.eval()
# 禁用梯度计算
with torch.no_grad():
    for inputs, labels in test_loader:
        outputs = model(inputs)
        test_loss += criterion(outputs, labels).item()

        # 获得预测类别
        _, predicted = torch.max(outputs.data, 1)
        correct += (predicted == labels).sum().item()


# 计算准确性
accuracy = 100 * correct / total
print(f'Test Accuracy: {accuracy:.2f}%')
```

### 5. 测试纺织品缺陷分类检测网络

纺织品图像分类网络测试代码如下：

```python
import torch
import numpy as np
from torcheval.metrics.functional import multiclass_accuracy


def test(args,model,testDataLoader):
    model.eval()
    with torch.no_grad():
        metricHistory = []
        for item, (image, label) in enumerate(testDataLoader):
            image = image.to(args.device)
            label = label.to(args.device)
            output = model(image)
            metricHistory.append(
                multiclass_accuracy(output, label).detach().cpu().numpy()
```

```
        )
    return np.mean(metricHistory)
```

## 14.4　性能分析与优化

在机器学习中，性能分析与优化是至关重要的步骤，它们直接影响模型的有效性、效率和可推广性。通过性能分析，可以评估模型的准确性，以确保模型能够正确地处理实际数据。这是决定模型实用性的重要标准。性能优化可以用于调整模型复杂度，使其既能很好地拟合训练数据，又能在未见过的数据上表现良好，从而避免过拟合与欠拟合。过拟合与欠拟合如图 14-16 所示。

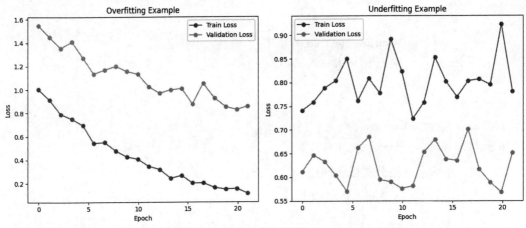

图 14-16　过拟合(Overfitting)与欠拟合(Underfitting)示例

过拟合是指模型在训练数据上表现非常好，但在新数据(验证集或测试集)上表现不佳。这意味着模型过于复杂，以至于在训练数据上学习到了很多噪声和细节，而这些细节并不能很好地泛化到新的数据。过拟合模型在训练数据上表现优异，但在实际应用中，面对未见过的数据时，其性能会大幅下降。模型无法有效地推广到新数据，这限制了模型的实用性，在实际应用中是不可接受的。通常过拟合出现在模型过于复杂时，例如使用过多的参数或层数。过拟合模型对训练数据的每一个细节都进行拟合，导致模型复杂且计算资源消耗大。

欠拟合是指模型在训练数据和验证数据上都表现不佳。这通常意味着模型过于简单，无法捕捉数据中的底层模式和复杂关系。由于模型无法捕捉数据的复杂性，因此训练和验证结果可能误导后续的分析和决策。

### 14.4.1　性能分析

混淆矩阵(Confusion Matrix)是一种用于评估分类模型性能的表格，它对模型在不同类别上的预测结果进行了总结和统计。混淆矩阵以实际类别(真实标签)和预测类别(模型预测结果)作为基础,将分类结果分为 4 个不同的类别:真正例(True Positive,TP)、假正例(False Positive,FP)、真负例(True Negative,TN)和假负例(False Negative,FN)。

真正例:模型将一个正例正确地预测为正例。

假正例:模型将一个负例错误地预测为正例。

真负例:模型将一个负例正确地预测为负例。

假负例:模型将一个正例错误地预测为负例。

混淆矩阵的元素表示了模型对不同类别的预测结果,可以用于评估模型在各类别上的性能表现,计算各种评估指标,如准确率(Accuracy)、精确率(Precision)、召回率(Recall)和 $F_1$ 分数等。

准确率是衡量分类模型性能的指标之一,表示模型预测正确的样本占总样本的比例。它通过计算正确预测的正例和负例数量之和除以总样本数来确定,因此反映了模型整体预测的正确程度。高准确率意味着模型在大多数情况下能够正确分类样本,但在类别不平衡的数据集中,高准确率可能会掩盖模型对少数类别的预测能力不足的问题。准确率公式如下:

$$\text{Accuracy} = \frac{\text{TP} + \text{TN}}{\text{TP} + \text{TN} + \text{FP} + \text{FN}}$$

精确率是衡量分类模型在正类预测中的准确性的重要指标,表示模型预测为正类的样本中实际为正类的比例。它关注的是预测结果的可靠性,即在模型认为一个样本是正类时,该预测有多大可能是正确的。高精确率意味着模型在正类预测上犯错较少,但它不考虑未被预测为正类的实际正类样本,因此它通常与召回率结合使用以全面评估模型性能。精确率公式如下:

$$\text{Precision} = \frac{\text{TP}}{\text{TP} + \text{FP}}$$

召回率是衡量分类模型在识别正类样本时的能力,表示实际为正类的样本中被模型正确预测为正类的比例。它关注的是模型在捕获所有正类样本上的表现,即在所有实际正类样本中,有多少被模型识别出来。高召回率意味着模型能够找到大多数正类样本,但它不考虑错误将负类样本预测为正类的情况,因此它通常与精确率结合使用以全面评估模型性能。召回率公式如下:

$$\text{Recall} = \frac{\text{TP}}{\text{TP} + \text{FN}}$$

$F_1$ 分数是分类模型性能的综合指标,通过精确率和召回率的调和平均值来计算,旨在平衡二者之间的权重。$F_1$ 分数特别适用于类别不平衡的数据集,因为它既考虑了模型在预测正类样本时的准确性(精确率),也考虑了模型识别出所有正类样本的能力(召回率)。一个高 $F_1$ 分数表明模型在这两方面都有良好表现。$F_1$ 分数是实际应用中评估分类模型效果的常用指标。

$$F_1\text{score} = \frac{2 \times \text{TP}}{2 \times \text{TP} + \text{FP} + \text{FN}}$$

训练和验证曲线同样是机器学习中用于评估和监控模型性能的常用工具。它们提供了关于模型训练过程的关键信息，用于识别和解决问题，如过拟合和欠拟合。本书构建的模型，其训练与验证曲线如图 14-17 所示，训练和验证曲线分别展示了模型在训练集和验证集上的准确率随模型训练迭代次数的变化。从图 14-17 中可以观察到本书设计的简易模型在训练数据和验证数据上都表现不佳，即出现了过拟合现象。下一小节中提供了性能优化策略以便缓解过拟合现象。

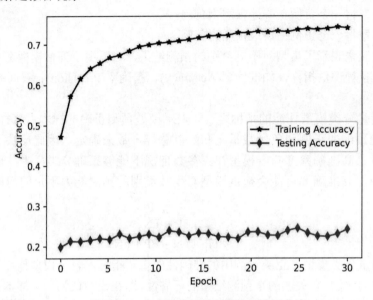

图 14-17　本书构建的模型训练与验证曲线

### 14.4.2　性能优化

为了解决模型过拟合问题，可以采用正则化(如 L1 或 L2 正则化)来限制模型参数的大小，使用数据增强技术增加数据多样性，简化模型结构减少参数或层数，应用交叉验证来评估模型在不同数据集上的表现，并引入提前在验证集性能不再提升时停止训练。

#### 1. 正则化

采用正则化(如 L1 或 L2 正则化)解决模型过拟合问题是一种常用的方法，通过在损失函数中添加正则化项来限制模型参数的大小，从而缓解过拟合问题。L1 正则化会使得模型参数向量中的一些元素变为零，从而实现参数稀疏化，减少不重要特征的影响，增强模型的泛化能力;而 L2 正则化则通过向损失函数中添加参数平方的惩罚项来使得模型参数趋向于较小的值，降低模型复杂度，避免过拟合。这两种正则化方法可以根据实际情况选择，并结合交叉验证等技术调节正则化参数的大小，以提高模型的性能和泛化能力。

#### 2. 数据增强

数据增强是一种在机器学习中常用的技术，用于增加训练数据的多样性和数量。该技术通过对原始数据进行一系列随机变换或扭曲来生成新的训练样本，从而扩展训练数据集。数据增强的目的是提高模型的泛化能力和鲁棒性，使其能够更好地应对真实世界中的各种变化和噪声。在图像方面，常见的数据增强技术包括:图像数据增强、色彩空间变换和添加噪声。

　　图像数据增强即通过对图像进行平移、缩放、旋转、裁剪、形变，翻转等操作对图像进行增强，以提高图像几何内容的多样性。色彩空间变换即通过调整图像的亮度、对比度、色调、饱和度、色彩空间等操作对图像进行增强，以提高图像色彩内容的多样性。添加噪声是指向图像或数据中添加随机噪声，如高斯噪声、椒盐噪声等，以模拟实际场景中的干扰。值得注意的是，可以对一个数据使用多种数据增强策略以提高数据的多样性。本书实现的数据增强方法 dataAugment 能够随机选择数据增强方法从而对图像数据进行数据增强，代码如下：

```python
import numpy as np
from torchvision import transforms


# 随机裁剪
def crop(img):
    shape = img.shape
    transformCrop = transforms.CenterCrop((48,48))
    imgCrop = transformCrop(img)
    transformResize = transforms.Resize((64,64))
    imgResize = transformResize(imgCrop)
    return imgResize


#水平翻转
def horizontalFilp(img):
    transformFilp = transforms.RandomHorizontalFlip()
    imgFilp = transformFilp(img)
    return imgFilp


#竖直翻转
def verticalFilp(img):
    transformFilp = transforms.RandomVerticalFlip()
    imgFilp = transformFilp(img)
    return imgFilp


#随机翻转
def roation(img):
    randomAngle = np.random.random_sample()
    randomAngle = int(360*randomAngle)
    transformRoation = transforms.RandomRotation(
      degrees=(randomAngle,randomAngle),
      expand=False,center=(32,32)
    )
```

```
    imgRotation = transformRotation(img)
    return imgRotation

def dataAugment():
    randomSeed = np.random.random_sample()
    seed = int(3 * randomSeed)
    augmentStrategy=[crop,horizontalFilp,verticalFilp,rotation]
    return augmentStrategy[seed]
```

### 3. 简化模型

简化模型策略是通过减少模型的复杂度来缓解过拟合问题的方法，常用的策略包括减少模型的层数、减少每层的神经元数量或卷积块数量、减少特征的维度、移除不必要的特征、使用更简单的模型结构等。简化模型可以降低模型的参数数量和计算复杂度，使其更容易训练和理解，同时提高模型的泛化能力，使其适用于小样本数据或高噪声环境下的任务。

### 4. 交叉验证

交叉验证是一种模型评估技术，通过将数据集划分为多个子集，轮流将其中一个子集作为验证集，其余子集作为训练集，重复多次训练模型并评估性能，最后对各次评估结果取平均值来得到模型的最终性能评估。常用的交叉验证方法包括 k 折交叉验证和留一交叉验证。交叉验证可以提高模型评估的稳定性和可靠性，从而减少因数据分布不均匀或数据划分方式不合理而引入的偏差。

为了解决模型欠拟合问题，可以增加训练时间以确保模型充分学习数据中的模式，或采用更复杂的模型结构以更好地捕捉数据中的复杂关系。缓解模型欠拟合问题的方法如下：

(1) 增加模型复杂度。增加模型复杂度的方法包括：增加网络的深度，即添加更多的隐藏层，从而使模型能够学习到数据中的复杂模式和高层次特征；增加每层神经元的数量或增加每层的卷积块数量，使每层能够捕捉到更多的细节；引入更复杂的激活函数，如 ReLU、Leaky ReLU 或 ELU，以提高模型的非线性表达能力；使用更复杂的架构，以适应特定任务的需求。

(2) 调整学习率。适当增大学习率可以加速收敛，使模型更快摆脱局部最优，迅速找到更好的全局最优点；然而，如果学习率过大，可能导致模型在收敛过程中跳过最优解，甚至不收敛，因此应谨慎调整。初始阶段可以使用较高的学习率，然后逐步减小学习率，或者采用学习率调度策略，使模型在训练后期更稳定地收敛，从而更好地拟合数据并提高模型性能。

(3) 调整损失函数。调整损失函数是缓解模型欠拟合问题的一种重要方法。可以尝试使用更复杂的损失函数来增加模型的学习能力，从而缓解模型的欠拟合倾向。使用加权损失函数来平衡不同类别的重要性，尤其在类别不平衡的情况下能够提高模型的性能。针对特定任务调整损失函数，可以帮助模型更好地拟合复杂的数据分布，如对抗性损失函数用于生成对抗网络(GAN)。综合考虑任务需求和数据特点，选择合适的损失函数，并结合其他调节手段(如调整学习率、增加模型复杂度等)，有助于提升模型的泛化能力，缓解欠拟合问题。

机器学习性能分析与优化是确保机器学习模型高效、准确运行的关键步骤。本章探讨了如何通过系统化的方法对模型进行性能评估和优化。首先，本章强调了评估模型性能的多维度方法，包括准确率、召回率、$F1$ 分数等指标；接着，本章介绍了各种优化技术，以缓解模型的欠拟合以及过拟合问题。

# 习　题

在本章案例的基础上修改代码，要求实现以下功能：

(1) 使其能够展示并在日志中记录 Precision、Recall 等指标；

(2) 更换为其他的网络模型(自定义模型、轻量级模型、经典模型变体或 Yolo 模型等)，并进行训练及测试，使其在特定应用场景下的性能高于本案例中的性能。

# 参 考 文 献

[1] [美]埃里克·马瑟斯. Python 编程从入门到实践[M]. 2 版. 北京：人民邮电出版社，2022.

[2] 周志华. 机器学习[M]. 北京：清华大学出版社，2016.

[3] 范淼，李超. Python 机器学习及实践：从零开始通往 Kaggle 竞赛之路[M]. 北京：清华大学出版社，2016.

[4] 董付国. Python 程序设计基础与应用[M]. 北京：机械工业出版社，2020.

[5] 黄海涛. Python 3 破冰人工智能：从入门到实战[M]. 北京：人民邮电出版社，2019.

[6] 江红，余青松. Python 编程从入门到实战[M]. 北京：清华大学出版社，2021.

[7] 陈秀玲，田荣明，冉涌. Python 边学边做[M]. 北京：清华大学出版社，2021.

[8] 魏伟一，李晓红，高志玲. Python 数据分析与可视化：微课视频版[M]. 2 版. 北京：清华大学出版社，2021.

[9] 林幼平，郭静，尤亮. Python 程序设计基础教程[M]. 北京：北京工业大学出版社，2021.

[10] [美]伊莱·史蒂文斯，[意]卢卡·安蒂加，[德]托马斯·菲曼. PyTorch 深度学习实战[M]. 牟大恩，译. 北京：人民邮电出版社，2022.

[11] [新西兰]哈德利·威克姆，[美]加勒特·格罗勒芒德. R 数据科学[M]. 北京：人民邮电出版社，2020.

[12] [美]杰克·万托布拉斯. Python 数据科学手册[M]. 北京：人民邮电出版社，2020.

[13] 石川，王啸，胡琳梅. 数据科学导论[M]. 北京：清华大学出版社，2021.